Chimie organique analytique

Accédez aux ressources complémentaires sur :
http://chimieorganique.jeanlouis.migot.over-blog.com

www.editions-hermann.fr

Illustration de couverture : 123rf/Dzianis Miraniuk.

ISBN : 978 2 7056 8866 0

Jean-Louis Migot

Chimie organique analytique

De l'incertain à l'évident en passant par la détermination structurale et le mécanisme

hermann

Depuis 1876

Sommaire

2e PARTIE
LES COMPOSÉS CHIMIQUES

3e PARTIE
LA RÉACTION CHIMIQUE

Prologue

L'action se passe à Strasbourg en 1886, ou plutôt Straβburg, deux médecins Arnold Cahn et Paul Hepp du laboratoire universitaire du professeur Adolf Kussmaul se rendent chez le pharmacien le plus proche de l'Université pour prendre une commande de 50 grammes de naphtalène. Cet antiparasitaire réputé est connu de longue date depuis 1820 suite à sa découverte par Alexander Garden. Le pharmacien leur remet leur commande. Plus tard par comparaison avec ses bons de livraisons il craint d'avoir commis une inversion d'étiquette avec une autre commande d'un produit plus récemment découvert en 1843 par Charles Gerhardt : l'acétanilide. Surtout que l'étiquetage initial de ce dernier, déjà succinct, était en partie dégradé par l'humidité. Avant d'alerter ses clients il décide de se livrer à quelques investigations expérimentales avec l'aide d'un ami chimiste de l'Université de Strasbourg. Pour tester son impartialité il nomme le composé remis par erreur X. Ce chimiste procède à quelques études comparatives de ces deux produits avec le matériel disponible à cette époque. En voici les notes (après traduction) :

J'ai effectué quelques mesures classiques avec un nouvel appareil que m'a prêté mon confrère Maquenne. Le naphtalène fond à 80 degrés Celsius et aisément reconnaissable à son odeur. De plus sa température d'ébullition se situe vers 220 degrés Celsius. Quant au second composé, sans odeur, il fond à 114 degrés Celsius et à plus de 300 degrés Celsius, avec un début de décomposition, débute son ébullition. J'ai appliqué les récentes méthodes de mes confrères Liebig, Dumas et Raoult. J'ai obtenu les résultats suivants pour le naphtalène :

- masse de l'échantillon de naphtalène : 0.500 g;
- masse de dioxyde de carbone : 1.718 g et masse de vapeur d'eau : 0.281 g;
- aucun autre élément;
- masse molaire M = 128.0 $g.mol^{-1}$.

Ma conclusion est que la formule brute trouvée est $C_{10}H_8$ et, vu mes mesures de températures réalisées, qu'il s'agit bien de naphtalène.

Quant au composé X :

- masse de l'échantillon du composé X : 0.500 g;
- masse de dioxyde de carbone : 1.304 g et masse de vapeur d'eau : 0.300 g;

– volume de diazote : 41 cm^3 = 0.041 dm^3 ;
– aucun autre élément ;
– masse molaire M = 135.0 $g.mol^{-1}$.

Ma conclusion est que la formule brute du composé X est C_8H_9NO et tout porte à croire, en accord avec mes mesures de températures réalisées, qu'il s'agit de l'acétanilide. Mais mes investigations s'arrêtent là ! Peut-être que les récentes découvertes de Thomson, Röntgen et autres me permettront un jour d'en savoir plus sur ces deux composés…

Après quelques jours d'attente, le temps de procéder à ces analyses, le pharmacien prend connaissance du compte rendu et se rend compte de l'erreur. Abattu, il prévient les deux médecins mais ceux-ci, ignorant la méprise, avaient commencé des traitements sur des malades. Après de longues séries de tests, ils avaient remarqué les propriétés analgésiques et antipyrétiques de l'acétanilide. Toutefois les effets indésirables de cette molécule ont entraîné sa disparition des traitements médicaux au profit du paracétamol déjà découvert par Harmon Morse en 1878.

Ce prologue, dit *du terrain*, montre l'importance de l'investigation expérimentale analytique dans le domaine de la Chimie Organique et permet d'affirmer qu'une telle méprise a peu de chance de se renouveler vu les techniques expérimentales actuelles mises en œuvre associées aux technologies informatiques de traçabilité qui laissent peu de place à l'erreur.

Indispensable aurait été en 1886 le *passage de l'incertain à l'évident* et tous les acteurs expérimentaux étaient déjà quasiment en place. Par contre vu l'inexistence ou le balbutiement des futures nouvelles technologies, le passage *par la détermination structurale et le mécanisme* se serait avéré reporté à une date ultérieure. Une attente d'une dizaine d'années montre bien qu'en 1886 le hasard a bien fait les choses…

1re PARTIE

LA RECHERCHE
DE LA STRUCTURE MOLÉCULAIRE

Prologue 1

L'action se passe à Strasbourg en 1968. Un étudiant de la Faculté de Chimie retrouve les archives du professeur F. datant de la fin du XIXe siècle relatant des analyses faites à partir d'une confusion d'étiquetage.

Après avoir pris lecture des notes trouvées, il s'étonne que les investigations n'aient pas été aussi approfondies que, lui, ne l'aurait fait s'il avait été présent à cette époque.

Voici ses annotations (entre *guillemets*) sur le compte rendu du professeur F. de 1886 :

« *Cette écriture gothique n'est pas facile à lire !* »

J'ai effectué quelques mesures classiques avec un nouvel appareil que m'a prêté mon confrère Maquenne.

« *Et le banc de Kofler ? Pourquoi ne l'a-t-il pas utilisé ? Il est un peu plus précis !* »

Le naphtalène fond à 80 degrés Celsius et aisément reconnaissable à son odeur. De plus sa température d'ébullition se situe vers 220 degrés Celsius. Quant au second composé, sans odeur, il fond à 114 degrés Celsius et à plus de 300 degrés Celsius, avec un début de décomposition, débute son ébullition.

J'ai appliqué les récentes méthodes de mes confrères Liebig, Dumas et Raoult. J'ai obtenu les résultats suivants pour le naphtalène :

- masse de l'échantillon de naphtalène : 0,500 g;
- masse de dioxyde de carbone : 1,718 g et masse de vapeur d'eau : 0,281 g;
- aucun autre élément;
- masse molaire M = 128.0 g.mol^{-1}.

« *Pas de spectre de masse !* »

Ma conclusion est que la formule brute trouvée est $C_{10}H_8$ et, vu mes mesures de températures réalisées, qu'il s'agit bien de naphtalène.

Quant au composé X :

- masse de l'échantillon du composé X : 0,500 g;
- masse de dioxyde de carbone : 1,304 g et masse de vapeur d'eau : 0,300 g;
- volume de diazote : 41 cm^3 = 0.041 dm^3;
- aucun autre élément;
- masse molaire M = 135.0 g.mol^{-1}.

« *Toujours pas de spectre de masse mais cela peut se comprendre en 1886 !* »

Ma conclusion est que la formule brute du composé X est C_8H_9NO et tout porte à croire, en accord avec mes mesures de températures réalisées, qu'il s'agit de l'acétanilide.
« *Quelques tests auraient confirmé la véracité de sa conclusion.*
Quelques représentations en formules semi-développées auraient été les bienvenues.
Si je me souviens bien le naphtalène c'est :

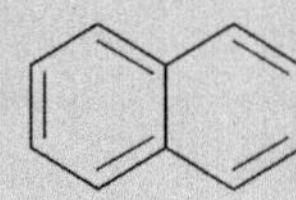

Et l'acétanilide :

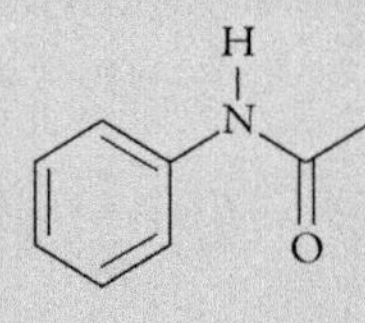

Mais que c'est étonnant ! c'est très proche du paracétamol :

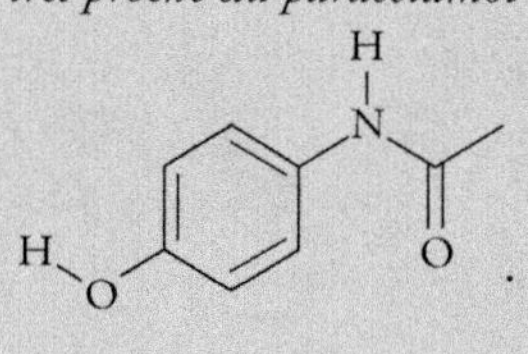

. »

Mais mes investigations s'arrêtent là ! Peut-être que les récentes découvertes de Thomson, Röntgen et autres me permettront un jour d'en savoir plus sur ces deux composés…
« *Pas de spectres infrarouge, ultraviolet ou de résonance magnétique nucléaire ! Dommage. Autant essayer de terminer l'étude comparative de 1886… Je vais réaliser les spectres de masse, infrarouge et ultraviolet et compléter les travaux du professeur F… Je vais aussi me servir du tout appareil de résonance magnétique nucléaire que le professeur Ernst, après sa brillante conférence, nous a incité à acquérir. Pour y voir plus clair j'ai résumé les résultats dans ce tableau* :

	Naphtalène $C_{10}H_8$	**Acétanilide C_8H_9NO**
Spectre de masse (en $g.mol^{-1}$)	128	15 – 43 – 59 – 77 – 135
Spectre infrarouge nombre d'onde (en cm^{-1}, intensité)	3 100(F) – 1 950(f) 1 595(m) – 1 530(F) 1 510(f) – 1 000(f) 800(F)	3 300(F) – 1 665(F) 1 600(F) – 1 560(F) 1 490(m) – 1 325(F) 755(F)
Spectre de résonance magnétique nucléaire (en ppm/intégration)	7.85(4) 7.45(4)	7.80(1) 7.35(5) 2.15(3)
Spectre ultraviolet (en nm/epsilon)	260/3 160 270/3 980 280/3 160	205/31 600 245/15 850 285/630

Ce sont deux composés très différents ; rien de semblable ! Et encore moins l'odeur qui aurait permis d'éviter l'erreur en 1886. Il ne m'a pas fallu quelques jours d'attente pour réaliser tout cela. Une demi-journée m'a suffi pour rattraper cette méprise mais peut-être que la médecine aurait perdu une découverte thérapeutique intéressante : celle du paracétamol. »

Cette anecdote prouve bien qu'une telle méprise a peu de chance de se renouveler vu les techniques expérimentales actuelles mises en œuvre.

I

État des lieux

I. LE COMPOSÉ À OBTENIR

La nécessité de préparer un composé chimique bien précis oblige de penser dans un premier temps à une réaction chimique et dans un second temps à l'équation chimique.

Pour imaginer la préparation d'un composé chimique, la méthode la plus efficace est de fragmenter le composé à obtenir et de voir comment réunir les fragments obtenus à l'aide de réactifs contenant ces fragments. C'est la rétrosynthèse.

Cette méthodologie (Corey, 1980) consiste à décomposer la molécule du composé final en fragments plus simples et de répéter l'opération jusqu'à parvenir à des composés chimiques les plus simples possibles (de préférence commerciaux).

En résumé :
– composé A-M → fragments A et M
– puis A → A' et B' → fragments A' et B'
– M → M' et N' → fragments M' et N'
– et ainsi de suite…

Question : Quelle réaction chimique faut-il choisir pour faire réagir A avec M ? Prenons, comme exemple, pour A-M l'éthanoate d'éthyle (Figure I.1).

$$CH_3\text{-}C(=O)\text{-}O\text{-}CH_2\text{-}CH_3$$

1re possibilité : A = $CH_3\text{-}C(=O)$ et M = $O\text{-}CH_2\text{-}CH_3$

Si $CH_3\text{-}C(=O)\text{-}OH$ contenant A réagit avec $HO\text{-}CH_2\text{-}CH_3$ contenant M, alors :

$$CH_3\text{-}C(=O)\text{-}OH + HO\text{-}CH_2\text{-}CH_3 \rightarrow CH_3\text{-}C(=O)\text{-}O\text{-}CH_2\text{-}CH_3 + H_2O$$

2e possibilité : A = $CH_3\text{-}C(=O)\text{-}O$ et M = $CH_2\text{-}CH_3$

Si $CH_3\text{-}C(=O)\text{-}OH$ contenant A réagit avec $Cl\text{-}CH_2\text{-}CH_3$ contenant M, alors :

$$CH_3\text{-}C(=O)\text{-}OH + Cl\text{-}CH_2\text{-}CH_3 \rightarrow CH_3\text{-}C(=O)\text{-}O\text{-}CH_2\text{-}CH_3 + HCl$$

3e possibilité : A = CH_3 et M = $C(=O)\text{-}O\text{-}CH_2\text{-}CH_3$

Si $CH_3\text{-}Cl$ contenant A réagit avec $H\text{-}C(=O)\text{-}O\text{-}CH_2\text{-}CH_3$ contenant M, alors :

$$CH_3\text{-}CH_2\text{-}O\text{-}C(=O)\text{-}H + Cl\text{-}CH_3 \rightarrow CH_3\text{-}C(=O)\text{-}O\text{-}CH_2\text{-}CH_3 + HCl$$

Etc.

Figure I.1

Synthèse de l'éthanoate d'éthyle : $CH_3\text{-}CH_2\text{-}O\text{-}C(=O)\text{-}CH_3$
réaction de Fischer-Speier (1895)

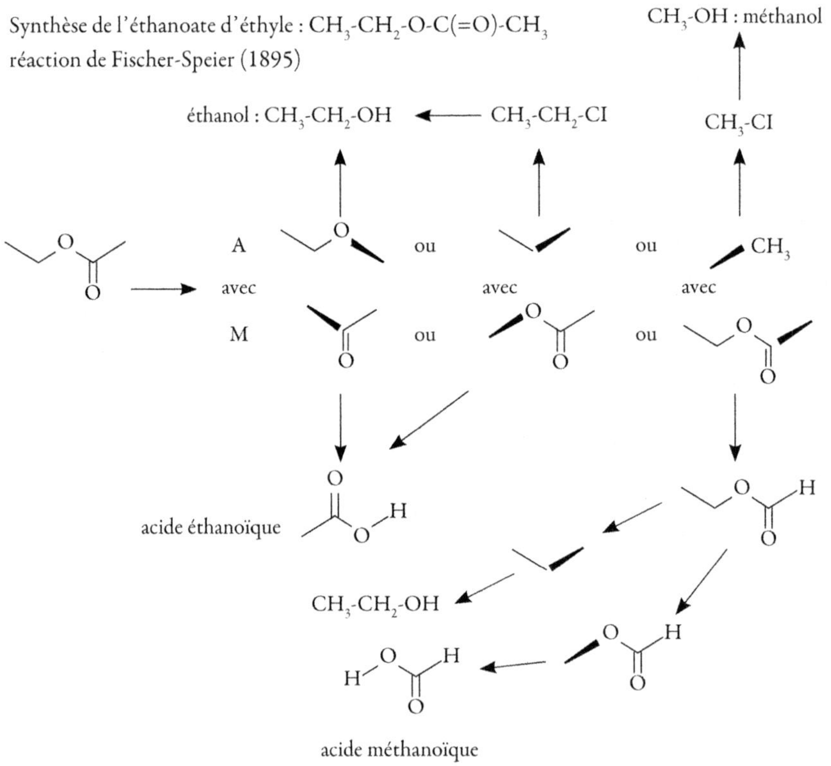

Bref, il y a donc plusieurs chemins d'accès pour un même composé chimique. Le choix se fait à partir des connaissances des réactions chimiques.

Ce mode de pensée n'est en rien la garantie d'obtention du composé organique prévu. En effet les conditions expérimentales s'avèrent déterminantes pour le succès de l'opération. Il peut être question du réglage d'une bonne température haute ou basse, de l'utilisation d'un solvant efficace, d'un catalyseur activant et/ou orientant, d'une pression plus importante (quoique plus délicat à obtenir)... Pour optimiser l'obtention d'un composé chimique, une bonne connaissance des conditions expérimentales s'impose :

- La température : travailler à haute température peut accélérer le déroulement en augmentant l'agitation des réactifs comme c'est le cas de l'estérification ou à basse température si une dégradation est à craindre comme pour une diazotation où un maximum de 5 °C est indispensable.
- Le solvant : par son pouvoir de solvant tout simplement afin de rendre le milieu réactionnel plus homogène et favoriser la collision entre les réactifs mais aussi par sa polarité où au contraire il peut dégrader la cohésion du réactif et favoriser la réactivité du groupement réactif.
- Le catalyseur : par sa capacité à rendre une réaction possible en intervenant sur l'énergie nécessaire à la réaction (ou énergie d'activation : E_a) du profil énergétique (Figure I.2) de la réaction mais aussi par sa complicité à gérer la sélectivité de la réaction à réaliser un composé plus qu'un autre.
- La pression : en amplifiant la collision entre entités des réactifs et assurer non seulement un résultat en accord avec la prévision mais aussi un meilleur rendement, ce que ne fait pas le catalyseur.

Aussi pour aboutir à une bonne corrélation entre objectif, prévision et condition(s) expérimentale(s), le mieux est de s'en référer à des sources littéraires bien établies ou s'en rapprochant. Que ce soit dans un article extrait de revue chimique spécialisé ou dans un protocole provenant d'un livre au-delà de tout soupçon.

Figure I.2

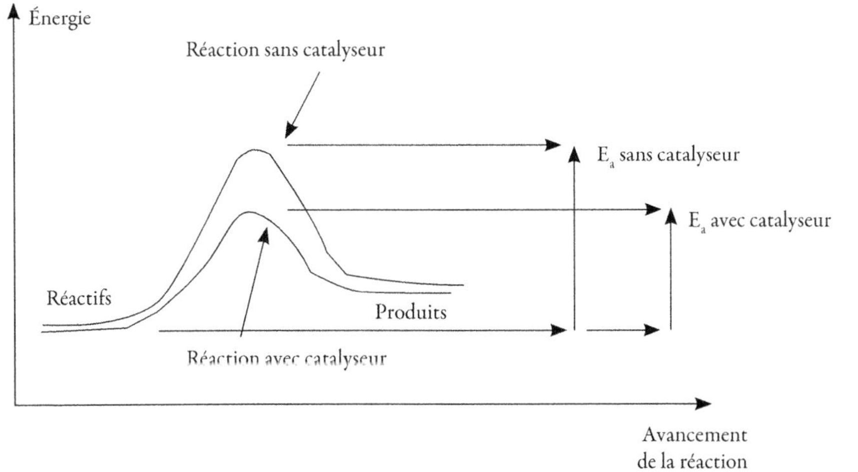

II. SYNTHÈSE : LE PROTOCOLE À RESPECTER

Une synthèse est l'action de réaliser la « fabrication » d'un composé chimique en respectant le mieux possible les trois règles d'unité de lieu, de temps et d'action.

- Le lieu : c'est de travailler dans un seul laboratoire et d'éviter les transferts de produits chimiques ou de matériels. Se rattachent à cette exigence le respect strict des règles de sécurité principalement pour l'utilisation des produits chimiques et les nuisances éventuelles des étapes de cette synthèse.
- Le temps : c'est de travailler en un seul acte, sauf exception. Le fait de réaliser une synthèse en une seule fois est un gage d'obtention idéale du résultat en qualité et en quantité. Il vaut mieux éviter les interruptions.
- L'action : c'est de travailler sur un seul descriptif de synthèse à la fois afin d'éviter les inattentions et les accidents. De plus sont exclues les modifications de manipulations qualitatives sur le déroulement des opérations ou quantitatives sur les quantités ou les durées conseillées.

III. PURIFICATION : L'ÉLIMINATION DES SOUS-PRODUITS

Une synthèse se termine toujours par cette étape qui est le passage du produit brut (à savoir le composé chimique supposé attendu mélangé à des impuretés ou sous-produits) au produit pur. Ce dernier est le composé chimique supposé attendu sans les sous-produits.

Les techniques recommandées dépendent de l'état physique du composé chimique obtenu (et par forcément attendu) soit la rectification s'il s'agit d'un composé liquide ou soit la recristallisation s'il s'agit d'un composé solide.

1. La rectification

La rectification est une distillation améliorée consistant à récupérer le composé chimique de plus basse température d'ébullition par une technique associant chauffage et changements d'états, à la pression atmosphérique.

Pour les composés chimiques à haute température d'ébullition, la rectification peut se faire à pression réduite. En effet plus la pression interne du montage est faible, plus la température d'ébullition est basse (Figure I.3).

Le mode d'utilisation est le suivant :

– Pour un hydrocarbure (alcane, alcène...), si sa température d'ébullition à la pression atmosphérique normale (760 mm de mercure : Hg) est de 170 °C (axe b), alors à une pression de 20 mm Hg (courbe c) elle est de 80 °C (axe a et droite 1).
– Pour un acide carboxylique, si sa température d'ébullition à la pression atmosphérique normale (760 mm Hg) est de 120 °C (axe b), alors à une pression de 50 mm Hg (courbe d) elle est de 30 °C (axe a et droite 2).

Figure I.3

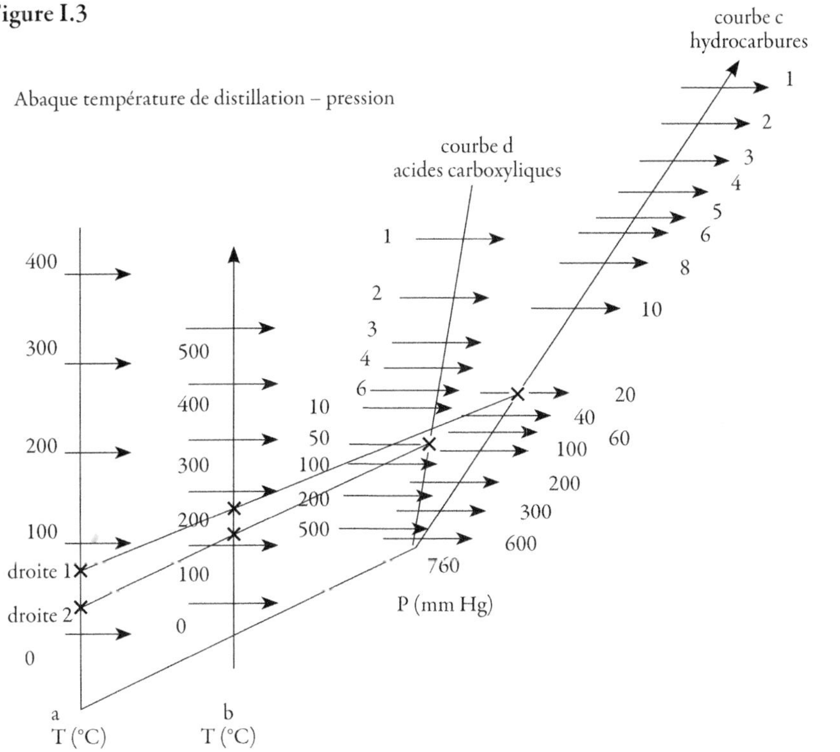

2. La recristallisation

> La recristallisation est un enchaînement dissolution-température consistant à récupérer le composé chimique par une technique associant choc thermique et choix d'un solvant (ou d'un mélange de solvants) ni trop efficace ni trop mauvais.

Le bon choix est que le solvant (ou mélange de solvants) doit tout dissoudre à chaud et ne laisser recristalliser que le produit pur à froid, sans intervenir au niveau réactionnel. Pour les composés chimiques à forte solubilité quelque soit le solvant (ou mélange de solvants), la recristallisation peut être associée à une concentration à chaud (ou évaporation à l'air libre) du solvant.

IV. INTERROGATION : LA PREUVE QUE LE BUT EST ATTEINT

La synthèse terminée, le composé chimique obtenu doit être stocké à l'abri de la lumière et de l'air dans un flacon étanche, afin d'éviter toutes dégradations à venir.

Ne pas oublier d'étiqueter le contenant avec précision et de manière indélébile.

L'après-synthèse va commencer et prendre plus de temps que la synthèse elle-même. Plusieurs étapes se révèlent indispensables et complémentaires. Cependant quelques conclusions peuvent être obtenues à l'issue de la synthèse afin de confirmer (ce serait mieux!) la qualité et l'identité du résultat. Pour établir un premier bilan, les observations s'appuient sur les critères suivants :

- L'aspect, à savoir la consistance. Un liquide trouble ou hétérogène ou un solide pâteux ne sont pas signes d'une grande qualité. Le premier cas est signe de présence d'eau ou d'un sous-produit liquide minoritaire et mal éliminé et le second cas laisse supposer aussi la présence d'eau due à un mauvais séchage.
- La couleur. Sa comparaison avec celle supposé connue du composé attendu est signe de l'identité. Mais attention l'influence de l'aspect chez un composé solide est sensible; il peut y avoir différence de teinte entre un résultat pulvérulent donc trop finement recristallisé et cristallin où l'étape de purification a été raisonnablement maîtrisée.

Le rendement massique R_t, notion plus *mathématique* en quelque sorte, est par comparaison avec les valeurs issues de protocoles déjà connus et similaires un signe de l'identité. Une proximité entre ces grandeurs laisse supposer une réussite dans le choix du mode opératoire choisi et dans la nature du composé chimique obtenu. Mais attention c'est un piètre réconfort. Il se calcule de la manière suivante :

$$R_t = m_f \times 100 / m_{th}$$

où m_f est la masse finale de produit obtenu (en g), m_{th} la masse théorique de ce même produit à obtenir en tenant compte de l'équation chimique prévue (en g). Le rendement massique est une grandeur sans unité.

V. FILS ROUGES : DU DOUTE AU PEUT-ÊTRE (Ire PARTIE)

Du doute au peut-être ! Voilà une sentence bien obscure. Il faut comprendre par cela que la synthèse n'est que la 1re étape d'une démarche qui mène à l'identification d'un composé chimique. Elle apporte en quelque sorte la matière première à la suite. Du doute car le choix de la synthèse dépend d'hypothèses pouvant mener au succès ou pas. Du peut-être car le résultat, s'il y en a un, a le mérite d'être là. Mais rien ne prouve que ce soit le but attendu !

Le but de ces quatre fils rouges est de permettre de mieux appréhender la démarche qui permet de passer du peut-être au certain. Les quatre exemples, qui suivent, sont en quelque sorte un prologue. En fait par la suite, au fil de la lecture, ils sont le support de la logique du raisonnement qui mène à une identification de structure de composé chimique. La bonne ou pas !

Le choix de ces quatre composés s'est fait sur la diversité des modes opératoires et aussi des structures regroupant le plus nombre de cas de figure possible.

1. Cas d'un composé organique simple A

Objectif de la synthèse :

C'est l'obtention du 2-méthylbut-2-ène (de formule brute C_5H_{10}) et les protocoles trouvés dans la littérature (Document I.4) laissent penser que cela est possible par déshydratation du 2-méthylbutan-2-ol (de formule brute $C_5H_{12}O$), par application de la règle de Zaïtsev (1875).

Équation supposée de la synthèse :

$$C_5H_{12}O \rightarrow C_5H_{10} + H_2O$$

Document I.4

Mode opératoire : dans un ballon de 100 cm^3, introduire dans l'ordre 30 cm^3 de 2-méthylbutan-2-ol, quelques billes de verre et avec prudence et lentement 10 cm^3 d'acide phosphorique. Puis, après avoir installé un montage de distillation, récupérer le produit brut, tout en chauffant modérément. Extraire du distillat la phase organique et neutraliser cette dernière une solution à 10 % d'hydrogénocarbonate de sodium. Après l'avoir ensuite séchée avec du sulfate de magnésium anhydre, il faut procéder à une rectification.

Le bilan de la synthèse est :

– Après un chauffage à reflux, en présence d'acide phosphorique, le 2-méthylbutan-2-ol a permis d'obtenir, après décantation, extraction, séchage et rectification, un composé liquide incolore.

2. Cas d'un composé organique polyfonctionnel B

Objectif de la synthèse :

C'est l'obtention du jaune soudan ou 2-hydroxynaphtalène-1-diazobenzène (de formule brute $C_{16}H_{12}N_2O$) et les protocoles trouvés dans la littérature (Document I.5) laissent penser que cela est possible par diazotation et par copulation entre l'aniline (de formule brute C_6H_7N) et le napht-2-ol (de formule brute $C_{10}H_8O$).

Document I.5

Mode opératoire : dans un erlenmeyer de 250 cm^3, introduire dans l'ordre 4.0 cm^3 d'aniline, 10 cm^3 d'eau et avec prudence et lentement, tout en agitant, 15 cm^3 d'acide chlorhydrique concentré. Refroidir en dessous de 5 °C. Pendant ce temps, préparer une solution refroidie à 5 °C de 3.0 g de nitrite de sodium dans 15 cm^3 d'eau glacée. Puis verser lentement, pour maintenir à 5 °C, la solution précédente dans la solution initiale. Mélanger dans un ballon tricol de 250 cm^3 5 g de napht-2-ol dans 40 cm^3 d'une solution à 10 % d'hydroxyde de sodium, tout en refroidissant à 5 °C. Verser le plus lentement possible le mélange initial dans la solution précédente fortement agitée. Après un retour à température ambiante, filtrer et laver le solide obtenu avec de l'eau déminéralisée glacée. Une fois ce dernier sec, le recristalliser dans de l'éthanol.

Équation supposée de la synthèse :

$$C_6H_7N + C_{10}H_8O + NaNO_2 + HCl$$
$$\rightarrow C_{16}H_{12}N_2O + NaCl + 2\ H_2O$$

Le bilan de la synthèse est :

- Après un refroidissement en dessous de 5 °C, l'aniline, en présence de nitrite de sodium et le napht-2-ol, a permis d'obtenir, après filtration et recristallisation, un composé solide jaune.

3. Cas d'un complexe C

Un complexe est un groupement comportant un noyau central, très généralement un cation métallique, entouré de molécules organiques (ou pas) ou d'ions nommés ligands. Les liaisons se font entre le noyau et des atomes autres que ceux de carbone.

Objectif de la synthèse :

C'est l'obtention de l'éthylènediaminetétraéthanoatenickelate (II) de disodium (de formule brute $NiC_{10}N_2H_{12}O_8Na_2$) et les protocoles trouvés dans la littérature (Document I.6) laissent penser que cela est possible par complexation entre l'acide éthylènediaminetétraéthanoïque ou plutôt son dérivé disodé (de formule brute $C_{10}H_{14}O_8N_2Na_2$) et le chlorure de nickel (de formule $NiCl_2$) selon le protocole proposé par Schwarzenbach (1940).

Document I.6

Mode opératoire : dissoudre 0.5 g de chlorure de nickel dans 13 cm^3 d'acide chlorhydrique concentré puis verser la solution dans 150 cm^3 d'eau déminéralisée. Ajouter à la solution précédente 40 cm^3 d'une solution d'éthylènediaminetétraéthanoate de disodium 0.1 $mol.L^{-1}$ et d'éthanoate de sodium 2 $mol.L^{-1}$. Laisser refroidir dans un mélange réfrigérant pendant 60 minutes. Filtrer sur un entonnoir Büchner. Rincer le précipité 4 fois avec 5 cm^3 d'eau déminéralisée. Transférer le solide dans une boîte de Pétri et sécher à l'air libre jusqu'à masse constante.

Équation supposée de la synthèse :

$$Na_2C_{10}H_{14}O_8N_2 + NiCl_2 + NaCH_3CO_2$$
$$\rightarrow Na_2Ni(C_{10}H_{12}N_2O_8) + CH_3CO_2H + NaCl$$

Le bilan de la synthèse est :

– À froid, le chlorure de nickel, en présence d'éthylènediaminetétraéthanoate de disodium et d'éthanoate de sodium, a permis d'obtenir, après refroidissement intense, filtration, lavage et séchage, un composé solide bleu.

4. Cas d'un composé organométallique D

Un composé organométallique est un groupement comportant un noyau central, très généralement un atome métallique, entouré de molécules organiques. Les liaisons se font entre le noyau et des atomes de carbone.

Objectif de la synthèse :

C'est l'obtention du bis(cyclopentadiényl)fer(II) ou ferrocène (de formule brute $C_{10}H_{10}Fe$) et les protocoles trouvés dans la littérature (Document I.7) laissent penser que cela est possible par réaction du cyclopentadiène (de formule brute C_5H_6) sur le chlorure de fer(II) selon le procédé de Wilkinson (1954).

Document I.7

Mode opératoire (délicat car tout se passe sous atmosphère de diazote) : dans un ballon tricol de 250 cm^3, réaliser une suspension de 27 g de chlorure de fer (III) dans 100 cm^3 de tétrahydrofurane récemment distillé, puis rajouter 5 g de poudre de fer. Chauffer à reflux toujours sous atmosphère de diazote pendant 4 heures. Distiller le tétrahydrofurane puis ajouter au goutte à goutte 45 cm^3 de cyclopentadiène et ensuite 100 cm^3 de diéthylamine. Agiter pendant 6 heures et distiller l'excédent de diéthylamine. Extraire avec de l'éther de pétrole en chauffant et ensuite filtrer pour conserver le filtrat. Évaporer le solvant pour récupérer le produit brut. Recristalliser dans du cyclohexane.

Équation supposée de la synthèse :

$$C_{10}H_{10} + FeCl_2 \rightarrow C_{10}H_{10}Fe + 2\ HCl$$

Le bilan de la synthèse est :

– Après un chauffage à reflux sous atmosphère inerte, le cyclopentadiène ayant réagi sur le chlorure de fer(II), issu de l'action du fer sur le chlorure de fer(III), a permis d'obtenir, après concentration et recristallisation un composé solide de couleur brun-orange.

VI. BILAN : L'IMPORTANCE D'UN COMPTE RENDU

Le compte rendu est la prise de note des observations et des mesures réalisées lors de la synthèse mais aussi l'enregistrement des références du composé chimique obtenu avec étiquetages associés rigoureux.

Pour pérenniser les résultats d'une synthèse, il est nécessaire de notifier :

– Par observations. Sont concernés principalement l'aspect (poudre, cristaux et encore mieux l'allure de ces derniers), la couleur (éventuellement l'odeur !) ou une éventuelle décomposition.
– Par mesures. Sont à rapporter clairement masses utilisées en composés chimiques initiaux, températures relevées en cours de la synthèse (en particulier températures d'ébullition pour une rectification en fin de mode opératoire), masse obtenue (ou volume, mais la précision est moindre) en composé chimique final.

De ce dernier, après la pesée, sont prélevés des échantillons afin de procéder à l'étude de la détermination de la structure. Bien que les technologies utilisées ne soient pas *gourmandes* en composé chimique final, il est tout de même bon d'en obtenir une quantité non négligeable.

Enfin il peut être bon de conserver à portée de mains les composés chimiques initiaux sur lesquels des analyses peuvent être envisagées pour comparaison avec celles précédemment obtenues.

VII. SIMULATION D'UN OBJECTIF DE SYNTHÈSE

Buts :

– Réfléchir à l'accès à la 2-(diéthylamino)éthyl-4-aminobenzoate plus connu sous le nom de procaïne par la méthode non-exhaustive de la rétrosynthèse (Figure I.8).

Figure I.8

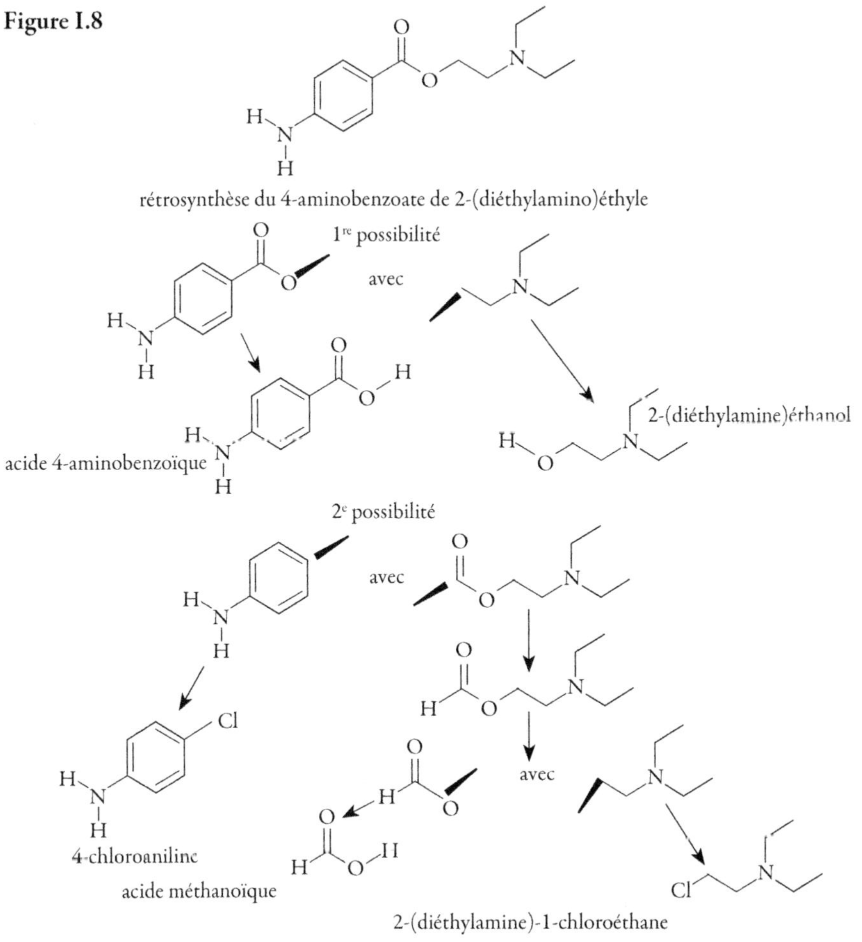

– Rechercher les méthodes de synthèse plausibles en accord avec les hypothèses obtenues par la rétrosynthèse (Figure I.9).

Figure I.9

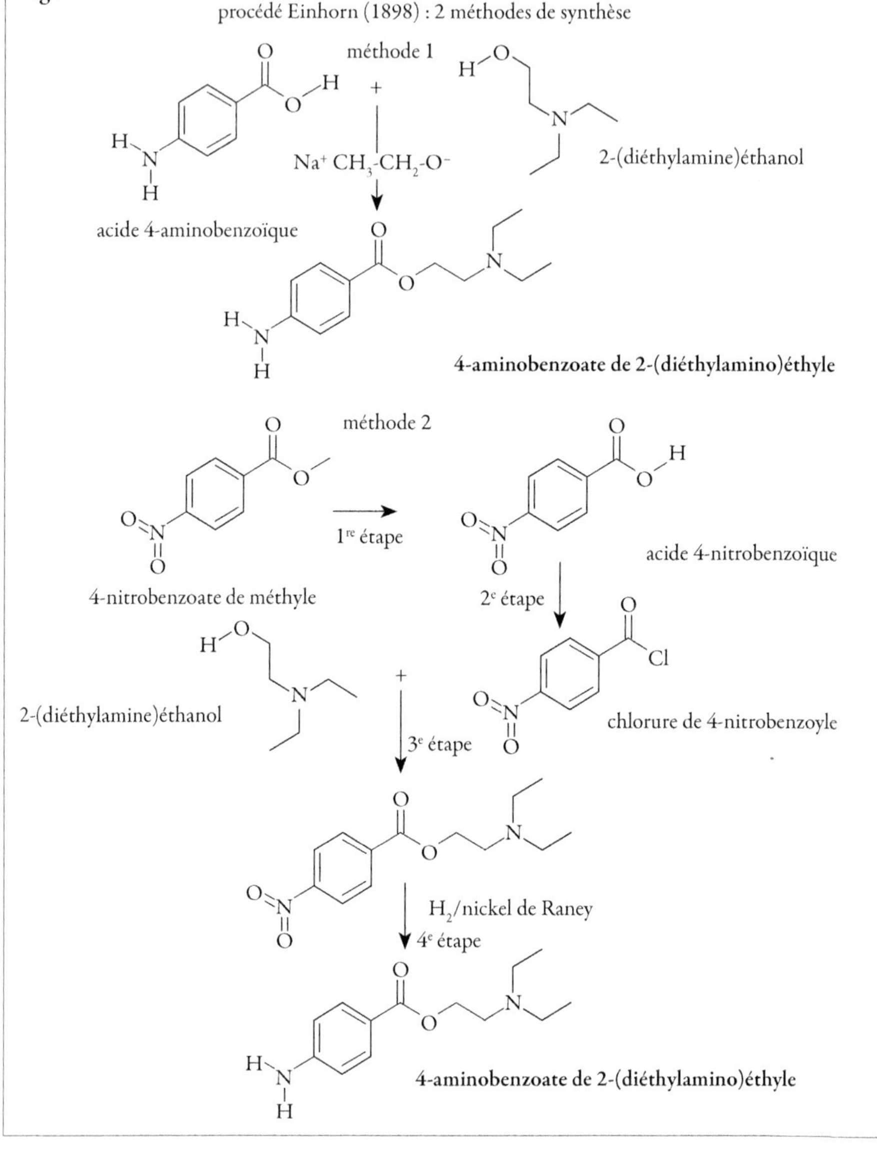

– Lister les étapes réactionnelles intervenant dans la synthèse et inventorier matériels et produits chimiques nécessaires.
– Réaliser en un temps limité la synthèse de chaque intermédiaire et son identification certaine.

Réalisation de la 1re étape :

Le 4-nitrobenzoate de méthyle est à notre disposition et par conséquent la synthèse de l'acide 4-nitrobenzoïque est envisageable. Sont nécessaires de la soude (hydroxyde de sodium) et de l'acide chlorhydrique concentré ainsi que tout le matériel dont dispose tout bon laboratoire de chimie organique. Au bout de 4 heures (Document I.10), suite à une hydrolyse en milieu basique du 4-nitrobenzoate de méthyle (50.0 g) suivie d'une acidification et d'une recristallisation, 32.0 g d'un composé solide incolore sont obtenus est obtenu.

Document I.10

Mode opératoire : dans un ballon monocol de 250 cm^3, mélanger en agitant 12.0 grammes de 4-nitrobenzoate de méthyle, 6.0 g de soude et 50 cm^3 d'eau déminéralisée. Chauffer à reflux durant 30 minutes puis après avoir ajouté 50 cm^3 d'eau déminéralisée, laisser refroidir. Verser 20 cm^3 d'acide chlorhydrique concentré refroidi et agiter. Filtrer, laver avec de l'eau déminéralisée glacée et sécher. Recristalliser dans une solution à 2 % d'acide chlorhydrique et sécher. Stocker le produit sec obtenu dans une boîte de Pétri correctement étiquetée.

ÉPILOGUE

Par la suite, il est bon de s'assurer au cours des différentes étapes qui vont suivre que le composé obtenu est le bon. Aussi de nombreuses mesures, calculs ou graphiques vont s'accumuler et doivent être interprétés. Ce n'est qu'à l'issue de ce travail d'enquêteur qu'une conclusion, bonne ou mauvaise (mais peut-être pas tant que cela) peut voir le jour.

Les différents chapitres, qui vont suivre, expliquent la progression à assurer afin de respecter aussi, pour être efficace, un tempo adéquat.

II

Détermination structurale

I. HISTORIQUE : L'ÉVOLUTION DES IDÉES ET DES MOYENS

1828… Il faut remonter à cette année-là pour la considérer comme l'année de naissance de la synthèse en chimie organique.

Ce fut l'année de la synthèse en laboratoire de l'urée par Wöhler (Figure II.1).

Figure II.1

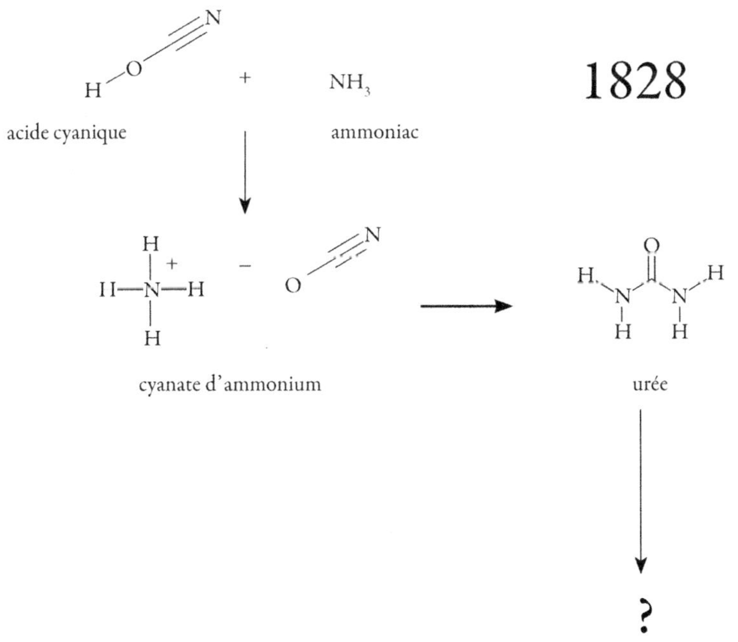

Pourquoi ce point d'interrogation.

Mais comment Wöhler a-t-il pu en 1828 avoir la certitude que le composé obtenu lors de sa synthèse est bien l'urée ? Par comparaison avec l'urée naturelle découverte par Ruelle (1773).

Mais comment ?

– En se basant sur l'aspect visuel et olfactif.
– En comparant :
  1. les points de fusion proches de 135 °C, mais pas les points d'ébullition car il y a décomposition ;
  2. les solubilités dans l'eau à différentes températures, soit 1080 $g.L^{-1}$ à 20 °C ;
  3. les masses volumiques soit 1.335 $g.cm^{-3}$.
– En ?

En 1828, là s'arrêtent les méthodes d'investigation.

Il faut attendre un peu plus tard pour voir se développer les techniques d'analyse élémentaire quantitative (permettant de chiffrer les proportions correspondant aux atomes présents) ou qualitative (permettant d'identifier les atomes présents), c'est-à-dire la recherche des éléments présents chiffrés ou pas.

Il n'est pas question de tout passer en revue. Mais intéressons-nous à ces modes opératoires d'une autre époque mais qui ont encore leur intérêt pédagogique en laboratoire. Citons :

– Le test de Lassaigne au sodium (vers 1829) pour détecter qualitativement les éléments carbone C, hydrogène H, oxygène O, azote N, soufre S, phosphore P ou les halogènes chlore Cl, brome Br…
– La méthode de Liebig (1830) pour la détermination quantitative du carbone C et de l'hydrogène H par combustion sur de l'oxyde de cuivre CuO.
– La méthode de Dumas (1831) pour la détermination quantitative de l'azote N par réaction à chaud avec du dioxyde de carbone.
– La méthode de Carius (1870) pour la détermination quantitative des halogènes comme le chlore Cl ou le brome Br mais aussi le soufre S par oxydation avec du dioxygène en présence de platine.
– La méthode de Kjeldahl (1883) pour aussi la détermination quantitative de l'azote N par minéralisation en ion ammonium et distillation en milieu basique de l'ammoniac formé puis titrage avec une solution titrée d'acide chlorhydrique.

Puisque nous sommes dans le domaine des éléments séparément ici mais aussi ensemble dans la molécule, arrive alors le problème de la détermination de la masse molaire, renseignement important pour comparer les résultats de synthèse entre eux :

– La loi d'Avogadro (1815) s'intéressant à l'état gazeux des composés organiques et à leur densité de vapeur :

$$M = 29 \times d_{vap}.$$

– La loi de Raoult (1870) sur l'abaissement cryométrique ΔT de solidification du mélange soluté/solvant étant inversement proportionnel à la masse molaire du soluté :

$$M = K \times (m_{soluté}/m_{solvant}) / \Delta T$$

Que dire des thermomètres, instruments indispensables pour les premières mesures et apparaissant sous leurs formes actuelles avec Linné (1745) et son échelle inversée adaptée de celle de Celsius (1741) et déjà centésimale. La véritable définition du degré nait en 1794 avec la Convention issue de la Révolution française.

Autres expérimentations non négligeables mais n'aboutissant pas à des renseignements chiffrés mais à uniquement des indices encourageants ou pas : les tests d'identification. Rappelons qu'ils servent à détecter la présence dans un composé nouvellement obtenu de telle ou telle fonction. Ceux-ci ont été mis au point souvent à la demande par rapport au progrès apporté dans la synthèse de molécules de plus en plus complexes.

Citons :
– La liqueur de Fehling (1849) et sa couleur bleue caractéristique.
– Le réactif de Schiff (1866).
– Le test de Tollens (vers 1873) et son spectaculaire miroir d'argent.
– Le test de Hinsberg (1890) connu pour sa sélectivité.
– Le réactif de Benedict (1908) très proche de la liqueur de Fehling.
– Et tant d'autres, plus délicats à dater chronologiquement…

Il faut attendre l'avènement de la fée électricité pour voir les premiers appareils de mesure apparaître associant précision, sécurité et fonctionnalité. En revenant à la synthèse de l'urée par Wöhler, la comparaison des points de fusion a été un critère décisif.

Évoquons ici les progrès faits dans ce type de mesure, il y eut :
– Le bloc Maquenne (1889) équipé d'une plaque à température constante mais réglable grâce à un rhéostat extérieur.
– Le tube de Thiele (1917) nécessitant le dit-tube, un bain d'huile, un thermomètre et un tube capillaire à échantillon, et le tout basé sur l'observation de la fusion.
– Le banc de Kofler (1936) se suffisant à lui-même muni d'une plaque chauffante à température variable et accompagné d'un ensemble de substances étalons pour le réglage avec précision de l'appareil.

Autres mesures basées sur des lois physiques de l'optique déjà bien connues sont celles de l'indice de réfraction et du pouvoir rotatoire, grandeurs permettant de caractériser un composé liquide. Le premier résultat s'obtient grâce au réfractomètre d'Abbe et le second avec le polarimètre de Laurent, tous deux de 1874.

Tout compte fait tout se met en place en un siècle pour que les déterminations expérimentales post-synthèses puissent être de plus en plus fiables. Mais l'évolution technologique au service des chercheurs de tous pays n'en est qu'à ses balbutiements. Le XXe siècle n'est pas encore là ! C'est la physique qui, par ses découvertes, apporte le complément qui manquait auparavant, bien que les travaux des chercheurs de XIXe siècle laissent pantois par leur rigueur ; à cela s'ajoutent déjà un sens de l'échange entre laboratoires malgré des moyens de communication vulnérables et des contextes politiques houleux.

Parmi ces nouvelles notions issues du changement de siècle et de ses premières décennies mais basées sur des principes connus de longue date, citons :

- Les ancêtres : les rayons infrarouges (ou IR) par du Châtelet (1737) et par Herschel (1800) inséparables en chimie des transformées de Fourier (1827).
- Les rayons ultraviolets (ou UV) par Ritter (1801) et l'indispensable loi de Beer-Lambert encore plus ancienne puisque remontant à Bouguer (1729) puis Lambert (1760) et reformulée par Beer (1852).
- Les rayons X découverts en 1895 par Röntgen puis associés à la chimie en 1915 par Von Laue.
- La résonance magnétique nucléaire ou RMN plus récente puisqu'à partir de 1946 avec Bloch et Purcell puis l'aide des transformées de Fourier (précédemment nommées) avec Ernst (1966).
- L'analyse par spectrométrie de masse par Thomsom (1912).

Que faut-il retenir de tout cela ! C'est que la chimie est une science jeune, non pas par les ans mais par la croissance. À savoir que sa maturité théorique et pratique n'est que récente et il fait bon de chercher, d'étudier, d'interpréter, de conclure et d'échanger en parlant le même langage et en écrivant dans une *police de caractère*, disons-le, internationale. Mais, à propos, puisqu'il est question de *police de caractère*, il s'impose de regarder de plus près l'écriture et la symbolique en chimie. Car, comme le disait Boileau en 1674 *ce qui se conçoit bien s'énonce clairement et les mots pour le dire arrivent aisément.* Aussi dans le domaine du laboratoire, l'aboutissement a été laborieux. Citons :

- Tout d'abord en ce qui concerne les éléments, il est impossible de citer toutes les tentatives qui ont eu lieu. De Lavoisier en 1789 à Mendeleiëv (et son tableau périodique) en 1869 la route a été longue pour mener à Moseley (et son tableau par numéro atomique croissant) en 1913 et pour aboutir au tableau actuel de Seaborg (1944).

– Pour parvenir à la représentation moléculaire qui se décline dans l'espace, il fallut attendre 1891 avec la méthode de projection de Fischer, 1916 avec le modèle de Lewis renforcé en 1957 par la théorie VSEPR de Gillespie, 1928 avec la méthode de projection de Haworth, 1952 avec la représentation de Cram…

II. RÉPARTITION DES MISSIONS : DU DÉTAIL À LA GÉNÉRALITÉ

Cet historique montre qu'actuellement les méthodes d'investigation sont variées et distinctes. D'une multitude d'informations va naître par comparaisons, par interprétations et par calculs la conclusion principale quant au succès du travail souhaité et réalisé. En effet le but est de montrer que la synthèse a permis d'obtenir le composé chimique prévu. Point final dans un premier temps.

Mais cela peut aller plus loin car une exploration approfondie des premières conclusions peut aussi mener à une extrapolation quant à la suite à donner à cette première démarche. L'examen des détails de la structure obtenu peut amener vers une continuité et aboutir à une nouvelle étape.

C'est donc une logique d'exploration et de raisonnement à répétition (Figure II.2) alimentée par :

– Des comparaisons entre données physiques de changement d'états *in situ* de la synthèse (ou lors de cette dernière) et celles prévues dans les tables de références.
– Des comparaisons entre données physiques aussi de changement d'états mais aussi basées sur d'autres propriétés physiques principalement optiques *post* synthèse (ou après la synthèse) et celles prévues dans les mêmes tables précédemment citées.
– Des calculs à partir de mesures *post* synthèse effectuées sur le site tel le rendement massique ou en dehors du site selon l'équipement disponible telle l'analyse centésimale.
– Des interprétations de données spectrales, ces dernières réalisées sur le site tel l'ultraviolet (UV) ou l'infrarouge (IR) ou en dehors du site telle la résonance magnétique nucléaire (ou RMN) ou la spectrométrie de masse (ou masse), selon l'équipement disponible.

Les conséquences supposées du résultat induisent une exploitation de celles-ci afin de compléter une étude qui, sans cela, aurait un goût d'inachevé. Ainsi se prépare la suite signifiée par le vocable de *réactivité*, chaînon manquant à la synthèse mais qui la régénère automatiquement pour satisfaire la nécessité d'aller jusqu'au bout de la quête initiale.

Figure II.2

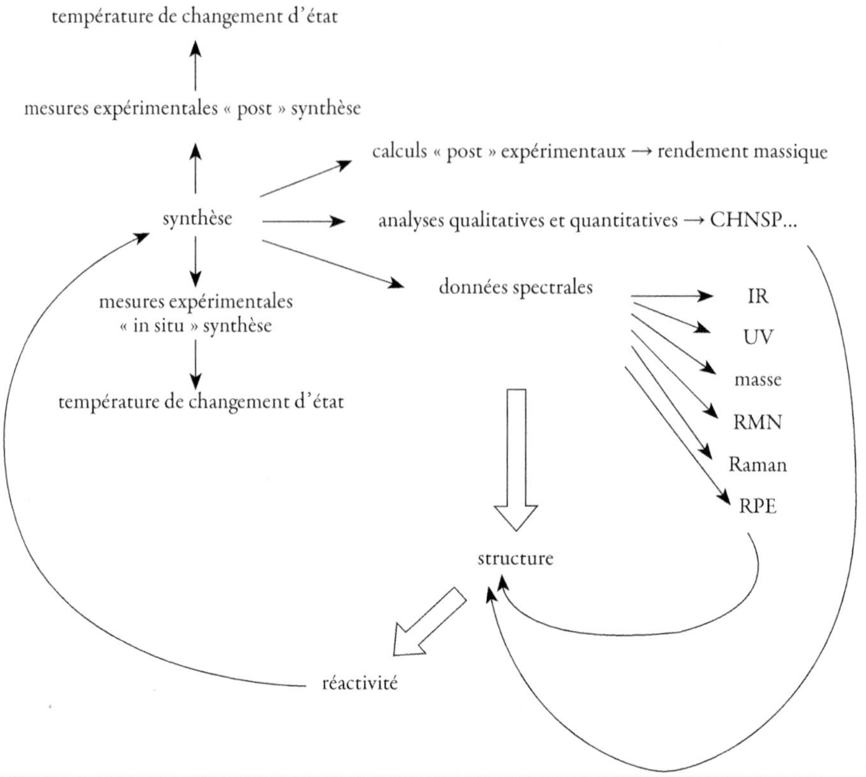

III. ORGANISATION : LE *PENDANT* ET L'*APRÈS*

De l'organisation, de la méthode et une dose d'esprit de synthèse, cette fois intellectuelle, s'imposent pour mener à bien cette exploration vers le but attendu ou pas, à mener en toute objectivité.

De l'organisation dans l'enchaînement des tâches à accomplir, dans le choix du matériel (en pensant à sa restitution dans le meilleur état qui soit).

De la méthode dans la manière de mettre en évidence les résultats numériques mesurés, d'archiver les nombreux documents obtenus et de relater les conditions opératoires. Tout cela est indispensable afin d'assurer la reproductibilité d'une semblable investigation.

D'une dose d'esprit de synthèse afin de faire le lien entre les témoignages accumulés, les connaissances scientifiques personnelles et les textes issus de la littérature scientifique proches du travail réalisé.

Une petite note d'exigence : ne pas négliger sa maîtrise de la langue anglaise, si fréquemment utilisée dans les publications intéressées.

La notion de sécurité n'est pas à rejeter. Même si la démarche, qui va principalement suivre la synthèse, apparaît sans risque apparent, il est bon d'assurer un protocole de précautions pour soi et pour les autres. En quelques mots bien sonnants : la blouse, les deux paires de gants (l'une en caoutchouc épais et l'autre en plus fin), la paire de lunettes de protection ou de sur-lunettes, éventuellement si nécessaire un système d'attache des cheveux.

Pourquoi un tel arsenal ?
- Certaines mesures se font pendant le mode opératoire et donc nécessitent les mêmes précautions que ce dernier.
- D'autres imposent l'utilisation de solvants volatiles et souvent agressifs pour les yeux et souvent aussi inflammables. D'ailleurs aux précautions précédentes peut se rajouter l'utilisation d'une hotte aspirante, en fonction bien sûr !
- Certaines investigations nécessitent la pratique d'appareils de mesures ou d'analyses extrêmement sensibles indissociable à la progression à venir. Sensibilités aux poussières et surtout à l'humidité ambiante ou inhérente au composé issu du mode opératoire (suite à un séchage insuffisant ou impossible dans le risque d'une dégradation), leur manipulation se fait en respectant une rigueur opératoire afin de ne pas aggraver les défauts précédemment cités.

Tout cela relève de l'individuel, mais il est sage de repérer les équipements présents mis à la disposition *au cas où* comme il est dit quand rien ne se passe ! Que ce soit la douche (à eau froide), le rince-œil, la trousse de pharmacie, l'interrupteur-poussoir pour incendie ou l'appareil téléphonique le plus proche. Que ce soient les issues de secours, les extincteurs (il faut savoir qu'à chaque type de feu correspond son extincteur) ou l'interrupteur de l'extraction des gaz ? Voilà des questions qui ne doivent pas rester sans réponse.

Et surtout, dans la mesure du possible, éviter d'être seul(e) ! Tout ce prologue peut constituer l'*avant.*

Le *pendant.*

En une phrase, le mieux est de lister les travaux à réaliser, en tenant compte du local, de l'équipement, du temps et de l'aide disponible.
- Du local, car tout cela demande de la place afin, sans chercher à s'étaler, d'être à son aise et de ne pas avoir à ranger pour *faire de la place.* En conséquence, penser à réserver un laboratoire ou tout du moins une paillasse avec le matériel nécessaire à proximité.
- De l'équipement, car tout cela demande du matériel varié et sollicité, que ce soit de la verrerie, du petit matériel, des produits chimiques ou de

l'appareillage électrique. En conséquence, s'assurer que tout ceci n'est pas déjà accaparé.
- Du temps, car tout cela nécessite une durée de travail importante. Entreprendre une telle investigation doit se faire en un minimum de périodes séparées. En conséquence, éviter le *saucissonnage* est recommandé.
- De l'aide, car tout cela pour des raisons pratiques ou de sécurité justifie de travailler à deux ou d'avoir un collaborateur à proximité pour intervenir le plus rapidement possible soit pour conseiller en cas de doute, soit pour aider dans une phase délicate ou, ce qui, bien sûr, est à éviter, soit pour apporter des soins en cas d'incident ou pire d'accident.

Après avoir pris conscience de ce préambule, il faut garder en mémoire les renseignements qu'il faut observer et noter en prévision de la recherche qui va suivre. Très souvent l'oubli ou la perte de ceux-ci est irréversible. Aller retrouver une température finale d'ébullition dès lors que la synthèse est terminée et que le relevé de sa valeur a été oublié ! Il en est de même pour une mesure de masse ou de volume, sachant que respectivement la dégradation ou l'évaporation vont faire leur œuvre. Une mesure réalisée un certain temps après la fin de la synthèse apparaît forcément différente de la valeur initialement mesurable. L'humidité ou l'oxydation sont aussi à considérer pour une mesure de température de fusion, surtout que la chaleur de la technique utilisée n'arrange pas les choses. Donc attendre voire oublier fausse aussi le résultat attendu.

L'*après*.

Il est simple de constater (Figure II.2) que le plus dur reste à faire et que les mêmes contraintes que lors du *pendant* sont encore applicables, en particulier l'équipement et le temps, qui souvent vont de paire. Cela est même accru car rien qu'en ce qui concerne l'appareillage électrique qui se résume à des appareils de mesure leur temps d'utilisation s'avère important. Ne parlons que des réglages initiaux, afin d'assurer aux résultats espérés un maximum de sérieux dans la fiabilité et la comparaison avec les valeurs *officielles*, ceux-ci demandent de la patience et de la répétition. Que ce soit le réglage du zéro, l'élimination des valeurs parasites, l'étalonnage… Alors que la mesure, proprement dite, dure peu.

Une certaine exclusivité de l'utilisation s'impose car la haute technicité s'accommode mal avec des usages multiples et simultanés avec des utilisateurs variés ayant parfois des exigences différentes. Un emploi du temps individuel géré strictement permet d'associer utilisation intelligente et rationnelle et cohabitation sous la bonne humeur. Cela signifie que la mise à jour et la consultation collective d'un document de prise en charge des appareillages s'imposent afin de progresser de manière homogène dans son propre travail et de ne pas entraver celui des autres.

IV. MOYENS À METTRE EN ŒUVRE : LA LOGISTIQUE NÉCESSAIRE

Assez de généralités, il est bon de faire le bilan de ce qui est à notre disposition. Un minimum est nécessaire pour se « lancer » dans de telles investigations.

Revenons au local plus communément appelé laboratoire (ou *labo*). Sur le pas de porte de celui-ci, rapide coup d'œil circulaire du minimum expérimental : la paillasse, la hotte, les rangements et la sécurité.

- La paillasse est l'endroit stratégique où se déroulent les multiples et parfois encombrantes expérimentations. Elle se doit d'être, en dehors des traditionnelles dalles blanches résistantes à la corrosion, spacieuse et lumineuse.
- La hotte est un outil indispensable pour manipuler des produits chimiques volatiles, corrosifs, toxiques ou nocifs ou alors carrément mener certains protocoles expérimentaux.
- Les rangements sont les éléments-clés de ce qui va suivre ; c'est la caverne d'Ali-Baba où se trouvent la verrerie, le petit matériel, les appareils de mesure et autres. Bref tout ce dont le besoin s'impose pour réaliser chaque étape de l'*après*, et néanmoins un minimum. Mot d'ordre : *chaque chose* à *sa place* avant et après.
- La sécurité demande une attention de chaque instant. Plus elle est respectée, moins l'usage des installations de sécurité est fréquent ; que ce soit la douche, le rince-œil, la trousse de pharmacie ou même dans un cas extrême les issues de secours et les extincteurs. La sécurité demande aussi une attitude altruiste et responsable qui se concrétise en s'assurant où sont les lieux de stockage des déchets toxiques solides ou liquides obtenus, car il n'est pas question de tout jeter à l'évier ou dans la poubelle.

Mettons le doigt où cela risque de faire mal… À savoir une liste non exhaustive du matériel de tout ordre indispensable pour entreprendre les explorations de ce qui va suivre. En s'inspirant de la Figure II.2, il est possible d'en faire une adaptation où le lien est fait entre analyse à envisager et matériel nécessaire (Figure II.3). La présence d'un astérisque* montre que tout ne peut être détaillé et impose un supplément d'informations suite aux évolutions technologiques. Ainsi il y tout d'abord les améliorations de la technologie qui font que les appareils fort répandus dans les laboratoires sont remplacés par de plus précis et plus rapides. Ainsi tel est le sort du banc de Kofler (long temps de chauffe et approximation de la mesure) qui laisse sa place à des appareils semi-automatiques ou automatiques pour la mesure du point de fusion. Citons aussi le réfractomètre d'Abbe qui, par la difficulté de la mesure de l'indice de réfraction et la nécessité d'un bon éclairage interne, a été détrôné par des réfractomètres à lecture immédiate et automatique. Dans une moindre mesure, les thermomètres à mercure, si précis, sont en voie de disparition et remplacés par des thermomètres électroniques.

Puis il y a l'aspect *produits chimiques*. Cela concerne tout ce qui est appelé *réactif d'identification* dont la liste peut sembler longue et fastidieuse mais apporte un équilibre certain à cette présentation où la physique, dans l'*après*, tire bien son épingle du jeu. Nostalgie ! En dehors de composés présents dans tout laboratoire, citons l'oxyde de cuivre(II), le sulfate de cuivre anhydre, le sodium, le sulfate de fer(II), le chlorure de fer(III), l'éthanoate de plomb, le nitroprussiate de sodium, le nitrate d'argent, le thiosulfate de sodium, le nitrate de potassium, le carbonate de sodium, l'acide tartrique, le réactif nitromolybdique… Bien sûr chacun trouve sa place dans ce qui va suivre… Et ce n'est pas fini puisqu'il faut compter sur le dibrome, le nitrate de cérium, la liqueur de Fehling, la dinitrophénylhydrazine, le réactif de Tollens, le chlorure de benzènesulfonyle, etc.

Il reste la partie spectrophotométrique. La présence de ces appareils à haute technicité n'est pas évidente et la collaboration avec des laboratoires universitaires de recherche équipés dans les domaines de la résonance magnétique nucléaire (RMN), de la spectrométrie de masse, du Raman ou de la résonance paramagnétique électronique (RPE) s'impose. Cependant dans le domaine de l'ultraviolet (UV) ou de dans une moindre possibilité de l'infrarouge (IR), tout est question de budget mais reste dans le domaine du réel. Un équipement dans ce dernier domaine est un outil précieux malgré son prix pour progresser en toute indépendance (une fois le résultat obtenu appelé spectre en référence à son origine impalpable, des tableaux de corrélation, communément répandus, font le lien entre données spectrales et conclusions structurales).

Figure II.3

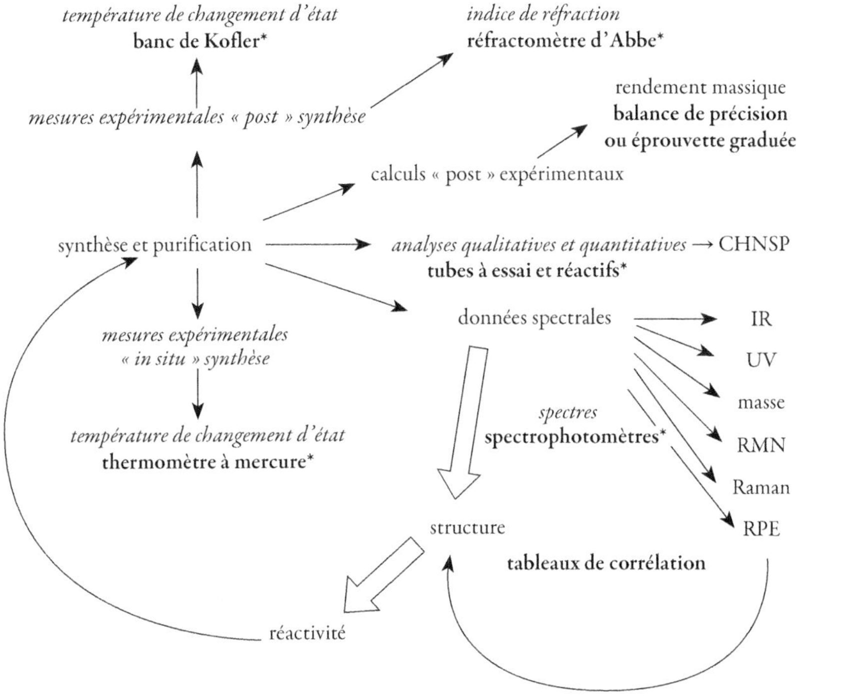

ÉPILOGUE

La détermination structurale apparaît, dans sa logique d'évolution, comme progressive. Et cela se ressent dans la mise en œuvre des technologies et le recours aux dernières évoquées ci-dessus peut être dans un dernier recours comme une confirmation de ses conclusions. Néanmoins l'impasse sur celles-ci n'est pas un drame, mais elles apparaissent à la fois comme une conclusion et une passerelle. Une conclusion dans la mesure où elles apportent les derniers éléments qui, par leur précision et leur approfondissement, bouclent la démarche entamée avec des techniques plus classiques. Une passerelle, envisagée grâce à la puissance de celles-ci par le prolongement des informations et leurs interprétations, vers l'étude de la réactivité et la transition vers de nouveaux composés qui, eux-mêmes, vont connaître la même procédure d'identification et la boucle est bouclée…

III

Premiers éléments de confirmation

I. CONSTANTES PHYSIQUES : VITE FAIT BIEN FAIT !

Une constante physique est une grandeur déterminée par rapport à des conditions de température et de pression bien précises, très souvent respectivement 20 °C et 101.300 Pa (la pression atmosphérique *normale*). La comparaison avec les mêmes constantes physiques consultables dans des ouvrages de référence permet de juger soit de la similitude avec le composé prévu, soit de la pureté du composé obtenu. En conclusion s'il y a bien correspondance entre le résultat et le but.

Toutes ces mesures se font *in situ* ou *post* purification du composé obtenu. Ce qu'il faut comprendre par cela c'est qu'elles sont à effectuer dans le rythme de la dernière étape de manipulations comme par exemple la température d'ébullition ou aussitôt après cette dernière étape, une fois le composé obtenu bien sûr pur et aussi parfaitement sec, comme par exemple le point de fusion, l'indice de réfraction ou le pouvoir rotatoire spécifique.

Pourquoi *vite fait bien fait*? En fait ces mesures demandent très peu de temps de travail et sont obtenus avec une précision correcte.

1. La température de fusion

Ou *melting point*, en abrégé *mp*.

Elle concerne les composés solides; c'est la mesure du passage à l'état liquide sous l'action d'une élévation de température progressive.

Les techniques utilisables vont chronologiquement du tube de Thiele (vers 1917) bien oublié à l'appareil à mesure semi-automatique ou automatique (vers 1990) en passant par le bloc Maquenne (vers 1889) ou le banc de Kofler (vers 1936).

Ce dernier est le plus connu (Figure III.1), mais sa précision laisse à désirer (de l'ordre du degré Celsius). Il consiste en une plaque chauffante dite à gradient de température. Il y a une variation progressive de la température avec une extrémité vers 50 °C et l'autre vers 250 °C. Attention : il faut attendre 40 à 45 minutes avant que la plaque chauffante soit à son maximum de température et les graduations sont de deux en deux degrés Celsius.

Le mode opératoire est en trois étapes :

1. La mesure approximative du point de fusion du produit obtenu s'effectue en le déplaçant de la droite vers la gauche à l'aide d'une spatule spéciale, sur la plaque chauffante et de relever à l'aide du stylet du grand curseur, la valeur obtenue.
2. L'étalonnage se fait à l'aide de substances étalons fournies. Il faut choisir cette dernière, ayant la température de fusion (indiquée sur le flacon) la plus proche de celle trouvée précédemment. Puis la déplacer comme dans la première étape, il faut ajuster l'index du petit curseur (présent sur le grand curseur) à la valeur prévue, une fois la fusion observée. Et surtout ne plus y toucher!
3. La mesure exacte du point de fusion du produit obtenu se fait en le déplaçant de la droite vers la gauche et de relever à l'aide du stylet du grand curseur et de mesurer à l'aide de l'index du petit curseur la valeur obtenue (le petit curseur et le grand curseur font partie du même bloc pouvant coulisser sur l'échelle de graduations : le premier verticalement et le second horizontalement).

Les appareils à mesure semi-automatique ou automatique ont une précision de l'ordre du dixième de degré Celsius.

Figure III.1

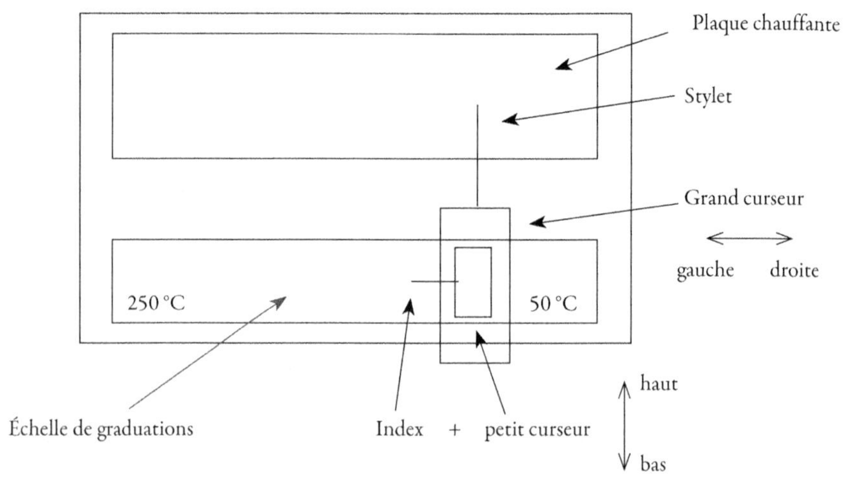

2. La température d'ébullition

Ou *boiling point*, en abrégé bp.

Elle concerne les composés liquides ; c'est la mesure du passage à l'état gazeux sous l'action d'une élévation de température progressive.

Petite différence expérimentale, elle peut se mesurer *in situ*, c'est-à-dire directement pendant une rectification (Figure III.2) avec un thermomètre (à mercure, c'est mieux !) posé sur la tête de colonne.

Mais elle peut se mesurer aussi avec un appareil semi-automatique ou automatique à mesure de point de fusion ou d'ébullition (Figure III.3).

Le mode opératoire est en deux étapes :

1. À l'aide d'un compte-gouttes, quelques gouttes du produit obtenu sont déposées dans un tube capillaire. Cette opération s'avère assez délicate. Après avoir déposé le tube capillaire dans une alvéole, la mesure approximative du point d'ébullition s'effectue en réglant l'appareil sur une gamme de température étendue (proche de celle prévue pour le composé à obtenir plus ou moins 50 °C) et en observant à travers une loupe le passage à l'ébullition. La validation de cet instant donne la température d'ébullition approximative.
2. La mesure exacte du point d'ébullition du produit obtenu se fait en diminuant par encadrement la gamme de température de plus ou moins 20 °C par rapport à la valeur trouvée précédemment et en ralentissant la vitesse d'augmentation de la température du four. De même en observant à travers une loupe le passage à l'ébullition, la validation de cet instant donne la température d'ébullition exacte avec une précision de l'ordre du dixième de degré Celsius.

Figure III.2

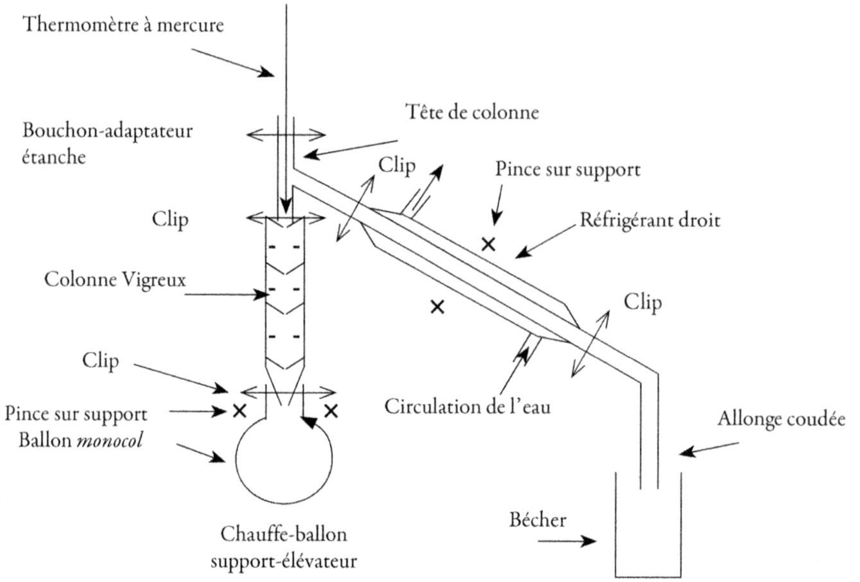

Figure III.3

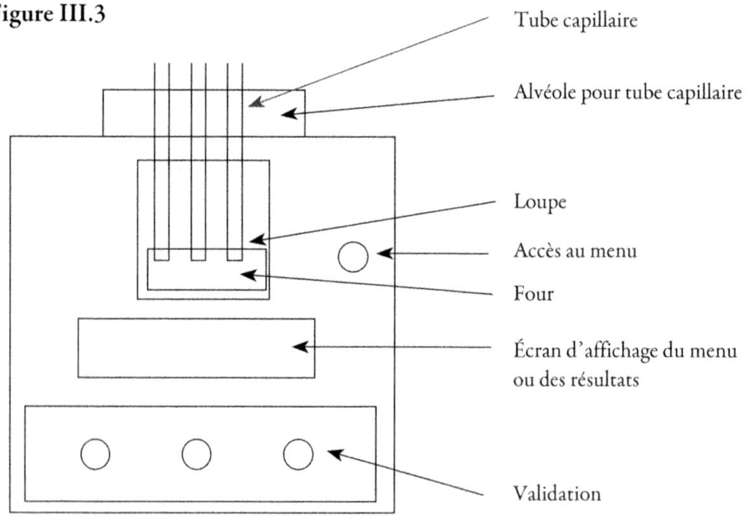

Le problème est que très souvent le composé obtenu a une température d'ébullition élevée qui entraîne très souvent une dégradation de celui-ci. La solution est d'opérer sous pression réduite (Figure III.4) ce qui a la particularité d'abaisser notablement la température d'ébullition.

Figure III.4 Montage avec verrerie à rodages

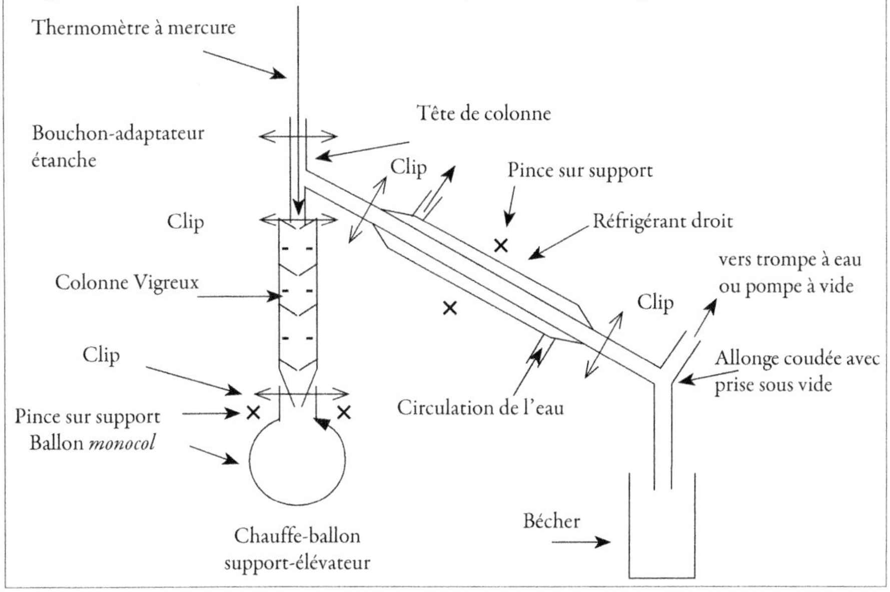

Bien entendu il est nécessaire de mesurer cette pression réduite notée ici P (unité la plus fréquemment utilisée : le millimètre de mercure ou mmHg).

La Figure III.5 est un abaque qui permet d'évaluer approximativement la température d'ébullition à la pression atmosphérique normale connaissant la pression atmosphérique réduite P et la température d'ébullition correspondant à celle-ci. Le principe est de relier par une droite les deux grandeurs précédentes respectivement sur l'échelle de gauche et celle de droite puis de relever la température d'ébullition à la pression atmosphérique normale sur la courbe centrale. Huit groupes de composés essentiellement organiques sont répertoriés et ce classement est forcément très incomplet.

Groupe 1		
anthracène	anthraquinone	sulfure de carbone
phénanthrène	trichloroéthène	
Groupe 2		
benzaldéhyde	benzonitrile	benzophénone
camphre	trichlorométhane	diéthyléther
butanone	salicylate de méthyle	2-, 3- ou 4-nitrotoluène
nitrotoluidine	anhydride phtalique	quinoléine
Groupe 3		
éthanal	propanone	2-, 3- ou 4-chloroaniline
éthanoate d'éthyle	acide méthanoïque	benzoate de méthyle
diméthyléther	éthylméthyléther	1- ou 2-naphtol
nitrobenzène	nitrométhane	

Groupe 4		
acide éthanoïque	acétophénone	2-, 3- ou 4-crésol
N-éthylamine	N, N-diméthylamine	méthanoate de méthyle
Groupe 5		
alcool benzylique	N-méthylamine	phénol
acide benzoïque	acide propanoïque	
Groupe 6		
eau	anhydride éthanoïque	acide 2-méthylpropanoïque
Groupe 7		
acide benzoïque	acide butanoïque	éthylèneglycol
méthanol		
Groupe 8		
pentanol	éthanol	pentan-2-ol
butan-2-ol	propanol	

Figure III.5

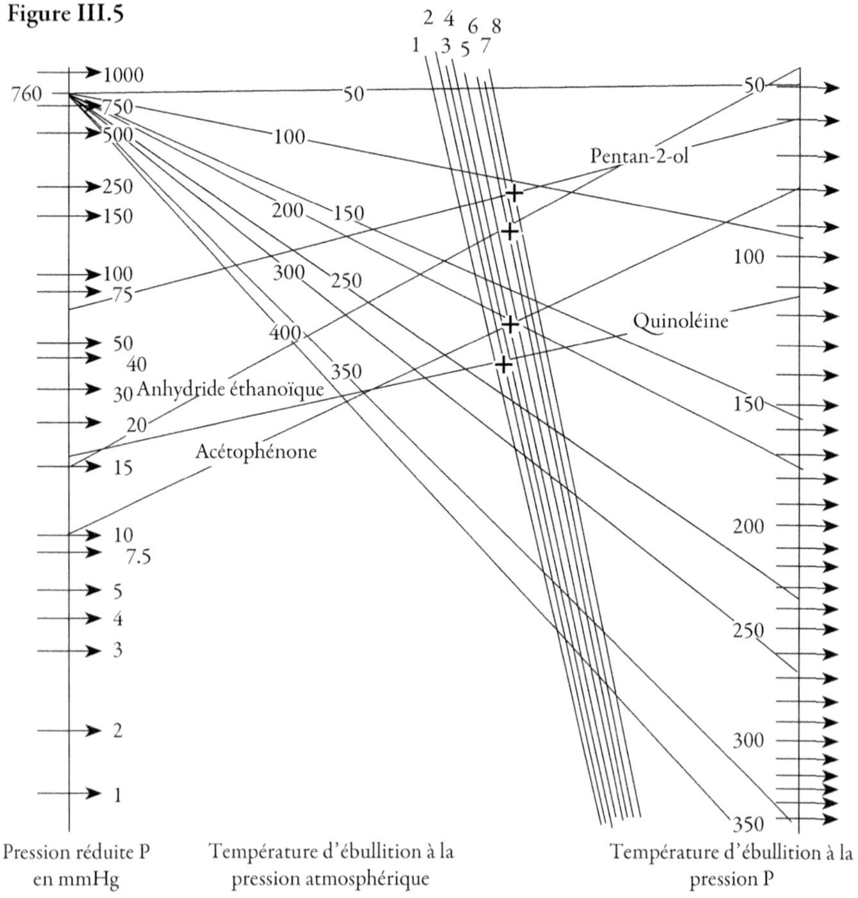

Prenons comme exemples :

- Le pentan-2-ol (Groupe 8), sa température d'ébullition à 60 mmHg est de 62 °C, ce qui donne sur l'abaque environ 115 °C (en réalité 119 °C).
- L'acétophénone (Groupe 4), sa température d'ébullition à 10 mmHg est de 80 °C, ce qui donne sur l'abaque environ 200 °C (en réalité 203 °C).
- L'anhydride éthanoïque (Groupe 6), sa température d'ébullition à 15 mmHg est de 44 °C, ce qui donne sur l'abaque environ 125 °C (en réalité 139 °C).
- La quinoléine (Groupe 2), sa température d'ébullition à 17 mmHg est de 114 °C, ce qui donne sur l'abaque environ 230 °C en réalité 238 °C).

Cependant de manière précise la température d'ébullition à la pression atmosphérique peut se calculer par la formule proposée par Hass et Newton (1937 puis 1971) :

$$bp(P_{atm}) = bp(P) + \frac{[(273.1 + bp(P)) \times (2.8808 - \log P)]}{[\Phi + 0.15 \times (2.8808 - \log P)]}$$

où P_{atm} et P sont les pressions respectivement atmosphériques et réduite (en millimètre de mercure), $bp(P_{atm})$ et bp les températures d'ébullition respectivement à la pression atmosphérique et réduite (en degré Celsius). Φ est un coefficient qui se déduit du graphe $\Phi = f(T)$ (Figure III.6 avec les groupes de la Figure III.5).

Figure III.6

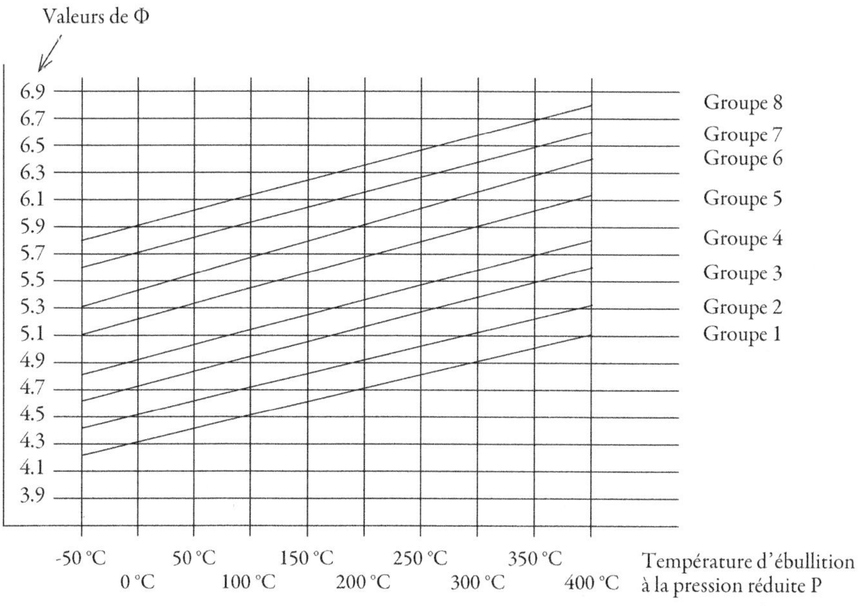

Prenons les mêmes exemples que précédemment :

– Le pentan-2-ol (Groupe 8), sa température d'ébullition à 60 mmHg est de 62 °C, ce qui donne environ 112 °C (Φ = 6.0) (en réalité 119 °C).
– L'acétophénone (Groupe 4), sa température d'ébullition à 10 mmHg est de 80 °C, ce qui donne environ 213 °C (Φ = 5.1) (en réalité 203 °C).
– L'anhydride éthanoïque (Groupe 6), sa température d'ébullition à 15 mmHg est de 44 °C, ce qui donne environ 138 °C (Φ = 5.5) (en réalité 139 °C).
– La quinoléine (Groupe 2), sa température d'ébullition à 17 mmHg est de 114 °C, ce qui donne environ 242 °C (Φ = 4.75) (en réalité 238 °C).

3. L'indice de réfraction

Ou n(D, 20).

Pourquoi un tel symbole? Parce que pour comparaison avec une valeur de référence, il se mesure avec une lampe à sodium (connue pour la raie D à 589 nm dans le spectre d'émission) et à la température de 20 °C.

Mais comme souvent la température de mesure n'est pas forcément de 20 °C, il y a une formule de conversion qui est la suivante :

$$n(D, 20) = n(D, t) + 0.00045 \times (t\text{-}20)$$

où n(D, t) est la valeur de l'indice de réfraction (sans unité) à la température t (en degré Celsius) du réfractomètre.

L'indice de réfraction est le rapport entre la vitesse de la célérité c de la lumière dans le vide sur la vitesse v de celle-ci dans le produit obtenu transparent.

Pratiquement cette mesure se fait à l'aide d'un réfractomètre d'Abbe (vers 1874) essentiellement avec les composés liquides.

Le mode opératoire est en deux étapes :

1. À l'aide d'un compte-gouttes, quelques gouttes du produit obtenu sont étalées sur une fenêtre sur laquelle est ensuite positionnée un prisme et la lampe d'éclairage à vapeur de sodium. Le principe est de centrer dans un oculaire deux zones une sombre et une claire par rapport à l'intersection de deux diagonales fixes, ce faisant avec une molette latérale actionnée manuellement (Figure III.7).

Figure III.7

2. Sur certains réfractomètres à affichage numérique, le résultat apparaît, après validation, sur un écran, ainsi que la température t de la mesure. Le réfractomètre le donne avec une bonne fiabilité. Supérieur à 1, il se note avec 4 chiffres après la virgule.

4. Le pouvoir rotatoire spécifique

Ou [α] (λ, t).

Là aussi, t est la température de mesure souvent 20 °C. λ est la longueur d'onde de la raie D du sodium, soit 589 nm.

Cette mesure, de symbole [α], rendue possible à l'aide d'un polarimètre de Laurent (vers 1874), ne concerne que les composés ayant un ou plusieurs atome(s) de carbone asymétrique(s), c'est à dire entouré(s) d'atome(s) ou de groupement(s) d'atomes différents. Tout atome de carbone asymétrique est signalé par un astérisque *. Pour chaque atome de carbone asymétrique il y aura deux isomères optiques non superposables ou énantiomères (Figure III.8).

Figure III.8

$CH_2(-OH)-C^*H(-CH_3)-CH_2Br$

ou 3-bromo-2-méthylpropanol

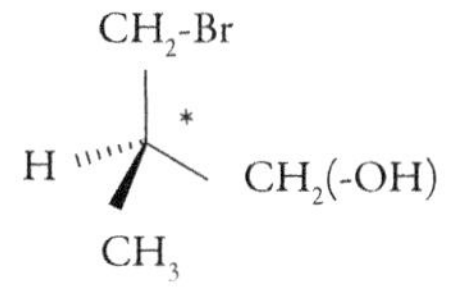

Représentation de Cram

Il s'agit de la déviation α du plan de polarisation de la lumière. Celle-ci polarisée apparaît selon un plan déterminé et en présence du composé étudié subit une déviation α.

D'après la loi de Biot (1815), le pouvoir rotatoire spécifique (en °.dm^{-1}.g^{-1}. cm^3) se calcule par la formule :

$$[\alpha]\ (\lambda,t) = \alpha\ /\ (l \times C)$$

où α est la rotation en degré, l la longueur du trajet de la lumière dans le composé (en dm ou 10^{-1} m) et C la concentration massique (en g.cm^{-3}).

II. LA MASSE MOLAIRE : LA MASSE DE LA MOLE

La masse molaire, de symbole M, est la masse d'une môle de molécules du produit obtenu. Elle est exprimée en gramme par môle ou $g.mol^{-1}$.

1. Les lois de Raoult

1878 fut une grande année puisqu'elle vit la parution des trois lois de Raoult (dont les deux premières sont aisément applicables expérimentalement), indispensables pour répondre à la détermination évoquée ci-dessus et celle de la méthode de Meyer.

La plus utilisée est la première loi de Raoult dite de cryométrie. Elle stipule qu'il y a une variation de température de solidification ΔT entre un solvant pur et une solution contenant ce solvant (masse $m_{solvant}$) avec un soluté X (masse $m_{soluté}$) de masse molaire M et que ΔT est inversement proportionnelle à la masse molaire M du soluté X :

$$M = K_{sol} \times m_{soluté} / (\Delta T \times m_{solvant})$$

où K_{sol} est la constante cryoscopique du solvant (en °C.kg.mol^{-1}, par exemple $K_{sol} = 1.85$ pour l'eau et $K_{sol} = 5.10$ pour le benzène), $m_{soluté}$ en g et $m_{solvant}$ en kg.

La seconde loi de Raoult dite d'ébulliométrie stipule qu'il y a une variation de température d'ébullition ΔT entre un solvant pur et une solution contenant ce solvant (masse $m_{solvant}$) avec un soluté X (masse $m_{soluté}$) de masse molaire M et que ΔT est inversement proportionnelle à la masse molaire M du soluté X :

$$M = K_{eb} \times m_{soluté} / (\Delta T \times m_{solvant})$$

où K_{eb} est la constante ébullioscopique du solvant (en °C.kg.mol^{-1}, par exemple K = 0.51 pour l'eau et K = 2.53 pour le benzène), $m_{soluté}$ en g et $m_{solvant}$ en kg.

La troisième loi de Raoult dite de tonométrie stipule qu'il y a une variation de pression de vapeur :

$$\Delta P = P - P_0$$

entre un solvant pur (pression de vapeur P_0) et une solution contenant ce solvant (masse $m_{solvant}$) avec un soluté X (masse $m_{soluté}$) de masse molaire M (pression de vapeur P). De plus :

$$P = P_0 \times X$$

où X est la fraction molaire du solvant.

$$X = n_{solvant} / (n_{solvant} + n_{soluté})$$

Cette méthode est plus délicate d'application tant expérimentalement que quantitativement.

2. La méthode de Meyer

Figure III.9

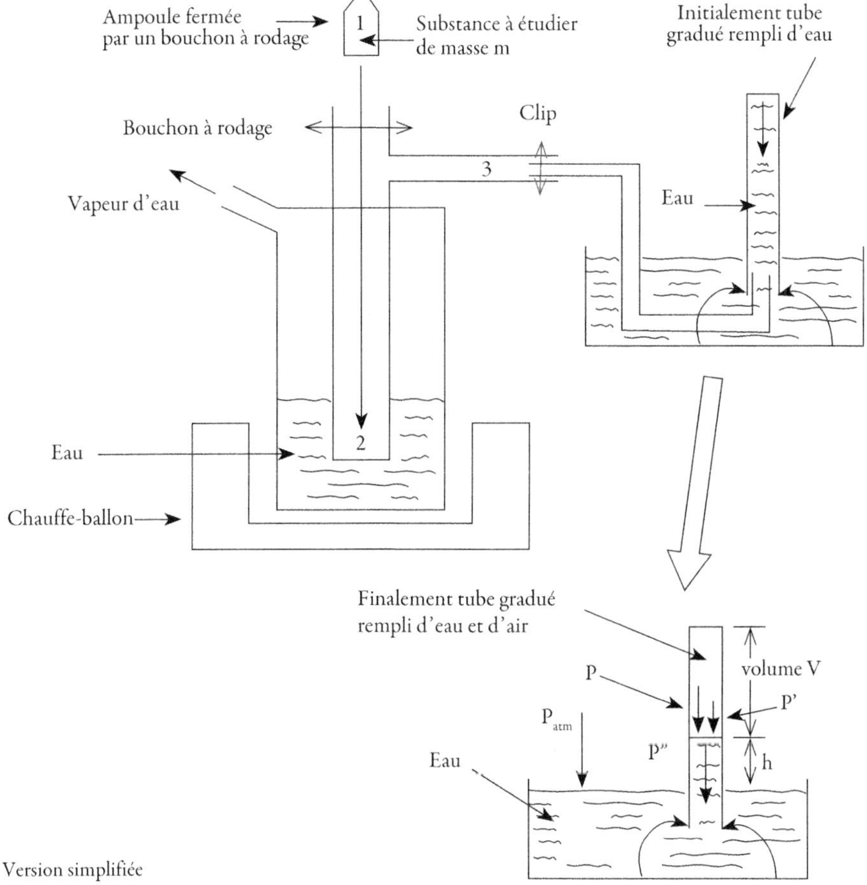

Version simplifiée

La méthode de Meyer (Figure III.9) s'applique aux composés volatiles, c'est-à-dire à basse température d'ébullition. Elle s'inspire de la loi des gaz parfaits légèrement modifiée. En effet à partir de :

$$P \times V = n \times R \times T$$

donc :

$$n = P \times V / (R \times T)$$

et comme :

$$n - m / M$$

alors :

$$M = (m \times R \times T) / (P \times V)$$

où m est la masse (en g) de substance utilisée (1), R la constante des gaz parfaits ($R = 6.236 \times 10^4$ $cm^3.mmHg.K^{-1}.mol^{-1}$), T la température du gaz (en Kelvin) ; P la pression du gaz (plutôt de l'air, en millimètre de mercure ou mmHg) et V le volume (en cm^3) correspondant à l'air expulsé (3).

P est donné par la formule :

$$P = P_{atm} - P' - P''$$

où P est la pression du gaz dans le tube gradué, P' la pression saturante de l'eau (≈ 17.5 mmHg à 20 °C, température du laboratoire) et P" la pression de la colonne d'eau dans le tube graduée :

$$P'' = h/13.6$$

où 13.6 est le facteur de conversion du millimètre d'eau vers le millimètre de mercure et h en mm.

Ces trois grandeurs P, P' et P" étant en millimètre de mercure, cela donne :

$$P = 760 - 17.5 - h/13.6$$

3. La densité de vapeur

Après avoir passé en revue les méthodes expérimentales de détermination de M, il faut savoir que la masse molaire M peut aussi se calculer. Assez précis, ce calcul se fait à partir de la relation suivante, conséquence de la loi des gaz parfaits :

$$M = 29 \times d_{vap}$$

où d_{vap} est la densité de vapeur ou densité du composé organique à l'état de vapeur (chiffre sans unité) et le chiffre 29 correspond à la *masse molaire moyenne de l'air* calculée de la manière suivante :

$$M_{air} = 80~\% \times M_{N_2} + 20~\%~M_{O_2} = 80~\% \times 28 + 20~\% \times 32 \approx 29~g.mol^{-1}$$

4. La spectrométrie de masse

Le principe est de bombarder des molécules d'un composé organique pur, par des électrons qui vont fragmenter partiellement celles-ci.

Le document obtenu nommé spectre est formé de pics linéaires verticaux repérés par des graduations sur l'axe des abscisses en gramme(s) par mole, et sur l'axe des ordonnées en pourcentage d'abondance. Le principal des renseignements apportés est la détermination de la masse molaire grâce au pic le plus éloigné de l'origine ou pic parent (voir paragraphe V.II).

Prenons comme exemple n° 1 le spectre obtenu (voir épilogue et Figure III.10) d'un composé organique nommé X obtenu lors d'une synthèse présentant des pics à 15, 43, 58, 77 et 135. Le pic de valeur la plus élevée situé à 135 est nommé le pic parent et donne la masse molaire M. Par conséquent la masse molaire M du composé X est de 135 $g.mol^{-1}$. Après analyse des autres pics (voir paragraphe V.II) la structure est probablement de type « $C_6H_5CH_3CONH$ » et le composé X est l'acétanilide.

Prenons comme exemple n° 2 le spectre obtenu (Figure III.10) d'un composé organique nommé Y obtenu lors d'une synthèse présentant des pics à 86, 99, 120 et 236. Le pic de valeur la plus élevée situé à 236 est nommé le pic parent et donne la masse molaire M. Par conséquent la masse molaire M du composé Y est de 236 g.mol^{-1}. Après analyse des autres pics (voir paragraphe V.II) la structure est celle de la *procaïne* (voir paragraphe I.VII).

Figure III.10

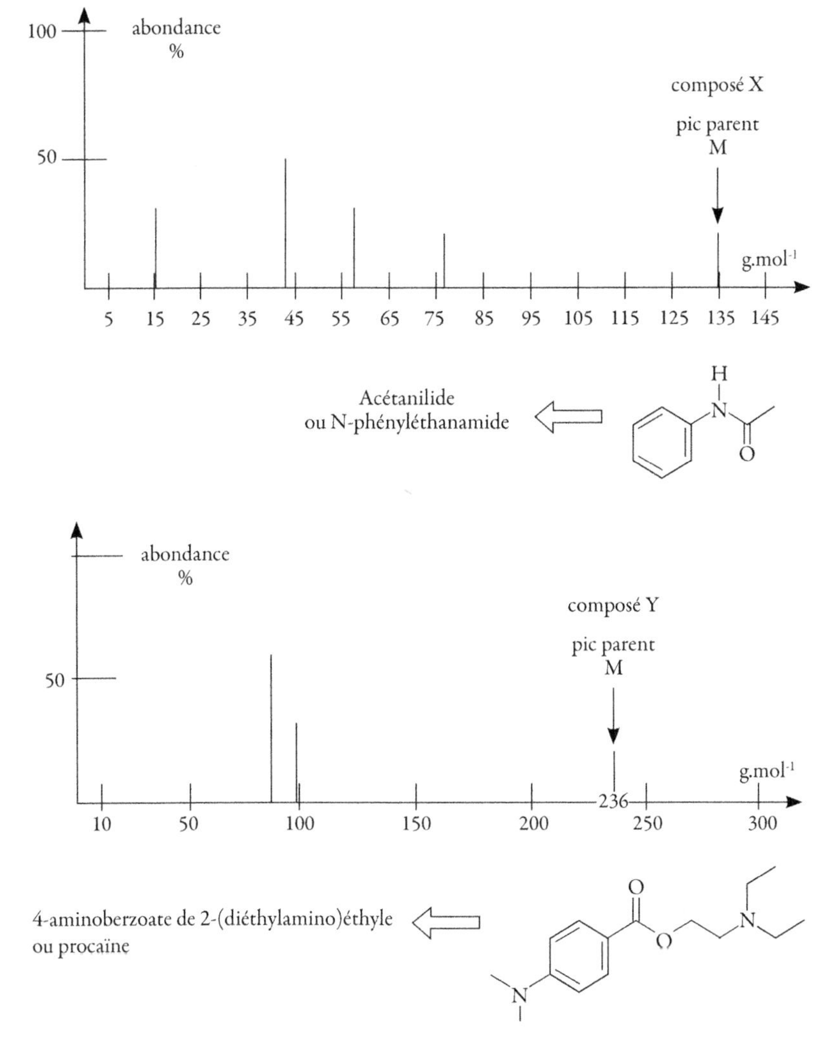

III. LES TABLES DE RÉFÉRENCE

Les tables de référence sont des tableaux précisant les principales constantes physiques pour les composés chimiques connus organiques ou inorganiques.

Pour la version *papier*, la plus complète est le *Handbook of chemistry and physics* aux éditions CRC. Mais il est possible de trouver les constantes physiques dans les catalogues commerciaux de produits chimiques, à condition qu'ils soient commercialisés. Dans le cas contraire mieux vaut en revenir à la première source citée. Pour la version *internet*, de nombreux sites permettent de comparer les résultats obtenus avec les valeurs officielles, mais là encore il ne s'agit que de ce qui existe !

Dans le cas d'un composé nouvellement synthétisé et ne connaissant pas d'homologue dans les sources précédemment citées, ce sont alors vos données qui vont servir de références mais après réitérations de l'expérimentation utilisée afin de les confirmer et de les fiabiliser.

IV. APPLICATIONS AUX QUATRE FILS ROUGES : LE PEUT-ÊTRE PROBABLE (IIe PARTIE)

1. Composé organique simple A

Rappel de la synthèse :

C'est l'obtention du 2-méthylbut-2-ène (de formule brute C_5H_{10}) et les protocoles trouvés dans la littérature laissent penser que cela est possible par déshydratation du 2-méthylbutan-2-ol (de formule brute $C_5H_{12}O$), par application de la règle de Zaïtsev (1875).

Équation supposée de la synthèse :

$$C_5H_{12}O \rightarrow C_5H_{10} + H_2O$$

Le bilan de la synthèse est :

- Après un chauffage à reflux, en présence d'acide phosphorique, après décantation, extraction, séchage et rectification, un composé liquide incolore.

Les premiers renseignements sont les suivants :

- La température d'ébullition, mesurée lors de la rectification, est de 36 °C,
- L'indice de réfraction, mesurée avec le réfractomètre, est de 1.3854 à 18 °C, ce qui donne 1.3845 à 20 °C,
- La masse molaire, relevée sur un spectre de masse, est de 70 $g.mol^{-1}$ (autre pic important à 55 $g.mol^{-1}$).

Les valeurs de référence sont respectivement de 38,6 °C, 1.3874 et 70 g.mol^{-1}. L'écart sur l'indice de réfraction s'explique par le fait qu'un autre isomère, moins abondant, peut être obtenu lors de cette synthèse : le 2-méthylbutène (Figure III.11). Néanmoins le second composé est formé en très petites quantités (en proportion de 1/100).

Figure III.11

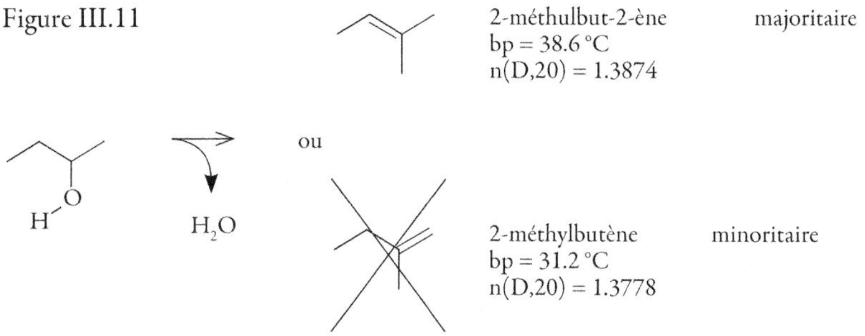

2. Composé organique polyfonctionnel B

Rappel de la synthèse :

C'est l'obtention du jaune soudan ou 2-hydroxynaphtalène-1-diazobenzène (de formule brute $C_{16}H_{12}N_2O$) et les protocoles trouvés dans la littérature laissent penser que cela est possible par diazotation et par copulation entre l'aniline (de formule brute C_6H_7N) et le napht-2-ol (de formule brute $C_{10}H_8O$).

Équation supposée de la synthèse :

$$C_6H_7N + C_{10}H_8O + NaNO_2 + HCl \rightarrow C_{16}H_{12}N_2O + NaCl + 2\ H_2O$$

Le bilan de la synthèse est :

– Après un refroidissement en dessous de 5 °C et après filtration et recristallisation, un composé solide jaune.

Les premiers renseignements sont les suivants :

– La température de fusion est de 130 °C (mesure au banc de Kofler) avec un début de décomposition.
– La masse molaire, relevée sur un spectre de masse, est de 248 g.mol^{-1} (autres pics importants à 115 et 143 g.mol^{-1}).

Les valeurs de référence sont respectivement de 131-134 °C et 248.3 g.mol^{-1}. L'écart sur la température de fusion résulte d'une décomposition du composé à une telle température (liée à la présence de deux atomes d'azote qui ont tendance à se libérer pour donner du diazote).

3. Complexe C

Rappel de la synthèse :

C'est l'obtention de l'éthylènediaminetétraéthanoatenickelate(II) de disodium (de formule brute $NiC_{10}N_2H_{12}O_8Na_2$) et les protocoles trouvés dans la littérature (Document I.6) laissent penser que cela est possible par complexation entre l'acide éthylènediaminetétraéthanoïque ou plutôt son dérivé disodé (de formule brute $C_{10}H_{14}O_8N_2Na_2$) et le chlorure de nickel (de formule $NiCl_2$).

Équation supposée de la synthèse :

$$Na_2C_{10}H_{14}O_8N_2 + NiCl_2 + NaCH_3CO_2$$
$$\rightarrow Na_2Ni(C_{10}H_{12}N_2O_8) + CH_3CO_2H + NaCl$$

Le bilan de la synthèse est :
- Après refroidissement intense, un composé solide bleu.

Les premiers renseignements sont les suivants :
- La température de fusion s'avère impossible à mesurer, après un début de décomposition.
- La masse molaire, relevée sur un spectre de masse, est de 393 $g.mol^{-1}$ (signal faible, autres pics importants à 23, 59 et 288 $g.mol^{-1}$).

La valeur de référence pour la masse molaire est de 392.9 $g.mol^{-1}$.

4. Composé organométallique D

Objectif de la synthèse :

C'est l'obtention du bis(cyclopentadiényl)fer(II) ou ferrocène (de formule brute $C_{10}H_{10}Fe$) et les protocoles trouvés dans la littérature laissent penser que cela est possible par réaction du cyclopentadiène (de formule brute C_5H_6) sur le chlorure de fer(II).

Équation supposée de la synthèse :

$$2\ C_5H_6 + Fe(II)Cl_2 \rightarrow C_{10}H_{10}Fe + 2\ HCl$$

Le bilan de la synthèse est :
- Après chauffage et agitation sous atmosphère inerte, extraction, filtration, concentration et recristallisation, un composé de couleur brun-orange.

Les premiers renseignements sont les suivants :
- La température de fusion est de 170 °C (mesure au banc de Kofler).
- La masse molaire, relevée sur un spectre de masse, est de 186 $g.mol^{-1}$ (autres pics importants à 61 et 121 $g.mol^{-1}$).

Les valeurs de référence sont respectivement de 172,5 °C et 186.0 g.mol^{-1} (la température d'ébullition est de 249 °C, mais difficilement mesurable !).

IV

Premiers éléments structuraux

I. MISES AU POINT

Il s'agit de la recherche des indices qui permettent d'établir la formule brute en s'aidant de la masse molaire (voir paragraphe III.II).

Ces indices sont de deux types et nécessitent des expérimentations différentes quoique comportant quelques similitudes :

- Les atomes présents, en identifiant leur nature (c'est le qualitatif) et en dénombrant leur abondance (le quantitatif). La technologie peut s'avérer abordable en ce qui concerne le premier objectif et par contre nécessite une collaboration extérieure pour le second, vu le coût des appareillages nécessaires.
- Les groupements caractéristiques d'atomes, en détectant leur présence et en différenciant leur identité. Ces opérations peuvent se faire en parallèle avec la première partie qualitative précédente, le matériel utilisé étant commun. De plus les renseignements apportés peuvent être précieux pour l'amorce de la recherche de la formule semi-développée.

II. TESTS D'IDENTIFICATION : LA PRÉSENCE DE GROUPEMENT(S)

Qu'est-ce qu'un groupement ? Tout d'abord, comme chacun sait, tout composé chimique peut se présenter sous la forme d'atomes, de molécules ou d'ions.

Il est bon de rappeler :

- qu'une molécule est un assemblage d'atomes identiques ou différents reliés entre eux par des liaisons chimiques dites covalentes ;
- qu'un ion est soit un atome seul soit un assemblage d'atomes identiques ou différents (reliés entre eux par des liaisons chimiques dont la covalence n'est pas à 100 % comme pour les molécules) et portant une ou plusieurs charge(s) électrique(s) positives (les cations) ou négatives (les anions).

Le questionnement quant au pourquoi de cette différence de la nature de la liaison chimique doit s'accompagner d'une réponse qui va prendre tout son sens dans les méthodes d'investigation à venir. Rien n'est blanc ou noir, il peut y avoir un soupçon de gris ! Covalent, ionique ou ionique et covalent ?

Le blanc (ou le noir, au choix) : la liaison covalente résulte de la mise en commun de deux à six électrons entre deux atomes (pouvant difficilement gagner ou perdre des électrons pour donner naissance à des ions) afin de satisfaire la règle du duet (pour l'atome d'hydrogène) ou de l'octet (pour les autres atomes).
Le noir (ou le blanc, au choix) : la liaison ionique résulte de la récupération ou de la perte d'électron(s) entre atomes des colonnes de droite et de gauche du tableau périodique des éléments. Les premiers se transforment en anions et les seconds en cations, avec apparition de forces d'interactions coulombiennes.

Cependant vu que les électrons ne sont pas tout le temps soit mis en commun soit perdus ou gagnés, la liaison chimique ne peut être dans tous les cas soit à 100 % covalente, soit à 100 % ionique pour de multiples raisons. Citons-en deux, soit le caractère électropositif ou électronégatif des atomes, soit la mobilité des électrons le long d'une structure s'y prêtant… Et cela se ressent dans la lecture de certains documents !

Venons-en aux groupements ! Qu'il soit question de molécules ou d'ions, il est facile d'observer des assemblages identiques ou groupements qui vont avoir de multiples caractéristiques communes. Les composés atomiques ne sont guère concernés par ce qui va suivre.

Et la première caractéristique commune à prendre en considération est le test d'identification (Tableau IV.1, en italique les plus courants).

Le test d'identification est une expérience exigeant un minimum de matériels tels quelques tubes à essai, des compte-gouttes, une paire de gants et des réactifs appropriés mais présents dans tout laboratoire de chimie et dont le résultat est commun, de même que le réactif approprié, à ce groupement.

Tableau IV.1

Groupement	Description du groupement	Test(s) d'identification	Réactif(s) approprié(s)	Observation(s)
Acide organique ou carboxylique	C(=O)-O-H ou CO_2H	*n° 1 : du pH*	*papier pH*	*pH < 7*
		n° 2 : test de l'ester	+ éthanol + acide sulfurique	odeur fruitée
Alcane	C-C	test à l'acide sulfurique	+ acide sulfurique concentré	aucune solubilité
Alcène	C=C	n° 1 : test à l'acide sulfurique	+ acide sulfurique concentré	bonne solubilité
		n° 2 : test à l'eau de brome	*+ eau de dibrome (rouge) 2 %*	*décoloration*
		n° 3 : test de l'oxydation	+ permanganate de potassium 2 %	décoloration
Alcool	C-O-H	n° 1 : test du sodium	+ sodium	dégagement gazeux dihydrogène
		n° 2 : test du chlorure d'éthanoyle	+ chlorure d'éthanoyle	dégagement gazeux chlorure d'hydrogène
Alcyne	C≡C	n° 1 : test à l'acide sulfurique	+ acide sulfurique concentré	bonne solubilité
		n° 2 : test à l'eau de brome	*+ eau de dibrome (rouge) 2 %*	*décoloration*
Aldéhyde	C(=O)-H	*n° 1 : test de Brady ou à la DNPH (2,4-dinitrophénylhydrazine)*	*+ DNPH 2 % dans méthanol + acide sulfurique*	*précipité cristallin orange*
		n° 2 : test de Fehling	*+ liqueur de Fehling (sulfate de cuivre(II) + tartrate de sodium et de potassium)*	*précipité rouge d'oxyde de cuivre (I)*
		n° 3 : test de Tollens	*+ réactif de Tollens (nitrate d'argent)*	*dépôt d'argent*
Amide	C(=O)-NH_2	test du chauffage	+ soude 10 % + chauffage	dégagement gazeux ammoniac
Amine aliphatique	C-NH_2	*n° 1 : du pH*	*papier pH*	*pH > 7*
		n° 2 : test de l'acide nitreux	*+ acide chlorhydrique 2M + nitrite de sodium 10 % + papier iodoamidonné*	*suspension claire 1/dégagement gazeux diazote : amine primaire 2/phase huileuse orange : amine secondaire 3/coloration intense : amine tertiaire*

Suite du Tableau IV.1

Groupement	Description du groupement	Test(s) d'identification	Réactif(s) approprié(s)	Observation(s)
Amine aromatique	Ar-NH_2 Ar = cycle aromatique	*n° 1 : du pH*	*papier pH*	*pH > 7*
		n° 2 : test de l'acide nitreux	*+ acide chlorhydrique 2M + nitrite de sodium 10 % + papier iodoamidonné + 2-naphtol + soude 5 %*	*colorant diazo orange : amine primaire*
Anhydride	C(=O)-O-C(=O)	n° 1 : test de l'ester	+ eau + éthanol	odeur fruitée
Arène	Ar-H	test à l'acide sulfurique	+ acide sulfurique concentré	très bonne solubilité
Cétone	C-C(=O)-C	*n° 1 : test de Brady à la DNPH (2,4-dinitrophényl hydrazine)*	*+ DNPH 2 % (méthanol) + acide sulfurique*	*précipité cristallin orange*
		n° 2 : test de Fehling	*+ liqueur de Fehling (sulfate de cuivre(II) + tartrate de sodium et de potassium)*	*néant*
		n° 3 : test de Lieben ou iodoforme	*+ soude 5 % + réactif iodoforme (iodure de potassium 20 % + diiode 10 %)*	*précipité jaune d'iodoforme*
Chlorure d'acide	C(=O)-Cl	n° 1 : test au nitrate d'argent	+ eau + nitrate d'argent	précipité blanc de chlorure d'argent
		n° 2 : test de l'ester	+ éthanol	odeur fruitée
Ester	C(=O)-O-C	*test à l'hydroxylamine*	*chlorure d'hydroxylamine 0.5 M + soude 6M + acide chlorhydrique 1M + chlorure de fer(III) 5 %*	*coloration magenta*
Éther	C-O-C	test du chlorure d'éthanoyle	+ chlorure d'éthanoyle	néant
Halogénoalcane	C-X X = Cl, Br, I	*test au nitrate d'argent*	*+ nitrate d'argent*	*précipité blanc d'halogénure d'argent*
Phénol	Ar-OH	*n° 1 : test du chlorure de fer(III)*	*+ eau + chlorure de fer(III) 1 %*	*coloration violette, bleue ou verte*
		n° 2 : test à l'eau de brome	+ acide chlorhydrique dilué + eau de dibrome	décoloration et précipité blanc
Nitrile	C≡N	test du chauffage	+ soude 40 % + chauffage	dégagement gazeux ammoniac
Thiol	C-S-H	test à l'odeur	sans	odeur désagréable

En voici quelques exemples parmi les plus usités :

– Le test d'identification des composés chlorés ou halogénoalcanes. Le réactif est le nitrate d'argent ; celui-ci, incolore, donne un précipité blanc plus ou moins abondant. Mais il faut savoir qu'il n'est pas à 100 % fiable. L'équation en est :

$$R\text{-}X + Ag^+ + NO_3^- \rightarrow AgX \text{ (solide blanc)} + (R^+ + NO_3^-)$$

où R est un groupement carboné et X un atome d'halogène.

– Le test commun d'identification des aldéhydes et des cétones (Figure IV.3). Le réactif est la 2,4-dinitrophénylhydrazine (ou DNPH) en solution acide ; celle-ci, de couleur jaune, donne un précipité jaune ou orangé caractéristique. L'équation non équilibrée (Figure IV.2) en est :

$$R\text{-}C(=O)\text{-}H \text{ ou } R\text{-}C(=O)\text{-}R' + DNPH$$
$$\rightarrow R\text{-}C(=DNPH)\text{-}H \text{ ou } R\text{-}C(=DNPH)\text{-}R'$$

où R et R' sont des groupements carbonés. C'est un test commun mais il existe des tests de différenciation comme le test de Fehling. Le réactif est la liqueur de Fehling en solution basique ; celle-ci, de couleur bleue, donne un précipité rouge d'oxyde de cuivre(I). L'équation non équilibrée en est :

$$R\text{-}C(=O)\text{-}H + Cu^{2+} \rightarrow R\text{-}C(=O)\text{-}O^- + Cu_2O$$

où R est un groupement carboné.

Figure IV.2

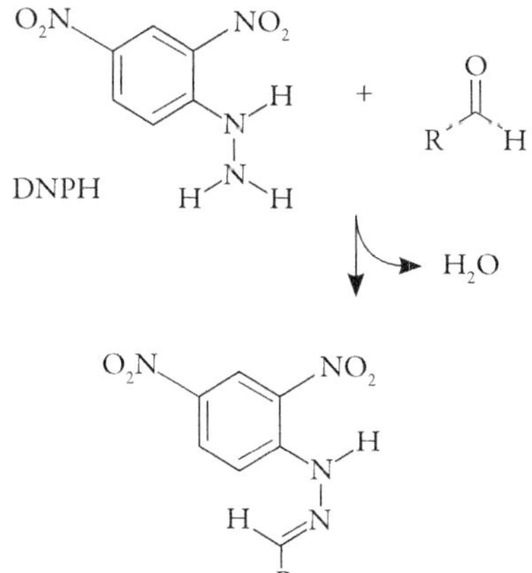

Figure IV.3

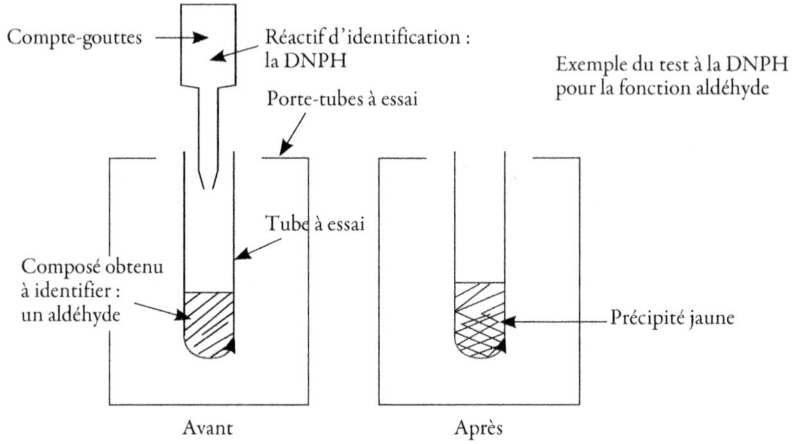

– Le test d'identification des alcènes. Le réactif est l'eau de brome composée de dibrome ; celui-ci, de couleur rouge, se décolore immédiatement en présence d'une double liaison carbone=carbone. L'équation en est :

$$R{=}R' + Br_2 \rightarrow RBr\text{-}BrR'$$

où R et R' sont des groupements carbonés.

Cependant avant d'entamer à l'aveuglette ce genre de protocoles expérimentaux, qui peuvent être très longs non pas par la durée mais par la quantité, vu le nombre de groupements existants, il est nécessaire, afin de limiter le travail à accomplir, de déterminer qualitativement et quantitativement l'identité des atomes présents.

III. ANALYSE ÉLÉMENTAIRE QUALITATIVE : TOUT LE MONDE EST-IL LÀ ?

Indépendamment des investigations précédentes d'un accès expérimental aisé, l'accès à la formule brute peut se faire par l'identification des éléments présents dans celle-ci. Et paradoxe c'est par destruction de la formule brute que ses constituants vont voir le jour.

Les principaux éléments présents sont par ordre alphabétique l'azote de symbole N (pour nitrogen), le carbone C, l'hydrogène H, l'oxygène O et le soufre S ; à cette liste se rajoutent éventuellement des halogènes comme le chlore Cl, le brome Br ou l'iode I.

Deux protocoles sont abordables : le test d'ignition et le test de Lassaigne. Le premier précise la présence de carbone et d'hydrogène et le second pour l'azote, le soufre et les halogènes. Seul l'oxygène est exclu de cette recherche.

Le test d'ignition a pour réactif l'oxyde de cuivre(II) parfaitement sec. Par chauffage, le dégagement de dioxyde de carbone (troublant de l'eau de chaux) prouve l'existence de carbone et la formation de gouttelettes d'eau celle de l'hydrogène.

Figure IV.4

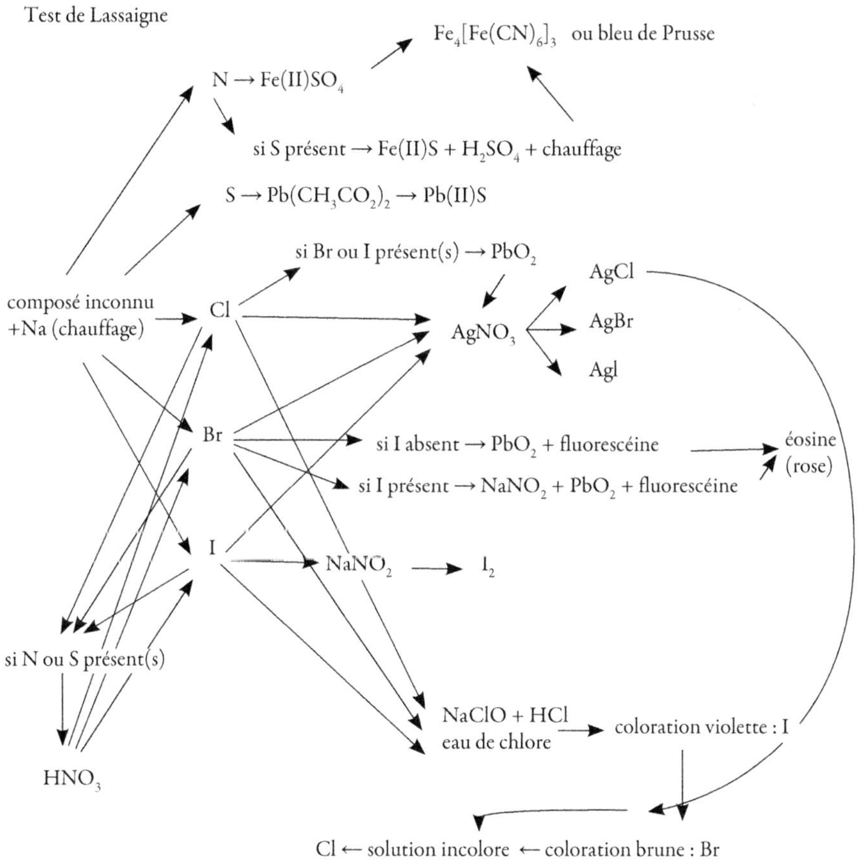

Le test de Lassaigne (Figure IV.4) a pour réactif le sodium qui permet, à chaud, la transformation de l'azote, du soufre et des halogènes en ions cyanure, sulfure et halogénure. C'est la minéralisation. L'ion cyanure est détecté par le sulfate de fer(II) $Fe(II)SO_4$, en présence d'acide sulfurique dilué pour donner de l'hexacyanoferrate(II) de fer(III) $Fe_4[Fe(CN)_6]_3$ ou bleu de Prusse. L'ion sulfure, en présence d'éthanoate de plomb $Pb(CH_3CO_2)_2$, donne un précipité noir de sulfure de plomb(II) Pb(II)S. L'ion halogénure (ion chlorure, ion bromure ou ion iodure) donne un précipité d'halogénure d'argent (blanc pour le chlore, jaune pâle pour le brome et jaune pour l'iode) en présence de nitrate d'argent $AgNO_3$ et d'acide nitrique dilué.

Mais tout ceci est dans le meilleur des cas où chaque élément cité au-dessus est seul. L'identification est plus délicate s'il y a coexistence. Prenons comme exemples :

- La présence simultanée d'azote et de soufre. L'azote seul donne en présence de sulfate de fer, d'acide sulfurique et à chaud un précipité de bleu de Prusse. Mais en présence de soufre, le même protocole donne un précipité noir. Seulement avec de l'acide sulfurique dilué et à chaud, le précipité bleu est mis en évidence.
- La présence simultanée d'halogènes différents, en tenant compte de l'absence des éléments précédents.

  Premier test : celui du nitrate d'argent en milieu acide nitrique dilué un précipité apparaît. Trois cas s'imposent selon sa coloration. Blanche et bonne solubilité dans l'ammoniaque, il y a de l'élément chlore présent. Jaune et faible solubilité dans l'ammoniaque, c'est l'élément brome et jaune et totale insolubilité l'iode.

  Deuxième test : celui du nitrite de sodium $NaNO_2$, en milieu acide éthanoïque. Une coloration violette justifie la présence d'iode. En présence d'un excès de nitrite de sodium et à chaud, le dioxyde de plomb(II) PbO_2, la fluorescéine se colore en rose (éosine), et ce en présence d'iode. Mais en son absence, le résultat est le même sans utiliser le nitrite de sodium (c'est-à-dire avec le dioxyde de plomb(II) et la fluorescéine). Quant au chlore, il faut procéder comme précédemment, à chaud, puis agir selon le premier test.

  Troisième test : celui de l'eau de chlore (hypochlorite de sodium NaClO et acide chlorhydrique). Un goutte à goutte ininterrompu de cette dernière donne une coloration violette en cas de présence d'iode, une coloration brune pour le brome. Un goutte à goutte ininterrompu de cette dernière donne une coloration violette en cas de présence d'iode, une coloration brune pour le brome.
- La présence simultanée d'halogènes différents, en tenant compte cette fois-ci de la présence des éléments azote et soufre. Ces derniers apparaissant sous la forme d'ions cyanure ou sulfure, il convient de les éliminer en milieu acide nitrique dilué HNO_3 et par évaporation de moitié. Après cette opération, il faut agir comme précédemment.

IV. ANALYSE ÉLÉMENTAIRE QUANTITATIVE : ET EN NOMBRE...

Le problème est d'arriver à une détermination sans ambiguïté de la formule brute. La recherche qualitative précédente apporte des renseignements identitaires, par exemple qu'il y a du carbone, de l'hydrogène et de l'azote. Mais cela ne va pas plus loin ! Il faut savoir que l'oxygène ne peut ni être identifié de manière qualitative ni être évalué de manière quantitative. En ce qui le concerne tout se fait par déduction. En effet l'analyse élémentaire quantitative va consister à associer à chaque élément présent (étudié de manière qualitative) un nombre et à partir de la masse molaire M (voir paragraphe III.II) et par soustraction à trouver la masse totale de l'oxygène et par division leur nombre (s'il y en a).

Trois méthodes sont utilisées pour chiffrer les éléments présents : celle de Liebig-Pregl pour le carbone et l'hydrogène, celle de Dumas pour l'azote et celle de Carius pour les halogènes.

La méthode de Liebig (macroanalyse)-Pregl (microanalyse) est une oxydation à chaud et une transformation du carbone en dioxyde de carbone (gaz) et de l'hydrogène en eau (vapeur d'eau).

Chaque gaz est piégé dans des tubes absorbants pesés à vide, pour le premier à l'hydroxyde de potassium (ou à l'hydroxyde de sodium sur gel de silice ou ascarite) et pour le second à la pierre ponce imprégnée d'acide sulfurique (ou au perchlorate de magnésium $Mg(ClO_4)_2$ ou anhydrone). Après le piégeage, les tubes sont pesés à nouveau pour donner respectivement la masse de dioxyde de carbone m_{CO_2} et celle de vapeur d'eau m_{H_2O} (en gramme). Par proportionnalité, les masses de carbone m_C et d'hydrogène m_H sont calculées à partir de la masse m (en gramme) de l'échantillon.

$$m_C = m_{CO_2} \times M_C/M_{CO_2}$$
$$m_H = 2 \times m_{H_2O} \times M_H/M_{H_2O}$$

où M_C, M_H, M_{CO_2} et M_{H_2O} sont les masses molaires (en gramme(s) par môle) des éléments carbone et hydrogène, du dioxyde de carbone et de l'eau. Ensuite les proportions en carbone % C et en hydrogène % H sont données par les relations :

$$\% C = m_C \times 100/m$$
$$\% H = m_H \times 100/m$$

La méthode de Dumas est une action du dioxyde de carbone à chaud pour donner du diazote N_2.

Le volume V (en dm^3) de ce dernier est mesuré (les autres gaz sont piégés). Le calcul est le suivant :

$$n_{N_2} = V/V_M$$

donc $$m_N = 2 \times n_{N_2} \times M_N$$

et $$\% N = m_N \times 100/m$$

où V_M est le volume molaire (22.4 $dm^3.mol^{-1}$ à 0 °C), M_N la masse molaire de l'élément azote.

La méthode de Carius est une oxydation par l'acide nitrique en présence de nitrate d'argent pour donner un halogénure d'argent.

À partir de la masse m_{AgX} de ce dernier, le calcul est le suivant :

$$m_X = m_{AgX} \times M_X/M_{AgX}$$

et

$$\% X = m_X \times 100/m$$

où M_{AgX} la masse molaire de l'halogénure d'argent.

À partir de ces données chiffrées, la formule brute est pour un élément donnée par la relation suivante :

$$n_{\text{élément}} = \%_{\text{élément}} \times M/(100 \times M_{\text{élément}})$$

Reprenons comme exemple : le composé nommé X évoqué dans la phrase : « *La recherche qualitative précédente apporte des renseignements identitaires, par exemple qu'il y a du carbone, de l'hydrogène et de l'azote.* » Un échantillon du composé X (voir paragraphe III.II.4) a été soumis aux trois méthodes précédentes (Tableau IV.5).

Tableau IV.5

masse de l'échantillon : 0,500 g
masse de dioxyde de carbone : 1.304 g
masse de vapeur d'eau : 0.300 g
volume de diazote : 41 cm^3 = 0.041 dm^3
masse d'halogénure d'argent : 0 g
masse molaire M = 135.00 $g.mol^{-1}$ (spectre de masse)

1re déduction : ce composé X contient du carbone, de l'hydrogène et de l'azote mais ne contient pas d'halogène. Rien ne dit qu'il ne contient pas d'oxygène ou d'autre(s) élément(s).

2e déduction, par le calcul : le nombre d'atomes de carbone présents est de 8. Ce résultat a été déterminé de la manière suivante :

$$m_C = m_{CO_2} \times M_C / M_{CO_2}$$
$$= 1.304 \times 12 / 44 = 0.356 \text{ g}$$

$$\% C = m_C \times 100 / m$$
$$= 0.356 \times 100 / 0.500 = 71.1 \%$$

$$n_{\text{élément}} = \%_{\text{élément}} \times M / (100 \times M_{\text{élément}})$$
$$= \%_C \times M / (100 \times M_C)$$
$$= 71.1 \times 135.00 / (100 \times 12) = 7.99$$
$$\approx 8$$

3e déduction, par le calcul : le nombre d'atomes d'hydrogène présents est de 9. Ce résultat a été déterminé de la manière suivante :

$$m_H = 2 \times m_{H_2O} \times M_H / M_{H_2O}$$
$$= 2 \times 0.300 \times 1 / 18 = 0.033 \text{ g}$$

$$\% H = m_H \times 100 / m$$
$$= 0.033 \times 100 / 0.500 = 6.7 \%$$

$$n_{\text{élément}} = \%_{\text{élément}} \times M / (100 \times M_{\text{élément}})$$
$$= \%_H \times M / (100 \times M_H)$$
$$= 6.7 \times 135.00 / (100 \times 1) = 9.00$$
$$\approx 9$$

4e déduction, par le calcul : le nombre d'atomes d'azote présents est de 1. Ce résultat a été déterminé de la manière suivante :

$$n_{N_2} = V / V_M$$
$$= 0.041 / 22.4 = 0.0018 \text{ mole}$$

$$m_N = 2 \times n_{N_2} \times M_N$$
$$= 2 \times 0.0018 \times 14 = 0.051 \text{ g}$$

$$\%N = m_N \times 100 / m$$
$$= 0.051 \times 100 / 0.500 = 10.2 \%$$

$$n_{\text{élément}} = \%_{\text{élément}} \times M / (100 \times M_{\text{élément}})$$
$$= \%_N \times M / (100 \times M_N)$$
$$= 10.2 \times 135 / (100 \times 14) = 0.99$$
$$\approx 1$$

où 12, 44, 1, 18 et 14 sont respectivement les masses molaires de l'élément carbone, du dioxyde de carbone, de l'élément hydrogène, de l'eau et de l'élément azote (en $g.mol^{-1}$).

5e déduction : cela donne pour formule brute C_8H_9N. Conjointement au fait que la somme des pourcentages ne fasse pas 100 %, la masse molaire associée, calculée par la formule :

$$M = \Sigma(n_{\text{élément}} \times M_{\text{élément}})$$

n'est que de 119 $g.mol^{-1}$ au lieu de 135 $g.mol^{-1}$. Il manque donc 16 $g.mol^{-1}$, ce qui correspond à la masse molaire de l'élément oxygène.

Conclusion : faute de renseignements complémentaires, la formule brute du composé X est C_8H_9NO.

V. APPLICATIONS AUX QUATRE FILS ROUGES (IIIe PARTIE)

1. Composé organique simple A

Rappel de la synthèse :

C'est l'obtention du 2-méthylbut-2-ène (de formule brute C_5H_{10})…

Équation supposée de la synthèse :

$$C_5H_{12}O \rightarrow C_5H_{10} + H_2O.$$

Le bilan de la synthèse est :

– Un composé liquide incolore.

Les premiers renseignements sont les suivants :

– La température d'ébullition, mesurée lors de la rectification, est de 36 °C.
– L'indice de réfraction, mesurée avec le réfractomètre, est de 1.3854 à 18 °C, ce qui donne 1.3845 à 20 °C.
– La masse molaire, relevée sur un spectre de masse, est de 70 $g.mol^{-1}$…
– Les valeurs de référence sont respectivement de 38,6 °C, 1.3 874 et 70 $g.mol^{-1}$…

Un échantillon de ce composé noté A a été soumis aux trois méthodes précédentes (Tableau IV.6).

Tableau IV.6

masse de l'échantillon : 0.850 g
masse de dioxyde de carbone : 2.671 g
masse de vapeur d'eau : 1.093 g
volume de diazote : 0 cm^3
masse d'halogénure d'argent : 0 g
masse molaire M = 70.00 $g.mol^{-1}$

– 1re déduction : ce composé A ne contient pas d'azote ni d'halogène mais rien ne dit qu'il ne contient pas d'oxygène ou d'autre(s) élément(s).
– 2e déduction, par le calcul : le nombre d'atomes de carbone présents est de 5 avec un pourcentage de 85.7 %.
– 3e déduction, par le calcul : le nombre d'atomes d'hydrogène présents est de 10 avec un pourcentage de 14.3 %.
– 4e déduction : cela donne pour formule brute C_5H_{10}. Ici la somme des pourcentages fait 100 % et la masse molaire associée est bien de 70 g.mol^{-1}.

Conclusion : la formule brute de A est C_5H_{10}.

2. Composé organique polyfonctionnel B

Rappel de la synthèse :

C'est l'obtention du jaune soudan ou 2-hydroxynaphtalène-1-diazobenzène (de formule brute $C_{16}H_{12}N_2O$)...

Équation supposée de la synthèse :

$$C_6H_7N + C_{10}H_8O + NaNO_2 + HCl \rightarrow C_{16}H_{12}N_2O + NaCl + 2\ H_2O.$$

Le bilan de la synthèse est :
– Un composé solide jaune.

Les premiers renseignements sont les suivants :
– La température de fusion est de 130 °C...
– La masse molaire, relevée sur un spectre de masse, est de 248 g.mol^{-1}...
– Les valeurs de référence sont respectivement de 131-134 °C et 248.3 g.mol^{-1}...

Un échantillon de ce composé noté B a été soumis aux trois méthodes précédentes (Tableau IV.7).

Tableau IV.7

masse de l'échantillon : 0.430 g
masse de dioxyde de carbone : 1.221 g
masse de vapeur d'eau : 0.187 g
volume de diazote : 39 cm^3
masse d'halogénure d'argent : 0 g
masse molaire M = 248.00 g.mol^{-1}

– 1re déduction : ce composé B ne contient pas d'halogène mais rien ne dit qu'il ne contient pas d'oxygène ou d'autre(s) élément(s).

– 2e déduction, par le calcul : le nombre d'atomes de carbone présents est de 16 avec un pourcentage de 77.4 %.
– 3e déduction, par le calcul : le nombre d'atomes d'hydrogène présents est de 12 avec un pourcentage de 4.8 %.
– 4e déduction, par le calcul : le nombre d'atomes d'azote présents est de 2 avec un pourcentage de 11.4 %.
– 5e déduction : cela donne pour formule brute $C_{16}H_{12}N_2$. Conjointement au fait que la somme des pourcentages ne fasse pas 100 %, la masse molaire associée n'est que de 232 $g.mol^{-1}$ au lieu de 248 $g.mol^{-1}$. Il manque donc 16 $g.mol^{-1}$, ce qui correspond à la masse molaire de l'élément oxygène.

Conclusion : faute de renseignements complémentaires, la formule brute de B est $C_{16}H_{12}N_2O$.

3. Complexe C

Rappel de la synthèse :

C'est l'obtention de l'éthylènediaminetétraéthanoatenickelate(II) de disodium (de formule brute $NiC_{10}N_2H_{12}O_8Na_2$)...

Équation supposée de la synthèse :

$$Na_2C_{10}H_{14}O_8N_2 + NiCl_2 + NaCH_3CO_2$$
$$\rightarrow Na_2Ni(C_{10}H_{12}N_2O_8) + CH_3CO_2H + NaCl.$$

Le bilan de la synthèse est :
– Un composé solide bleu C.

Les premiers renseignements sont les suivants :
– La masse molaire, relevée sur un spectre de masse, est de 393 $g.mol^{-1}$ (signal faible, autres pics importants à 23, 59, 288 $g.mol^{-1}$).
– La valeur de référence pour la masse molaire est de 392.9 $g.mol^{-1}$.

Un échantillon de ce composé noté C a été soumis aux trois méthodes précédentes (Tableau IV.8).

Tableau IV.8

masse de l'échantillon : 0.320 g
masse de dioxyde de carbone : 0.358 g
masse de vapeur d'eau : 0.089 g
volume de diazote : 18 cm^3
masse d'halogénure d'argent : 0 g
masse molaire M = 393.00 $g.mol^{-1}$

– 1re déduction : ce composé C ne contient pas d'halogène mais rien ne dit qu'il ne contient pas d'oxygène ou d'autre(s) élément(s).
– 2e déduction, par le calcul : le nombre d'atomes de carbone présents est de 10 avec un pourcentage de 30.5 %.
– 3e déduction, par le calcul : le nombre d'atomes d'hydrogène présents est de 12 avec un pourcentage de 3.1 %.
– 4e déduction, par le calcul : le nombre d'atomes d'azote présents est de 2 avec un pourcentage de 7.0 %.
– 5e déduction : cela donne pour formule brute $C_{10}H_{12}N_2$. Conjointement au fait que la somme des pourcentages ne fasse pas 100 %, la masse molaire associée n'est que de 160 $g.mol^{-1}$ au lieu de 293 $g.mol^{-1}$. Il manque donc 133 $g.mol^{-1}$.

Conclusion : faute de renseignements complémentaires, la formule brute de C est incomplète.

4. Composé organométallique D

L'objectif de la synthèse :

C'est l'obtention du bis(cyclopentadiényl)fer(II) ou ferrocène (de formule brute $C_{10}H_{10}Fe$)…

Équation supposée de la synthèse :

$$2\ C_5H_6 + Fe(II)Cl_2 \rightarrow C_{10}H_{10}Fe + 2\ HCl.$$

Le bilan de la synthèse est :
– Un composé de couleur brun-orange.

Les premiers renseignements sont les suivants :
– La température de fusion est de 170 °C…
– La masse molaire… est de 186 $g.mol^{-1}$…
– Les valeurs de référence sont respectivement de 172,5 °C et 186.0 $g.mol^{-1}$…

Un échantillon de ce composé noté D a été soumis aux trois méthodes précédentes (Tableau IV.9).

Tableau IV.9

masse de l'échantillon : 0.650 g
masse de dioxyde de carbone : 1.537 g
masse de vapeur d'eau : 0.315 g
volume de diazote : 0 cm^3
masse d'halogénure d'argent : 0 g
masse molaire M = 186.00 $g.mol^{-1}$

– 1re déduction : ce composé D ne contient ni azote ni halogène mais rien ne dit qu'il ne contient pas d'oxygène ou d'autre(s) élément(s).
– 2e déduction, par le calcul : le nombre d'atomes de carbone présents est de 10 avec un pourcentage de 64.5 %.
– 3e déduction, par le calcul : le nombre d'atomes d'hydrogène présents est de 10 avec un pourcentage de 5.4 %.
– 4e déduction : cela donne pour formule brute $C_{10}H_{10}$. Conjointement au fait que la somme des pourcentages ne fasse pas 100 %, la masse molaire associée n'est que de 130 $g.mol^{-1}$ au lieu de 186 $g.mol^{-1}$. Il manque donc 56 $g.mol^{-1}$, ce qui correspond à la masse molaire de l'élément fer.

Conclusion : faute de renseignements complémentaires, la formule brute de D est $C_{10}H_{10}Fe$.

VI. EXERCICES

Données :
Masses molaires atomiques (en $g.mol^{-1}$) :

hydrogène H = 1	carbone C = 12
azote N = 14	oxygène O = 16
fluor F = 19	phosphore P = 31
soufre S = 32	chlore Cl = 35.5
brome Br = 80	iode I = 127…

1. Exercice

L'analyse d'un composé organique de type C,H,O,S a donné 48.8 % de carbone et 4.7 % d'hydrogène (% en masse). La densité de vapeur de ce composé est de 5.93. Déterminer sa formule brute.

1.1 Réponse

Ce composé organique a pour masse molaire 172 $g.mol^{-1}$. Les calculs permettent de déterminer une formule brute partielle C_7H_8. Restent donc 80 $g.mol^{-1}$ à identifier !

Cela peut correspondre à OS_2 ou O_3S. C'est cette dernière proposition qui est la bonne et la formule brute est $C_7H_8SO_3$. Cependant il n'y a pas en réalité suffisamment de renseignements pour conclure.

2. Exercice

Sur le spectre de masse d'un composé organique le pic parent est à 122. Sa composition centésimale partielle est de 78.8 % pour le carbone et de 8.2 % pour l'hydrogène. Déterminer sa formule brute sachant que les tests d'analyse élémentaire qualitative, autre que ceux du carbone et de l'hydrogène, sont négatifs.

2.1 Réponse

Le spectre de masse donne la masse molaire 122 g.mol^{-1}. Les calculs mènent à la formule brute partielle C_8H_{10}. Manquent 16 g.mol^{-1} qui correspondent à la masse molaire de l'oxygène. La formule brute est alors $C_8H_{10}O$.

3. Exercice

L'analyse d'un acide carboxylique a donné 48.6 % de carbone et 8.1 % d'hydrogène (% en masse). Le dosage d'une solution contenant 1.00 g dissous dans de l'eau par une solution d'hydroxyde de sodium 1.00 mol.dm^{-3} donne à l'équivalence un volume de 13.5 cm^3. Déterminer sa formule brute.

3.1 Réponse

En appliquant la formule du dosage acido-basique à l'équivalence :

$$c_A \times v_A = c_B \times v_B$$

puis la relation :

$$M = m / n$$

ou

$$n = c_B \times v_B$$

ce composé organique a pour masse molaire 74.0 g.mol^{-1}. et pour formule brute partielle C_3H_6. 32 g.mol^{-1} sont manquants ce qui correspond à deux fois la masse molaire de l'oxygène. La formule brute est alors $C_3H_6O_2$.

4. Exercice

Lors de l'analyse élémentaire quantitative, 0.300 g d'un composé organique donne 0.440 g de dioxyde de carbone et 0.180 g d'eau. La densité de vapeur de ce composé est 2.06. Quelle est la formule brute de ce composé?

4.1 Réponse

Ce composé organique a pour masse molaire 60.0 g.mol^{-1}. Les calculs donnent pour formule brute partielle C_2H_4. 32 g.mol^{-1} sont manquants ce qui correspond à deux fois la masse molaire de l'oxygène, la formule brute est $C_2H_4O_2$.

5. Exercice

L'analyse d'un composé organique a donné 39.7 % de carbone et 7.3 % d'hydrogène. La dissolution de 1.2 g de ce composé dans 115 cm^3

de benzène (densité = 0.88 et $K_{benzène}$ = 5.10 °C.kg.mol^{-1}) a provoqué un abaissement de la température de solidification de 0.4 °C. Déterminer sa formule brute.

5.1 Réponse

Ce composé organique a pour masse molaire 151 g.mol^{-1}. Les calculs donnent pour formule brute partielle C_5H_{11}. 80 g.mol^{-1} sont manquants ce qui correspond le plus raisonnablement à la masse molaire atomique du brome. La formule brute est $C_5H_{11}Br$. Cependant il n'y a pas en réalité suffisamment de renseignements pour conclure.

6. Exercice

0,500 g d'un composé organique volatil donne 1.190 g de dioxyde de carbone et 0.607 g d'eau. De plus la méthode de Meyer donne les résultats suivants :

$$m = 0.5 \text{ g}, T = 40 \text{ °C}, h = 10 \text{ cm et } V = 176 \text{ cm}^3.$$

Quelle est la formule brute de ce composé ?

6.1 Réponse

Ce composé organique a pour masse molaire 74 g.mol^{-1}, la pression du gaz étant, après calcul, de 715 mmHg. La formule brute partielle est C_4H_{10}. Sont manquants 16 g.mol^{-1}, ce qui correspond à la masse molaire de l'oxygène. La formule brute est donc $C_4H_{10}O$.

7. Exercice

L'analyse d'un composé organique a donné 71.1 % de carbone, 6.7 % d'hydrogène et 10.4 % d'azote. La méthode de Rast (1922), s'appuyant sur la première loi de Raoult, permet de calculer la masse molaire par la relation :

$$M = K \times m_1 \times 1000 / (\Delta T \times m_2)$$

où m_1 est la masse du composé à identifier mélangé avec une masse m_2 de camphre (K = 39.7, caractéristique du camphre et point de fusion : 180 °C) et ΔT la variation du point de fusion. Ici les valeurs sont :

$$m_1 = 50 \text{ mg}, m_2 = 0.95 \text{ g et } \Delta T = 15.5 \text{ °C}.$$

Déterminer sa formule brute.

7.1 Réponse

La somme des pourcentages est différente de 100, donc il y a d'autre(s) élément(s) présent(s) (pourcentage restant de 11.8 %). Ce composé organique a pour masse molaire 135 g.mol^{-1}. Les calculs donnent pour formule brute partielle C_8H_9N. 16 g.mol^{-1} sont manquants ce qui correspond le plus raisonnablement à la masse molaire de l'oxygène. La formule brute est C_8H_9NO.

8. Exercice

L'analyse de 0.75 g d'un composé organique a donné 1.257 g de dioxyde de carbone, 0.169 g d'eau, 54 cm^3 de diazote et 0.672 g de chlorure d'argent. La dissolution de 800 mg de ce composé dans 75 cm^3 de benzène (densité = 0.88 et $K_{benzène}$ = 2.53 °C.kg.mol^{-1}) a provoqué une variation de la température d'ébullition de 0.2 °C. Déterminer sa formule brute.

8.1 Réponse

Ce composé organique a pour masse molaire 153.3 g.mol^{-1}. Les calculs donnent pour formule brute partielle C_6H_4NCl. Il faut noter que la précision n'est pas bonne. 32 g.mol^{-1} sont manquants ce qui correspond le plus raisonnablement à deux fois la masse molaire de l'oxygène ou une fois celle du soufre. La formule brute est probablement $C_6H_4NO_2Cl$. Cependant il n'y a pas en réalité suffisamment de renseignements pour conclure.

V

Éléments d'investigations approfondies

I. LES MÉTHODES SPECTROSCOPIQUES : DE PLUS EN PLUS PETIT !

À la lecture du paragraphe IV.V.2 « Composé organique polyfonctionnel B », 5ᵉ déduction : cela donne pour formule brute $C_{16}H_{12}N_2$. *Conjointement au fait que la somme des pourcentages ne fasse pas 100 %, la masse molaire associée n'est que de 232* $g.mol^{-1}$ *au lieu de 248* $g.mol^{-1}$. *Il manque donc 16* $g.mol^{-1}$*, ce qui correspond à la masse molaire de l'élément oxygène.*

Conclusion : faute de renseignements complémentaires, la formule brute de B est $C_{16}H_{12}N_2O$.

Il apparaît qu'il y a un flou certain qui se retrouve dans d'autres analyses. Pour le lever, il est nécessaire de s'aventurer un peu plus profondément dans la structure de la molécule et d'en identifier les moindres recoins. Par conséquent, il n'est plus possible de se contenter des méthodes expérimentales traditionnelles qui n'apportent de bons résultats que dans un nombre de cas limités.

Premier aspect : la masse molaire, dont certains modes de détermination manquent de précision. Seule la spectrométrie de masse règle le problème et apporte des renseignements complémentaires.

Deuxième aspect : la formule brute, avec des blocages dans de nombreuses situations où la résolution peut s'avérer frustrante avec un goût d'inachevé. Les méthodes spectrométriques infrarouge, résonance magnétique nucléaire (ou RMN) ou ultraviolet permettent de compléter celle-ci et de contribuer à la construction de la formule semi-développée.

Passage à une étape au-dessus, voila un maillon supplémentaire dans la connaissance de la structure d'une molécule.

> La formule semi-développée met en valeur la chaîne carbonée (c'est la manière dont l'ensemble des atomes de carbone est réparti) et regroupe les atomes d'hydrogène équivalents.

Elle n'apporte pas de renseignements sur la répartition spatiale des groupements hydrogénés, ni sur la géométrie de la molécule. Ce dernier aspect de la détermination analytique va être apporté par la diffraction par rayons X. La chaîne carbonée principale, c'est-à-dire la plus longue, y est représentée horizontalement comme par exemple pour le composé de formule brute $C_7H_{14}O_2$ (Figure V.1) :

$$CH_3\text{-}CH_2\text{-}CH(\text{-}CH_3)\text{-}C(=O)\text{-}CH_2\text{-}CH_2\text{-}OH$$

Figure V.1

$C_7H_{14}O_2$

Formule semi-développée

$$CH_3\text{-}CH_2\text{-}CH(CH_3)\text{-}C(=O)\text{-}CH_2CH_2\text{-}OH$$

Formule topologique

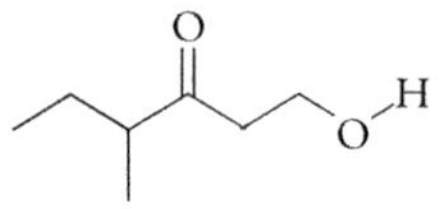

1-hydroxy-4-méthylhexan-3-one

La formule typologique, issue de la formule semi-développée, dans un souci de classification, remplace les liaisons entre atomes de carbone par des tirets dont les extrémités symbolisent ces derniers atomes, et éventuellement, leurs atomes d'hydrogène.

Ainsi il ressort que ces méthodes d'investigation associées à ce qui a été détaillé précédemment permettent d'aller plus loin dans la connaissance du composé chimique obtenu lors d'une synthèse. L'aspect quantitatif est dépassé puisque souvent incomplet et se fait doucement le glissement vers l'aspect identitaire afin de résoudre définitivement le travail expérimental engagé.

II. LA SPECTROMÉTRIE DE MASSE : LA FRAGMENTATION À RECONSTITUER

Connaître la masse molaire, c'est bien mais il est dommage de se limiter à cette seule résolution alors qu'il est possible d'en connaître plus.

Le principe est de bombarder des molécules d'un composé organique pur par des électrons qui vont fragmenter, par ionisation, partiellement celles-ci pour donner des ions. Le terme *partiellement* a tout son sens puisqu'il révèle que vont alors cohabiter ions-molécules intactes et ions-fragments de celles-ci. L'analyse ou séparation de ceux-ci se fait la plupart du temps par présences simultanées d'un champ électrique et d'un champ magnétique, le premier pour l'accélération et le second pour la séparation, dépendant de la masse selon la formule :

$$R = m \times v / (q \times B)$$

où R est le rayon de courbure, m la masse de l'ion, v sa vitesse initiale, q sa charge et B la valeur du champ magnétique.

La détection permet d'obtenir un document nommé spectre, formé de pics linéaires verticaux (Figure III.10). Les renseignements apportés sont d'une part la détermination de la masse molaire grâce au pic le plus éloigné de l'origine ou pic parent et d'autre part l'identification des fragments provenant de diverses cassures de la molécule et apportant des éléments sur la structure de la molécule du composé organique.

Prenons comme exemple le composé Z dont la formule brute est supposée, faute de renseignements complémentaires, C_6H_7NO. Le spectre de masse présente des pics à 18, 27, 53, 80 et 109. Manifestement la masse molaire de Z est de 109 g.mol^{-1}, ce qui correspond bien à la formule brute évoquée ci-dessus.

Figure V.2

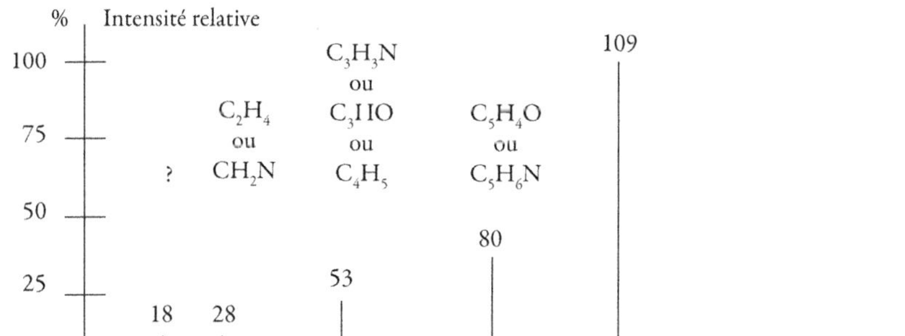

18	28	53	80	109
?	CH_2N	C_3OH	$C_5H_4NH_2$	$C_6H_4NH_2OH$

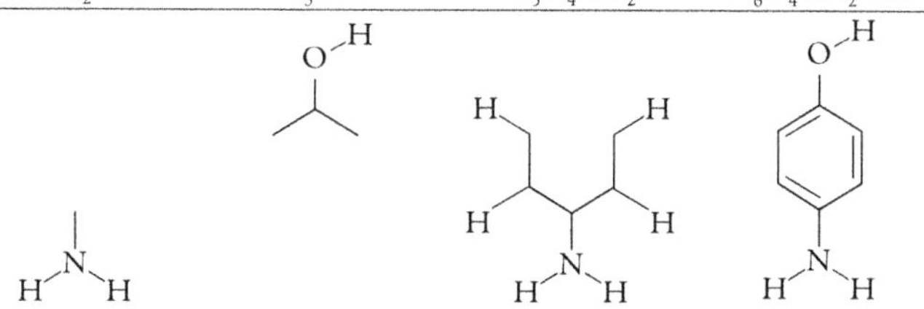

Quant aux autres pics, l'identification en est plus délicate (Figure V.2). La méthode est de trouver les liens qu'il y a entre les différentes valeurs trouvées. Comme par exemple la différence entre le pic à 109 et celui à 80 est de 29, associable à CHO ou C-OH, cela induit que le pic à 80 est lié au groupement C_5H_6N. De même que la différence entre 80 et 28 est de 52 correspondant à C_4H_4 donc 28 est le pic du groupement CH_2N ou C-NH_2. En conclusion cette analyse laisse entrevoir la présence des groupements OH et NH_2. Mais d'autres pratiques d'investigation s'imposent pour aller plus loin et surtout pour confirmer.

III. LA SPECTROMÉTRIE INFRAROUGE : LA LIAISON CHIMIQUE ENTRE ATOMES

Le principe est de soumettre des molécules d'un composé organique pur à un rayonnement infrarouge de longueur d'onde compris entre 2.5 et 16 µm (1 µm = 10^{-6} mètre).

Ce rayonnement provoque des vibrations des liaisons covalentes :
- Soit de valence ou *stretching* dans l'axe de la liaison.
- Soit de déformation ou *bending* : *scissoring* ou *rocking* ou *wagging* ou *twisting* par modification de l'angle de liaison (Figure V.3).

Figure V.3

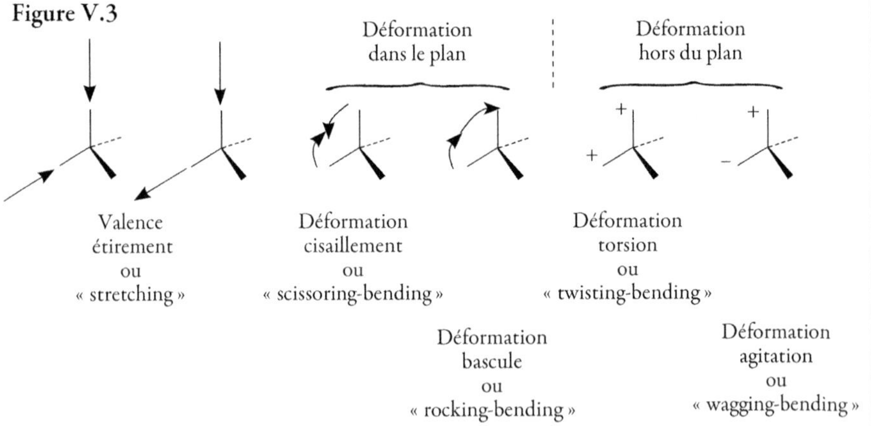

Le nombre d'onde σ en cm^{-1} (inverse de la longueur d'onde exprimée en cm) est plus communément utilisé. Il se calcule par la formule :

$$\sigma = 1 / \lambda$$

où λ est la longueur d'onde en cm.

Le nombre d'onde est compris entre 4000 cm^{-1} et 625 cm^{-1}.

Il faut savoir que plus la liaison est forte, plus l'énergie pour la faire vibrer est importante et donc associée à un nombre d'onde faible. Cela s'explique à partir de la relation :

$$E = h \times \gamma$$

ou

$$E = h \times c / \lambda$$

où E est l'énergie en Joule, h la constante de Planck ($h = 6.62 \times 10^{-34}$ USI), γ la fréquence en Hertz et c la célérité de la lumière ($c = 3.00 \times 10^{8}$ $m.s^{-1}$). Par conséquent l'énergie E est inversement proportionnelle à la longueur d'onde et donc proportionnelle au nombre d'onde σ. Ce qui, en d'autres termes, signifie que plus le nombre d'onde σ est important, plus la liaison est difficile à faire vibrer en demandant plus d'énergie ; cela peut être du à des atomes de petites tailles ou à des liaisons multiples doubles ou triples.

Détail significatif : la conjugaison (ou résonance) provoque un abaissement du nombre d'onde du fait que l'ordre de chaque liaison multiple est atténué (liaison double d'ordre 2 à 1.5 et liaison triple d'ordre 3 à 2.5 ou 1.5). Rappelons qu'il s'agit d'un déplacement d'électrons issus de liaisons multiples ou de doublets non liants dans une chaîne carbonée avec alternance de liaisons simples et de liaisons multiples. Cela va donner des structures différentes mais avec le même enchaînement d'atomes, appelées formes de résonance.

Le spectre est formé de pics larges ou bandes correspondant à l'absorption de l'énergie du rayonnement provoquant la vibration de la liaison covalente. Chaque liaison covalente apparaît dans la même zone dite de référence pour un groupement donné (Tableau IV.1). Le spectre est repéré par des graduations en nombre d'onde sur l'axe des abscisses en cm^{-1} et sur l'axe des ordonnées en pourcentage d'absorption.

L'intensité de la bande est classée en intensité d'absorption : forte (ou F < 30 %), moyenne (ou m entre 30 et 60 %) et faible (ou f > 60 %).

Que faire de ces nombres d'onde ? La corrélation entre les bandes du spectre infrarouge et les éventuelles liaisons de la formule brute en s'aidant de la table des nombres d'onde (Document V.4) apporte de nouvelles informations quant à la structure correspondant à cette formule brute et donc vers la formule semi-développée.

Document V.4

Table des nombres d'onde des vibrations de valence et de déformation en cm^{-1}

Liaison : Fonction / Nature / Nombre d'onde / Intensité* / Aspect

O-H libre : alcool / Valence / 3590 – 3650 / F / fine
O-H lié : alcool / Valence / 3200 – 3600 / F / large
O-H : acide carboxylique / Valence / 2500 – 3580 / F à m / large

N-H : amine primaire / Valence / 3250 – 3550 / m / 2 bandes
N-H : amine secondaire / Valence / 3310 – 3450 / m / 1 bande
N-H : amide primaire / Valence / 3180 – 3500 / F / 2 bandes
N-H : amide secondaire / Valence / 3280 – 3320/ F

Csp-H** : alcyne / Valence / 3300 – 3310 / m ou f
Csp^2-H** : alcène / Valence / 3020 – 3085 / m
Csp^2-H : arène / Valence / 3010 – 3050 / m
Csp^3-H** : alcane / Valence / 2850 – 2960 / F
Csp^2-H : éther / Valence / 2750 – 2860 / m
Csp^2-H : méthyl d'amine / Valence / 2780 – 2820 / m
Csp^2-H : aldéhyde / Valence / 2680 – 2900 / m

S-H : thiol / Valence / 2550-2600 / f

Csp≡N*** : nitrile / Valence / 2200 – 2260 / F ou m

C=O : anhydride / Valence / 1740 – 1830 / F / 2 bandes
C=O : chlorure d'acide / Valence / 1770 – 1820 / F
C=O : ester*** / Valence / 1720 – 1760 / F
C=O : aldéhyde*** / Valence / 1720 – 1740 / F
C=O : cétone*** / Valence / 1660 – 1780 / F
C=O : acide carboxylique*** / Valence / 1680 – 1720 / F
C=O : amide / Valence / 1510 – 1680 / F

Csp-Csp : alcyne / Valence / 2100 – 2250 / f
Csp^2-Csp^2 : carbène / Valence / 1950-1970 / m
Csp^2-N / Valence / 1650-1690 / v
Csp^2-Csp^2 : alcène / Valence / 1640 – 1670 / m
Csp^2-Csp^2 : arène / Valence / 1460 – 1600 / v / 3 ou 4 bandes

Suite du Document V.4

N=O / Valence / 1420 – 1680 / F / 2 bandes
N-H : amine / Déformation / 1560 – 1640 / F ou m
N-H : amide / Déformation / 1560 – 1640 / F ou m
N=N : diazoïque / Valence / 1550 – 1590 / m

Csp^3-H : alcane / Déformation / 1000 – 1370 / F / 2 bandes
Csp^3-H : méthyl d'alcane / Déformation / 1375 / F
Csp^3-H : alcène / Déformation / 1300 – 1415 / F

O-H : alcool / Déformation / 1250-1400 / F

C-O : alcool, éther, acide carboxylique... / Valence / 1000 – 1315 / F

Csp^3-N : amine / Valence / 1000 – 1380 / m
Csp^3-Csp^3 : alcane / Valence / 1000 – 1250 / F

C-F : halogénoalcane / Valence / 1000 – 1040 / F

Csp^2-H : (E)-alcène / Déformation / 965 – 980 / F
Csp^2-H : (Z)-alcène / Déformation / 670-730 / F
Csp^2-H : arène monosubstitué / Déformation / 730 – 770 / F / 690 – 770 / 2 bandes
Csp^2-H : arène 1,2-disubstitué / Déformation / 735 – 770 / F
Csp^2-H : arène 1,3-disubstitué / Déformation / 750 – 810 / F et m / 680 – 725 / 2 bandes
Csp^2-H : arène 1,4-disubstitué / Déformation / 800 – 860 / F
Csp^2-H : arène 1,2,3-trisubstitué / Déformation / 770 – 800 / F et m / 685 – 720 / 2 bandes
Csp^2-H : arène 1,2,4-trisubstitué / Déformation / 860 – 900 / F et m / 800 – 860 / 2 bandes
Csp^2-H : arène 1,3,5-trisubstitué / Déformation / 810 – 865 / F et m / 730 – 775 / 2 bandes

C-Cl : halogénoalcane / Valence / 700 – 800 / F
C-Br : halogénoalcane / Valence / 600 – 750 / F
C-I : halogénoalcane / Valence / 500 – 600 / F

* : F : fort, m : moyen, f : faible et v : variable.
** : Csp^3 : carbone tétravalent / Csp^2 : carbone trivalent / Csp : carbone divalent (Document VII-22).
*** : abaissement de 20 à 30 cm^{-1} si conjugaison.

Revenons à notre exemple du composé Z (voir paragraphe V.II), dont la formule brute est supposée, faute de renseignements complémentaires, C_6H_7NO... En conclusion cette analyse du spectre de masse laisse entrevoir la présence des groupements OH et NH_2...

Le spectre infrarouge (Figure V.5) présente des bandes à 3 340(m), 3 285(m), 3 035(F), 1 615(f), 1 510(m), 1 480(F), 1 255(m), 1 240(m), 970(m), 825(m) et 750(m) cm^{-1}.

À partir de la table des nombres d'onde, l'interprétation partielle des bandes est la suivante :

– 3340 : liaison O-H (Valence)
– 3285 : liaison N-H (Valence)
– 3035 : liaison Csp^2-H (Valence)

Figure V.5

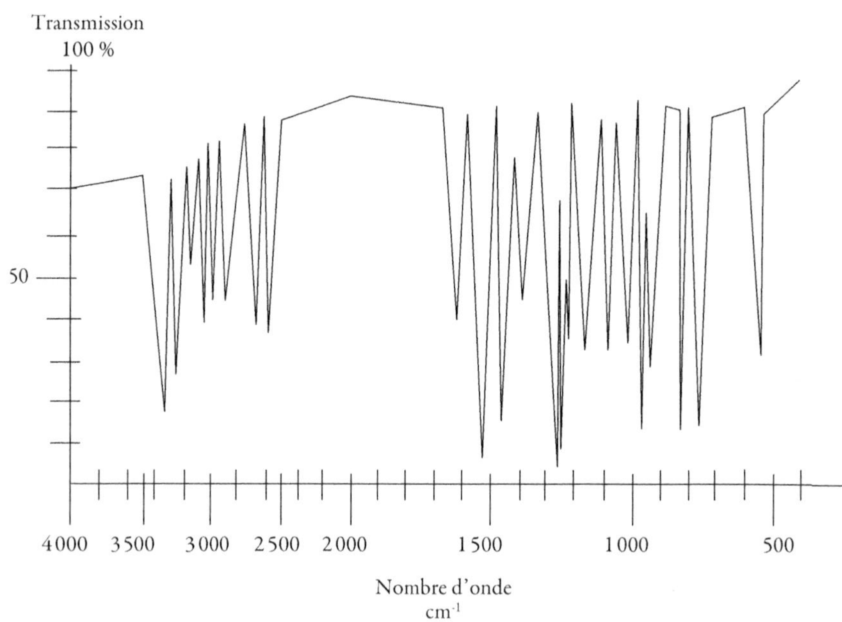

– 1615 : liaison C-N (Valence)
– 1510 : liaison N-H (Déformation)
– 1480 : liaison C=C (Valence)
– 1255 : liaison O-H (Déformation)
– 1240 : liaison C-O (Valence)
– 825 : liaison C-H pour arène 1,4-disubstitué (Déformation)

Il ressort de cette analyse trois indices supplémentaires qui sont la présence :
- du groupement alcool OH ;
- du groupement amine NH_2 ou NH, sachant qu'il reste à préciser la classe de celle-ci à savoir primaire ou secondaire (tertiaire exclue puisque la liaison NH est avérée) ;
- d'un cycle benzénique 1,4-disubstitué, confirmée en partie par le spectre de masse (pic à 80) et par le double fait que la liaison carbone-carbone soit détectée à 1 480 cm^{-1} et qu'il y ait un abaissement des valeurs de nombres d'onde surtout en dessous de 1 600 cm^{-1} et ce dû à la conjugaison rencontré dans ce type de cycle.

IV. LA RÉSONANCE MAGNÉTIQUE NUCLÉAIRE : LA ROTATION DE L'ATOME

Le principe est de soumettre des molécules d'un composé organique pur placé dans un champ magnétique à un rayonnement électromagnétique. Les noyaux d'atomes vont alors entrer en résonance, c'est-à-dire que les noyaux vont prendre leurs niveaux d'énergie les plus élevés. Attention le terme de *résonance* n'a rien à voir avec la résonance associée à la conjugaison (voir paragraphe V.III). Tous les noyaux ne résonnent pas selon les mêmes valeurs. Par exemple il faut un champ magnétique de 7.0 Tesla et un rayonnement électromagnétique de 300 mégahertz pour le noyau d'atome d'hydrogène ^{1}H et un rayonnement électromagnétique de 75 mégahertz pour le noyau de carbone ^{13}C.

Le spectre est formé de pics linéaires typiques de la résonance des noyaux d'atomes. De plus des noyaux d'atomes de même structure résonneront dans la même zone de référence (Document V.6) et auront un déplacement chimique δ en ppm qui leur est propre. Cependant le voisinage d'un groupement différent peut provoquer un léger glissement vers un déplacement chimique δ plus élevé. Il est alors question de déblindage des noyaux par rapport à cette référence ; plus le déblindage est important, plus le pic est éloigné de la référence.

Ceci s'explique par le fait que des champs magnétiques locaux se créent qui vont atténuer le champ magnétique appliqué qui doit être augmenté, c'est le blindage ou renforcer le champ magnétique appliqué qui doit être affaibli, c'est le déblindage. C'est le cas des composés organiques où le champ magnétique appliqué est plus faible pour réaliser la résonance.

Document V.6

La résonance magnétique nucléaire du proton ^{1}H

Table des déplacements des principaux groupements en ppm

Groupement : Fonction / Déplacement

O-H : alcool / 0.5 – 6.0
O-H : phénol / 4.5 – 12.5
O-H : acide carboxylique / 9.5 – 13.0

S-H : thiol / 3.5 – 4.0

N-H : amine aliphatique / 1.0 – 2.0
N-H : amine aromatique / 3.5 – 4.5

C-H : alcane / 1.4 – 1.8
C-H : alcyne / 2.5 – 2.8
C-H : alcool / 3.8 – 5.2
C-H : alcène / 5.0 – 7.0
C-H : arène / 7.2 - 8.3
C-H : ether / 3.5 – 5.2
C-H : aldéhyde / 9.5 – 10.0

CH_2 : alcane / 1.2 – 1.6
CH_2 : alcène / 4.5 – 6.0
CH_2 : alcool / 3.3 – 4.0
CH_2 : amine / 2.5 – 3.5
CH_2 : cétone / 2.2 – 2.6
CH_2 : halogénoalcane / 3.1 – 4.4

CH_3 : alcane / 0.8 – 1.0
CH_3 : alcène / 1.6 – 2.0
CH_3 : alcool / 3.3 – 4.0
CH_3 : arène / 2.0 – 2.5
CH_3 : thiol / 2.2 – 2.8
CH_3 : cétone / 2.0 – 2.5
CH_3 : éther / 3.5 – 4.0
CH_3 : amine / 2.2 – 3.3
CH_3 : halogénoalcane / 1.0 – 1.5

Le spectre est repéré par des graduations sur l'axe des abscisses en ppm avec l'origine à droite.

En ce qui concerne la RMN du noyau d'hydrogène ou proton ^1H, cette origine correspond à un composé organique de référence : le TMS ou tétraméthylsilane $(CH_3)_4Si$. Cette analyse se faisant en solution nécessite l'usage de solvants inertes comme le tétrachlorure de carbone CCl_4 ou de solvants deutérés comme le trichlorométhane deutéré $CDCl_3$ (D ou ^2H pour deutérium : un des trois isotopes de l'élément hydrogène).

De plus l'aire de chaque pic est proportionnelle au nombre de noyaux caractéristiques du pic. Une courbe d'intégration permet d'estimer la répartition des noyaux d'hydrogène dans la structure.

Document V.7

Groupement : fonction / couplage ^3J (en hertz)

H – H : aldéhyde / 1.0 – 3.0
H – H : alcane / 6.0 – 9.0
H – H : alcène / 6.0 – 12.0 (Z)
ou 11.0 – 18.0 (E)
ou 4.0 – 10.0 (iso)
H – H : alcène conjugué / 6.0 – 13.0
H – H : arène -1,2 / 6.0 – 10.0
H – H : cyclane / 5.0 – 14.0 (ax ax) ou 3.0 – 5.0 (éq-éq)

Rappels : N° 1 configurations zusammen-entgegen Z-E chez les alcènes :

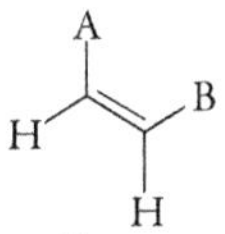

Z

ou

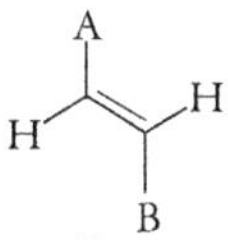

E

ou mélange 50-50 : iso

N° 2 conformations axiale-équatoriale ax-éq. chez les cycloalcanes ou cyclanes :

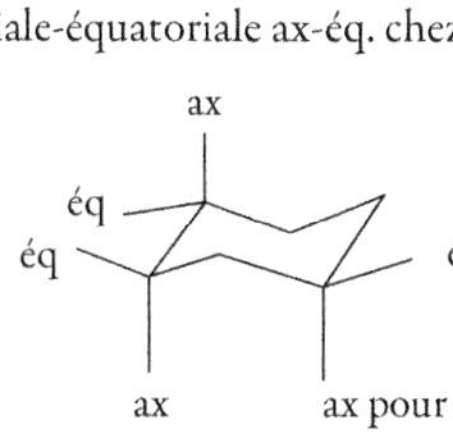

éq pour équatorial

ax pour axial

6 positions axiales alternativement en dessus-en dessous du plan moyen du cycloalcane
6 positions équatoriales alternativement en dessous-en dessus

À cela se rajoutent des interactions entre atomes voisins par l'intermédiaire des liaisons chimiques. C'est le couplage vicinal ^3J (en hertz), l'exposant 3 étant le nombre de liaisons covalentes séparant les deux noyaux couplés qui se manifeste par un éclatement du signal (Document V.7).

Un noyau d'hydrogène ou un groupe de noyaux d'hydrogène équivalents couplé(s) avec n autres noyaux d'hydrogène portés par un atome de carbone voisin (en α) donne un signal avec n+1 pics ou multiplet. Cela donne pour n = 1 un doublet (hauteurs 1/1), pour n = 2 un triplet (hauteurs 1/2/1), pour n = 3 un quadruplet (hauteurs 1/3/3/1), pour n = 4 un quintuplet (hauteurs 1/4/6/4/1) (Figure V.8)...

Figure V.8

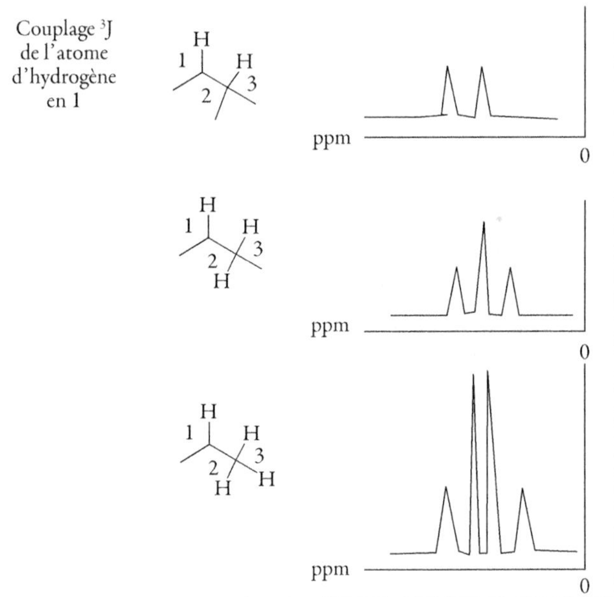

À partir de notre exemple du composé Z (voir paragraphes V.II et V.III), dont la formule brute est supposée, faute de renseignements complémentaires, C_6H_7NO... En conclusion cette analyse laisse entrevoir la présence des groupements OH et NH_2... Il ressort de cette analyse trois indices qui sont la présence des groupements : alcool OH, amine NH_2 ou NH, cycle benzénique 1,4-disubstitué.

Le spectre de RMN du proton ^1H (Figure V.9) présente des pics à 4.4, 6.4, 6.5 et 8.4 ppm. À partir de la table des déplacements chimiques, l'interprétation des pics est la suivante :

– 8.4 : groupement OH de dérivé de phénol (intégration : 1).

– 6.4 et 6.5 : groupement CH d'arène (intégration : 4) en deux doublets séparés de 0.1 ppm (doublet ayant un couplage ^3J de 8.8 Hz) (Figure V.10).
– 4.4 : groupement NH_2 de dérivé d'amine aromatique (intégration : 2).

Figure V.9

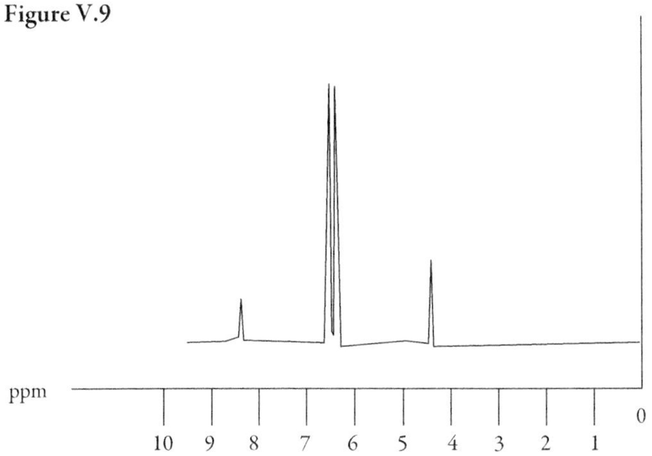

Figure V.10

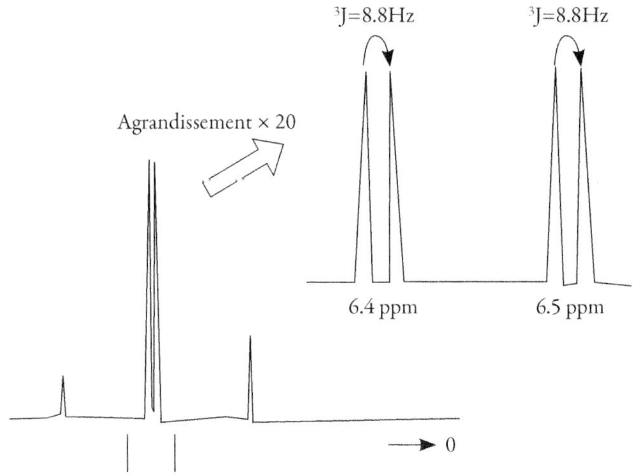

Il ressort de cette analyse trois certitudes qui sont la présence :
– du groupement alcool OH (noyau H_1) ;
– du groupement amine NH_2 (noyaux H_6 et H_7) ;
– du cycle benzénique 1,4-disubstitué, confirmée par la présence de deux groupes de deux noyaux d'hydrogène identiques ($H_2 = H_3$ puis $H_4 = H_5$) mais différents entre eux ainsi que couplés (Figure V.11).

Figure V.11

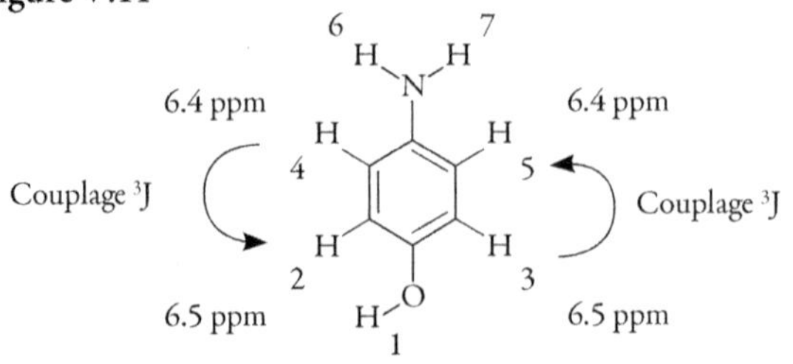

V. LA SPECTROMÉTRIE ULTRAVIOLETTE : LE DÉPLACEMENT DES ÉLECTRONS

Le principe est de soumettre des molécules d'un composé organique pur à un rayonnement ultraviolet (de 200 à 400 nm) et même visible (400 à 800 nm). Ce rayonnement provoque des changements de niveaux d'énergie des électrons possédant une certaine disponibilité à une telle perturbation. Remarquons que l'effet du rayonnement ultraviolet est plus profond que celui de l'infrarouge puisque d'énergie plus intense selon la relation déjà vue au paragraphe V.II :

$$E = h \times \gamma$$

ou

$$E = h \times c / \lambda$$

Selon la mécanique quantique, l'énergie d'un oscillateur électromagnétique ne peut prendre que des valeurs précises ou quantifiées, correspondant à des niveaux d'énergie. Ici l'oscillateur est l'électron qui peut passer d'une couche électronique à une autre et pour assurer ce passage, il doit recevoir une énergie correspondant à la différence exacte entre celle de la couche initiale E1 et celle de la couche finale E2. De même pour revenir à son état initial l'électron émet une énergie correspondant à la différence exacte entre celle de la couche finale E2 et celle de la couche initiale E1 (Figure V.12).

Figure V.12

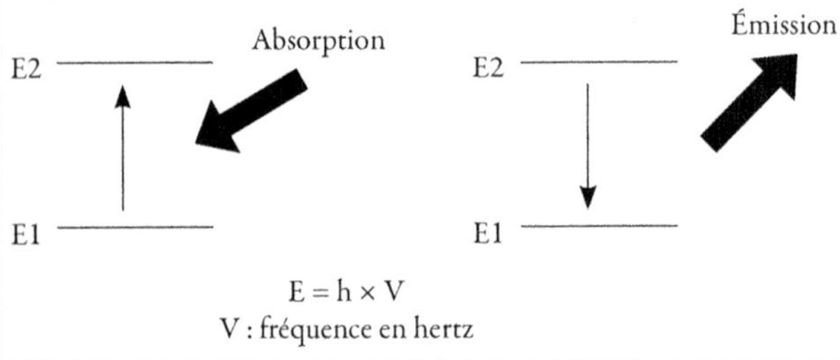

Il faut savoir que plus la conjugaison est intense donc l'électron disponible, plus l'énergie pour le faire migrer vers le niveau d'énergie E2 est faible et donc associée à une fréquence plus faible et une longueur d'onde plus forte, ce qui provoque un déplacement vers le visible. C'est l'effet bathochrome.

Le spectre est formé de larges bandes correspondant à l'absorption de l'énergie du rayonnement provoquant la transition électronique dans une liaison covalente. Le spectre est repéré par des graduations sur l'axe des abscisses correspondant à des longueurs d'onde en nm (1 nanomètre = 10^{-9} m) et sur l'axe des ordonnées au coefficient d'extinction molaire epsilon ou ε en $cm^{-1}.g^{-1}.L^{-1}$.

Au maximum d'absorption, correspondent une longueur d'onde maximum λ_{max} et un coefficient d'extinction molaire ε.

Ici sont concernées les liaisons covalentes présentant des insaturations, comme des liaisons doubles ou triples, Chaque liaison covalente apparaît dans la même zone dite de référence pour une insaturation donnée ou un groupement donné (Tableau IV.1). La corrélation entre les bandes du spectre ultraviolet-visible et les insaturations de la formule brute en s'aidant de la table des longueurs d'onde (Document V.13) apporte de nouvelles informations quant à la structure correspondant à cette formule brute et donc vers la formule semi-développée.

Document V.13

Table des longueurs d'onde en nm

Liaison *:* fonction / longueur d'onde

Csp^2=Csp^2 * : alcène / *185*-200
Csp^2=Csp^2 : diènes conjuguées / 210 (E)-250 (Z)
Csp^2=Csp^2 : diènes conjuguées cycliques / 230-260
Csp^2=Csp^2 : benzène / *180*-250
Csp^2=Csp^2 : arène monosubstitué / 210-290
Csp^2=Csp^2 : arène 1,4-disubstitué / 270
Csp^2=Csp^2 : arène 1,2,3-trisubstitué / 250
Csp^2=Csp^2 : arène 1,2,3,5-tétrasubstitué / 270
Csp^2=Csp^2 : polyarènes conjuguées / 250-490
Csp≡Csp : alcyne / *180*
Csp≡Csp : polyynes conjuguées / 210-360

Csp≡N * : nitrile / *160*
Csp^2=N / 340-360

Suite du Document V.13

Csp^2=O : anhydride, chlorure d'acide, ester, aldéhyde, cétone, acide carboxylique, amide / *185*-280
Csp^2=O conjuguées avec alcènes : cétènes… / 235-250
Csp^2=O conjuguées avec cétones : dicétones / 275-460

*Csp^3, Csp^2, Csp : carbone respectivement tétravalent, trivalent et divalent (Document VII.22).
185 : non détectable (en dehors de la zone de travail).

Avec l'exemple du composé Z (voir paragraphe V.II, V.III et V.IV), dont la formule brute est supposée, faute de renseignements complémentaires, C_6H_7NO… En conclusion cette analyse laisse entrevoir la présence des groupements OH et NH_2… Il ressort de cette analyse (IR) trois indices qui sont la présence des groupements : alcool OH, amine NH_2 ou NH, cycle benzénique 1,4-disubstitué… Il ressort de cette analyse RMN trois certitudes qui sont la présence des groupements : alcool OH (noyau H_1), amine NH_2 (noyaux H_6 et H_7), cycle benzénique 1,4-disubstitué, confirmée par la présence de deux groupes de deux noyaux d'hydrogène identiques ($H_2 = H_3$ puis $H_4 = H_5$) mais différents entre eux ainsi que couplés.

Le spectre UV-Visible (Figure V.14) présente deux bandes à 230 et 295 nm (ε = 3 200 et 3 300).

À partir de la table des longueurs d'onde, l'interprétation de la bande à 295 nm est : Csp^2=Csp^2 : arène 1,4-disubstitué. Il ressort de cette analyse la certitude qu'il y a une conjugaison importante puisque la seconde bande est pointée à une valeur de 295 nm supérieure à celle attendue de 270 nm. Ce déplacement s'interprète par la présence d'un cycle benzénique disubstitué en 1- et 4- (ou para) par des groupements qui favorisent la conjugaison.

Figure V.14

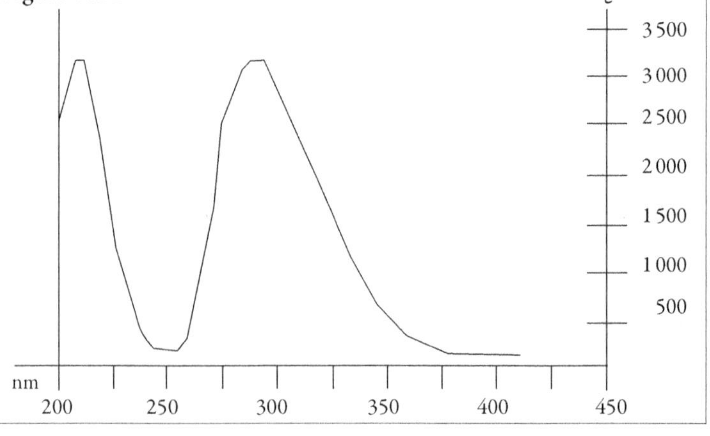

VI. LA DIFFRACTION PAR RAYONS X : LE RAYON, L'ANGLE ET LA LIAISON

Le principe est de soumettre des molécules d'un composé organique pur à un rayonnement X de longueur d'onde de l'ordre de 10^{-10} mètre. Cette technique apporte, à partir d'un diffractogramme, des renseignements sur les distances interatomiques, les angles de liaison... mais elle nécessite d'obtenir au préalable un cristal d'une grande pureté du composé organique.

Prenons enfin l'exemple du composé Z (voir paragraphes V.II, V.III, V.IV et V.V), dont la formule brute est supposée, faute de renseignements complémentaires, C_6H_7NO... En conclusion cette analyse laisse entrevoir la présence des groupements OH et NH_2... Il ressort de cette analyse (IR) trois certitudes qui sont la présence des groupements : alcool OH, amine NH_2 ou NH... benzénique 1,4-disubstitué... Il ressort de cette analyse (RMN trois indices qui sont la présence des groupements : alcool OH (noyau H_1), amine NH_2 (noyaux H_6 et H_7), cycle benzénique 1,4-disubstitué, confirmée par la présence de deux groupes de deux noyaux d'hydrogène identiques ($H_2 = H_3$ puis $H_4 = H_5$) mais différents entre eux ainsi que couplés... Il ressort de cette analyse (UV) la certitude qu'il y a une résonance importante... par la présence d'un cycle benzénique disubstitué en 1- et 4- (ou para) par des groupements qui favorisent la conjugaison. Après mesures et calculs, les valeurs trouvées pour les longueurs de liaisons (en nanomètre) et les angles de liaison (en degré) sont les suivantes :

- O-H : 0.096 nm, C-O : 0.143 nm, C=C : 0.140 nm, C-H : 0.109 nm, C-N : 0.139 nm et N-H : 0.101 nm;
- C-O-H : 104°, C-C-C : 120°, H-C-C : 120°, C-C-O : 120°, C-C-N : 120°, C-N-H : 109° et H-N-H : 109°.

Il ressort de cette analyse la structure contenant un cycle benzénique portant quatre atomes d'hydrogène en 2-, 3-, 5- et 6- ainsi que deux groupements en 1- et 4-, respectivement un groupement OH (fonction alcool) et un groupement NH_2 (fonction amine) (Figure V.15). Il s'agit du 4-aminophénol ou 4-amino-1-hydroxybenzène. La formule semi-développée correspondante :

$$H_2N\text{-}C_6H_4\text{-}OH$$

satisfait bien aux conclusions précédentes, à savoir :

- Une masse molaire de 109 $g.mol^{-1}$ (spectre de masse).
- La présence des groupements alcool et amine (spectre IR).

Figure V.15

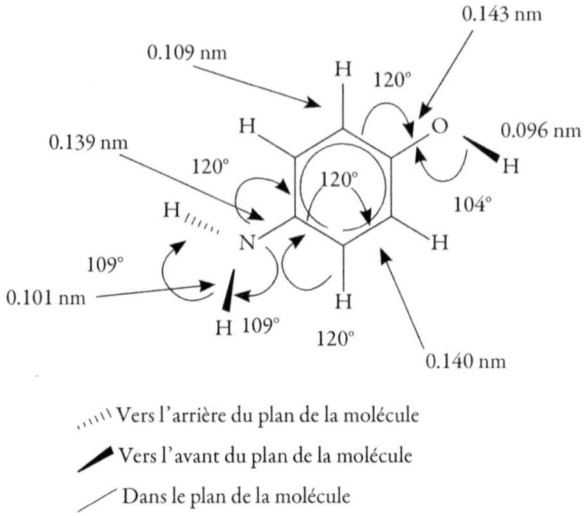

– La présence du cycle benzénique et de la présence de deux atomes d'hydrogène couplés avec deux autres atomes d'hydrogène d'environnements différents (spectre RMN).
– L'existence d'une conjugaison sur le cycle benzénique renforcée par la présence de doublets d'électrons non liants (électrons restants et non occupés dans les diverses liaisons covalentes, selon la règle de l'octet) sur les atomes d'azote et d'oxygène des fonctions amine et alcool (spectre UV-Visible).

VII. APPLICATIONS AUX QUATRE FILS ROUGES : DU PEUT-ÊTRE AU CERTAIN (IVe PARTIE)

1. Composé organique simple A

Rappel de la synthèse :

C'est l'obtention du 2-méthylbut-2-ène (de formule brute C_5H_{10})…

Équation supposée de la synthèse :

$$C_5H_{12}O \rightarrow C_5H_{10} + H_2O$$

Le bilan de la synthèse est :

– Un composé liquide incolore.

Les premiers renseignements sont les suivants :

– La température d'ébullition, mesurée lors de la rectification, est de 36 °C.
– L'indice de réfraction, mesurée avec le réfractomètre, est de 1.3854 à 18 °C, ce qui donne 1.3845 à 20 °C.

– La masse molaire, relevée sur un spectre de masse, est de 70 g.mol^{-1}…
– Les valeurs de référence sont respectivement de 38,6 °C, 1.374 et 70 g mol^{-1}…

Conclusion : la formule brute de A est C_5H_{10}.

Les données spectrales sont résumées dans le Tableau V.16.

Tableau V.16

Spectre de masse : pics à 27, 29, 39, 41, 42, 55 et 70 :

27	29	39	41	42	55	70
C_2H_3	C_2H_5	C_3H_3	C_3H_5	C_3H_6	C_4H_7	C_5H_{10}
CH_3-C	?	?	?	$(CH_3)_2C$	$(CH_3)_2CCH$	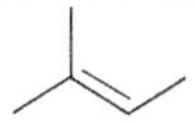

Spectre infrarouge : bandes à 3 100, 3 000, 2 950, 2 800, 2 700, 1 700, 1 500, 1 380, 1 200, 1 100 et 800 :

3 100 F	2 950 F	1 700 f	1 380 F	1 200 m	1 100 m	800 F
Csp^2-H valence	Csp^3-H valence	Csp^2-Csp^2 valence	Csp^3-H déformation	Csp^3-H déformation	Csp^3-Csp^3 valence	Csp^2-H déformation

Spectre RMN : pics à 5.20, 1.70, 1.60 et 1.55 :

5.20	1.70	1.60	1.55
CH intégration 1	CH_3 de $(CH_3)_2C$ intégration 3	CH_3 de $(CH_3)_2C$ intégration 3	CH_3 de $(CH_3)HC$ intégration 3

Spectre UV-Visible : 185 nm (ε = 10000).

Diffraction X : C-H 0.107 nm, C-C 0.154 nm, C=C 0.134 nm, et H-C-H 109°, H-C-C 109°, C-C-C 120°, H-C=C 120°, C-C=C 120°.

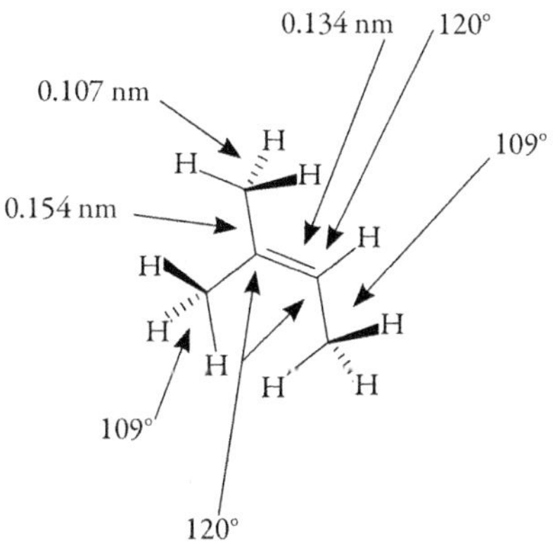

Le spectre de masse confirme la masse molaire de 70 g.mol^{-1}. Le spectre infrarouge révèle principalement la présence de liaisons carbone-hydrogène, carbone-carbone et carbone=carbone. Le spectre RMN atteste de la présence de trois groupements identiques de type méthyle CH_3 et d'un groupement de type CH. Associées à la diffraction X, ces données confirment bien la structure associée au 2-méthylbut-2-ène :

$$C(-CH_3)_2=CH(-CH_3)$$

2. Composé organique polyfonctionnel B

Rappel de la synthèse :

C'est l'obtention du jaune soudan ou 2-hydroxynaphtalène-1-diazobenzène (de formule brute $C_{16}H_{12}N_2O$)…

Équation supposée de la synthèse :

$$C_6H_7N + C_{10}H_8O + NaNO_2 + HCl \rightarrow C_{16}H_{12}N_2O + NaCl + 2\ H_2O$$

Le bilan de la synthèse est :

– Un composé solide jaune.

Les premiers renseignements sont les suivants :

– La température de fusion est de 130 °C…
– La masse molaire, relevée sur un spectre de masse, est de 248 g.mol^{-1}…
– Les valeurs de référence sont respectivement de 131-134 °C et 248.3 g.mol^{-1}…

Conclusion : faute de renseignements complémentaires, la formule brute de B est $C_{16}H_{12}N_2O$.

Les données spectrales sont résumées dans le Tableau V.17.

Tableau V.17

Spectre de masse : pics à 77, 115, 143, 171 et 248 :

77	115	143	171	248
C_6H_5	?	$C_{10}H_7O$	$C_{10}H_7ON_2$	$C_{16}H_{12}N_2O$
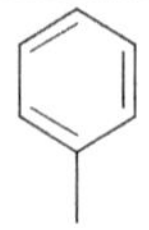	?	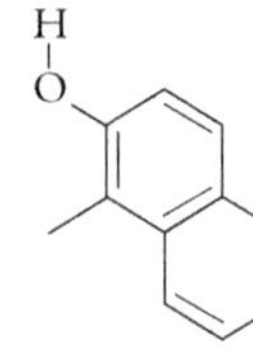	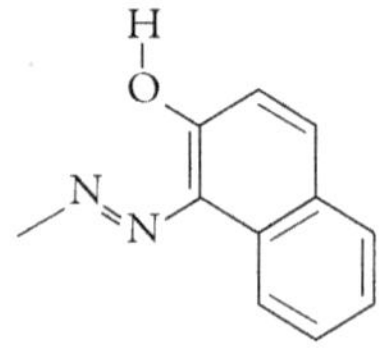	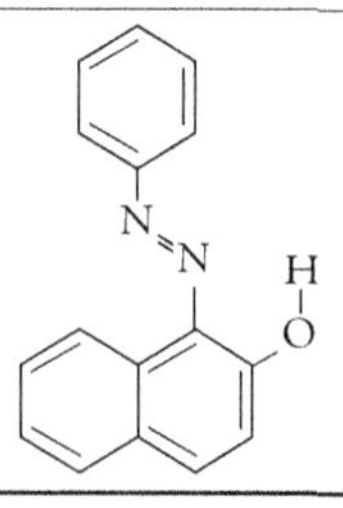

Suite du Tableau V.17

Spectre infrarouge : bandes à 3 000, 2 925, 1 620, 1 550, 1 500, 1 450, 1 210 et 750 :

3 000 F	2 925 F	1 620 f	1 550 F	1 450-1 500 F	1 210 m	750 m
O-H valence	Csp^2-H arène valence	Csp^2-N valence	N=N valence	Csp^2-Csp^2 arène valence	O-H déformation	Csp^2-H déformation

Spectre RMN : pics à 7.95-7.10 (signal complexe) et 5.20 :

7.95	7.70	7.35	7.10	5.20
CH intégration 2	CH intégration 3	CH intégration 5	CH intégration 1	OH intégration 1

Spectre UV-Visible : 405 et 485 (ε = 8 910 et 15 130).

Diffraction X : C-H 0.094 nm, C=C 0.139 nm, C-N 0.142 nm, N=N 0.125 nm, C-O 0.134 nm, O-H 0.096 nm et H-C-C 120°, C-C-N 123°, C-C-N 118°, C-N=N 113°, C-C-O 117°.

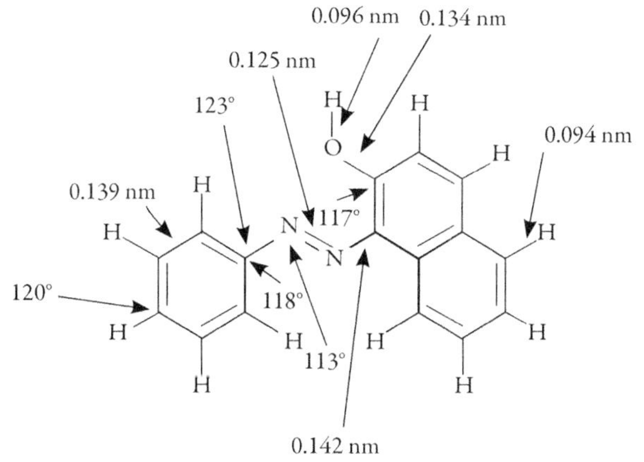

Le spectre de masse confirme la masse molaire de 248 g.mol^{-1}. Le spectre infrarouge révèle principalement la présence de liaisons oxygène-hydrogène et azote=azote. Le spectre RMN atteste de la présence de groupements phényles (signal assez confus très déblindé) et d'un groupement de type OH. Associées à la diffraction X, ces données confirment bien la structure associée au 2-hydroxynaphtalène-1-diazobenzène :

$$C_6H_5N{=}NC_8H_6(\text{-OH})$$

3. Complexe C

Rappel de la synthèse :

C'est l'obtention de l'éthylènediaminetétraéthanoatenickelate(II) de disodium (de formule brute $NiC_{10}N_2H_{12}O_8Na_2$)…

Équation supposée de la synthèse :

$$Na_2C_{10}H_{14}O_8N_2 + NiCl_2 + NaCH_3CO_2$$
$$\rightarrow Na_2Ni(C_{10}H_{12}N_2O_8) + CH_3CO_2H + NaCl$$

Le bilan de la synthèse est :

– Un composé solide bleu.

Les premiers renseignements sont les suivants :

– La masse molaire, relevée sur un spectre de masse, est de 393 $g.mol^{-1}$ (signal faible, autres pics importants à 23, 59 288 $g.mol^{-1}$).

– La valeur de référence pour la masse molaire est de 392.9 $g.mol^{-1}$…

Conclusion, faute de renseignements complémentaires, la formule brute de C est incomplète.

Les données spectrales sont résumées dans le Tableau V.18.

Tableau V.18

Spectre de masse : pics à 18, 23, 42, 44, 59, 144, 288 et 393 :

18	23	42	44	59	144	288	393
?	Na	C_2H_2O	CO_2	Ni	$C_5H_6NO_4$	$C_{10}H_{12}N_2O_8$	$C_{10}H_{12}N_2O_8Na_2Ni$
?	Na		O=C=O	Ni	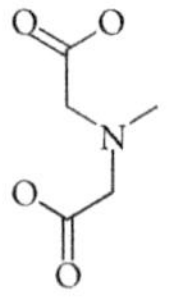	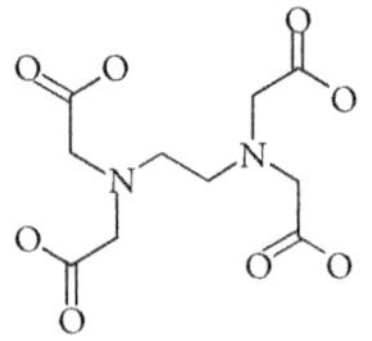	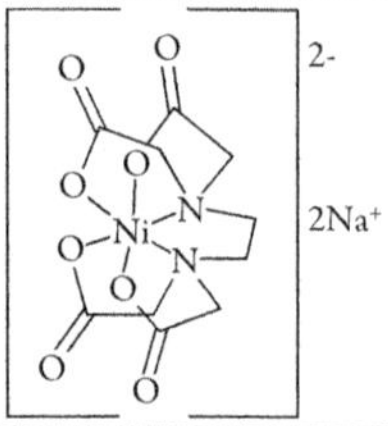

Spectre infrarouge : bandes à 3 000, 1 610, 1 440, 1 400, 1 390, 1 315, 1 290 et 1 110 :

3 000 F	1 610 F	1 440 m	1 390-1 400 m	1 290 m	1 110 f
Csp^3-H valence	CO_2^- valence	Csp^3-H déformation	CO_2^- valence et Csp^3-H CH_2-C(=O) déformation	Csp^3-Csp^3 valence	C-N valence

Spectre RMN : pics à 3.45 et 2.80 :

3.45	2.80
CH_2 vers C=O intégration 2	CH_2 vers N intégration 1

Suite du Tableau V.18

Spectre UV-Visible : 590 (ε indéterminé).

Diffraction X : Ni-N 0.260 nm, Ni-O 0.249 nm, C-O 0.136 nm, C=O 0.123 nm, C-H 0.107 nm, C-C 0.154 nm, C-C 0.153 nm, C-N 0.147 nm et H-C-C 110°, C-C-N 112°, O=C-O 124°, C-C=O 122°, C-C-O 119°, H-C-H 109°, C-N-C 108°, H-C-N 109°, C-O-Ni 108°, Oax-Ni-Oéq 90°, Oax-Ni-Oax 180°, Oax-Ni-N 90°, Néq-Ni-Néq 90°, Néq-Ni-Oéq 90°, Oéq-Ni-Oéq 90°, (ax : axial et éq : équatorial ; voir paragraphe V.IV).

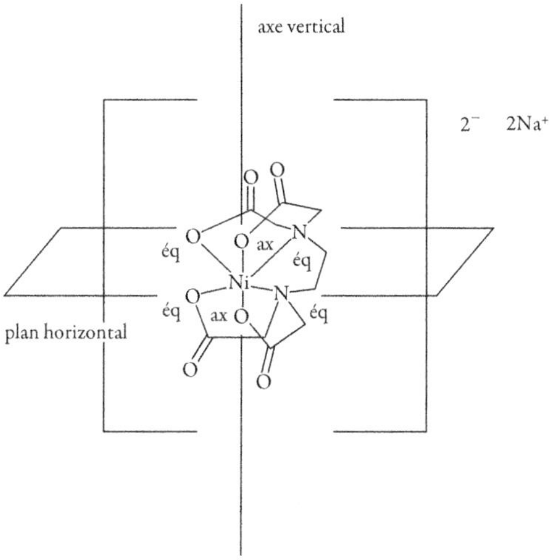

Le spectre de masse confirme la masse molaire de 393 g.mol^{-1}. Le spectre infrarouge révèle principalement la présence de liaisons carbone=oxygène (de type CO_2^-) et de liaisons carbone-azote. Le spectre RMN révèle la présence de groupements CH_2 (signal très compact). Le spectre UV confirme une conjugaison importante. Associées à la diffraction X, ces données confirment bien la structure associée à l'éthylènediaminetétraéthanoatenickelate(II) de disodium.

4. Composé organométallique D

Rappel de la synthèse :

C'est l'obtention du bis(cyclopentadiényl)fer(II) ou ferrocène (de formule brute $C_{10}H_{10}Fe$)…

Équation supposée de la synthèse :

$$2\ C_5H_6 + Fe(II)Cl_2 \rightarrow C_{10}H_{10}Fe + 2\ HCl$$

Le bilan de la synthèse est :

– Un composé de couleur brun-orange.

Les premiers renseignements sont les suivants :

– La température de fusion est de 170 °C…

– La masse molaire… est de 186 g.mol^{-1}…

– Les valeurs de référence sont respectivement de 172,5 °C et 186.0 g.mol^{-1}...

Conclusion : faute de renseignements complémentaires, la formule brute est $C_{10}H_{10}Fe$.

Les données spectrales sont résumées dans le Tableau V.19.

Tableau V.19

Spectre de masse : pics à 56, 121 et 186 :

56	121	186
Fe	C_5H_5Fe	$C_{10}H_{10}Fe$
Fe	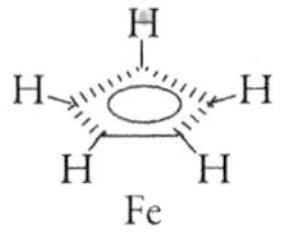	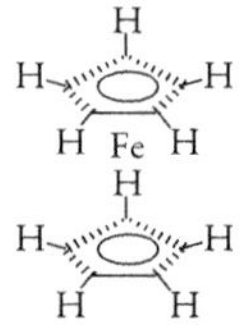

Spectre infrarouge : bandes à 3 095, 1 780-1 635, 1 410, 1 105, 1 000 et 815 :

3 095 f	1 780-1 635 f	1 410 m	1 105 F	1 095-1 050 f	1 000 F	815 F
Csp^2-H valence	Csp^2-Csp^2 conjugaison	?	?	Csp^2-H déformation	?	Fe-C ou Csp^2-H déformation

Spectre RMN : pic à 4.15 :

4.15
C-H de C_5H_5

Spectre UV-Visible : 325 et 440 (ε = 1080 et 2160).

Diffraction X : Fe-C 0.204 nm, Fe-Cycle 0.165 nm, C-C (même cycle) 0.140 nm, C-C (cycles différents) 0.332 nm, C-H 0.094 nm et H-C-C 145°, C-C-C 70°.

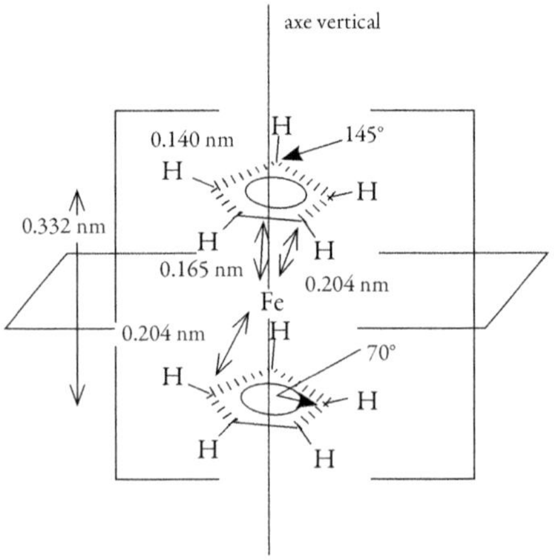

Le spectre de masse confirme la masse molaire de 186 g.mol^{-1} et la présence d'un atome de fer. Le spectre infrarouge révèle principalement la présence de liaisons carbone=carbone. Le spectre RMN révèle la présence d'un seul type de groupement CH (pas d'intégration possible). Associées à la diffraction X (révélant que les deux groupements cyclopentadiényles sont en conformations légèrement décalées de 9°, angle entre un atome de carbone d'un cycle par rapport à l'atome de carbone le plus proche de l'autre cycle) ces données confirment bien la structure associée au ferrocène.

2e PARTIE

LES COMPOSÉS CHIMIQUES

Prologue 2

L'action se passe toujours à Strasbourg en 1986. Un lycéen se voit confier par son professeur de physique-chimie, ancien étudiant dans cette même ville à la fin des années 1970, un sujet à développer sur une molécule des plus répandues : le paracétamol. Consciencieusement le lycéen fait des recherches aux archives de la bibliothèque universitaire de sa ville et découvre l'incroyable anecdote de 1886 et ses conséquences sur la médecine. Après avoir pris lecture des faits, il s'étonne de l'évolution des techniques de recherche en un peu plus d'un siècle.

La première partie de son exposé est l'approche des molécules mises en jeu. Voici ses premières remarques (entre *guillemets*) sur une copie du compte rendu d'expériences de l'étudiant de 1986 qui lui-même avait annoté sur celui du professeur F. de 1886. Le document apparaît assez surchargé.

« *Je demanderai des explications à mon professeur pour le début.* »
Cette écriture gothique n'est pas facile à lire !
J'ai effectué quelques mesures classiques avec un nouvel appareil que m'a prêté mon confrère Maquenne.
Et le banc de Kofler ? Pourquoi ne l'a-t-il pas utilisé ? Il est un peu plus précis !
« *Je crois que nous avons un banc de Kofler ! Je vais m'en servir.* »
Le naphtalène fond à 80 degrés Celsius et aisément reconnaissable à son odeur. De plus sa température d'ébullition se situe vers 220 degrés Celsius. Quant au second composé, sans odeur, il fond à 114 degrés Celsius et à plus de 300 degrés Celsius, avec un début de décomposition, débute son ébullition.
« *J'ai aussi trouvé ces valeurs.* »
J'ai appliqué les récentes méthodes de mes confrères Liebig, Dumas et Raoult. J'ai obtenu les résultats suivants pour le naphtalène :
– masse de l'échantillon de naphtalène : 0,500 g
– masse de dioxyde de carbone : 1,718 g et masse de vapeur d'eau : 0,281 g
– aucun autre élément
– masse molaire M = 128.0 $g.mol^{-1}$
Pas de spectre de masse !
« *Important : le naphtalène est un hydrocarbure aromatique polycyclique. Hydrocarbure, je pense, car il ne contient que du carbone et de l'hydrogène, aromatique car il doit sentir*

bon et polycyclique parce qu'il y a deux cycles. Sa formule brute est $C_{10}H_8$ et c'est ce qui a déjà été trouvé ! Tiens c'est Erlenmeyer qui a trouvé sa formule, ce nom me dit quelque chose. Ouh là ! il est cancérigène donc à manipuler avec précaution. »

Ma conclusion est que la formule brute trouvée est $C_{10}H_8$ et, vu mes mesures de températures réalisées, qu'il s'agit bien de naphtalène.

« *Sur les calculs je vais lui faire confiance.* »

Quant au composé X :

– masse de l'échantillon du composé X : 0,500 g
– masse de dioxyde de carbone : 1.304 g et masse de vapeur d'eau : 0.300 g
– volume de diazote : 41 cm^3 = 0.041 dm^3
– aucun autre élément
– masse molaire M = 135.0 $g.mol^{-1}$

Toujours pas de spectre de masse mais cela peut se comprendre en 1886 !

Ma conclusion est que la formule brute du composé X est C_8H_9NO et tout porte à croire, en accord avec mes mesures de températures réalisées, qu'il s'agit de l'acétanilide.

« *Il n'empêche de remarquer qu'en 1886 les calculs étaient déjà au point et précis. De ce côté on n'a guère fait mieux en un siècle. Ah ! intéressant, l'acétanilide a été utilisé comme médicament mais vite remplacé par le paracétamol. Amusant ce dernier est fabriqué à partir de l'acétanilide.* »

Quelques tests auraient confirmé la véracité de sa conclusion.

« *De quels tests s'agit-il ? Ça y est, j'ai trouvé ! C'est pour savoir, en quelque sorte, à quelle famille appartient chaque composé. Peut-être le test du chauffage pour l'acétanilide ? Il demande peu de matériel, je vais le faire.* »

Quelques représentations en formules semi-développées auraient été les bienvenues.
Si je me souviens bien le naphtalène c'est :

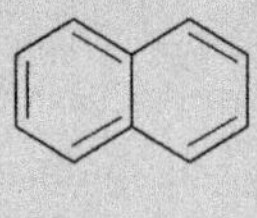

Et l'acétanilide :

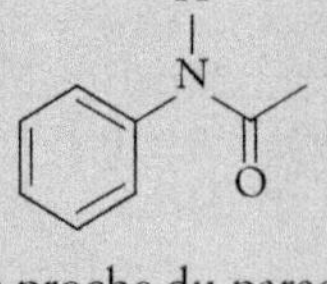

Mais que c'est étonnant ! c'est très proche du paracétamol :

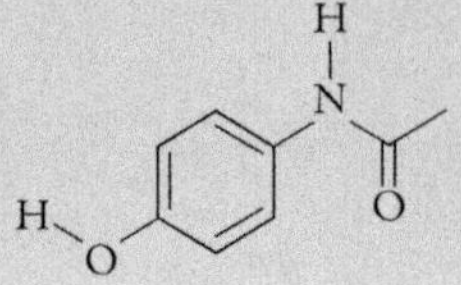

« C'est vrai que les deux dernières molécules se ressemblent beaucoup ! »
Mais mes investigations s'arrêtent là ! Peut-être que les récentes découvertes de Thomson, Röntgen et autres me permettront un jour d'en savoir plus sur ces deux composés... Pas de spectre infrarouge, ultraviolet ou de résonance magnétique nucléaire ! Dommage. Autant essayer de terminer l'étude comparative de 1886... Je vais réaliser les spectres de masse, infrarouge et ultraviolet et compléter les travaux du professeur F... Je vais aussi me servir du tout appareil de résonance magnétique nucléaire que le professeur Ernst, après sa brillante conférence, nous a incité à acquérir. Pour y voir plus clair j'ai résumé les résultats dans ce tableau :

	Naphtalène $C_{10}H_8$	**Acétanilide C_8H_9NO**
Spectre de masse (en $g.mol^{-1}$)	128	15 - 43 - 59 - 77 - 135
Spectre infrarouge nombre d'onde (en cm^{-1}) intensité	3 100(F) - 1 950(f) 1 595(m) - 1 530(F) 1 510(f) - 1 000(f) 800(F)	3 300(F) - 1 665(F) 1 600(F) - 1 560(F) 1 490(m) - 1 325(F) 755(F)
Spectre de résonance magnétique nucléaire (en ppm/intégration)	7.85(4) 7.45(4)	7.80(1) 7.35(5) 2.15(3)
Spectre ultraviolet (en nm/epsilon)	260/3 160 270/3 980 280/3 160	205/31 600 245/15 850 285/630

Ce sont deux composés très différents ; rien de semblable ! Et encore moins l'odeur qui aurait permis d'éviter l'erreur en 1886.
Il ne m'a pas fallu quelques jours d'attente pour réaliser tout cela. Une demi-journée m'a suffi pour rattraper cette méprise mais peut-être que la médecine aurait perdu une découverte thérapeutique intéressante : celle du paracétamol.
« Ça se complique. À part la masse molaire qui est au programme et que je retrouve dans ce tableau : 128 et 135 le reste m'échappe complètement en dehors des mots infrarouge ou ultraviolet. Peut-être cela a-t-il un rapport avec le spectrophotomètre ultraviolet-visible que nous avons utilisé récemment ? Je vais aller à la conférence du professeur Dehmelt qui doit nous parler de la spectrométrie de masse. Peut-être cela va-t-il m'aider ! »

La connaissance des formules semi-développées des molécules est un aboutissement logique de la recherche de la formule moléculaire. Pour ce faire la suite est de confirmer par le détail les premières conclusions en faisant le lien entre les données analytiques qu'elles soient physiques, chimiques ou spectroscopiques et les connaissances acquises afin d'opérer un premier classement d'ordre fonctionnel sur le composé chimique. Est-il à une seule fonction ? à plusieurs fonctions ? identiques ? différentes ? Est-ce une molécule de grande taille ? fini ? infini ? organique ? inorganique ? Après une première étape plutôt expérimentale, survient en seconde étape un approfondissement plutôt encyclopédique mais aussi chimiquement introspectif.

VI

Les composés organiques simples

I. LES COMPOSÉS ORGANIQUES SIMPLES

Il s'agit de composés organiques ayant un squelette carboné et ne possédant qu'une fonction organique ou groupement (voir paragraphe IV.II). Il est question de composé monofonctionnel (servant de point de départ à l'étude d'une fonction organique).

Cette fonction organique est caractérisée par une formule générale et par un groupement caractéristique (Tableau VI.1).

Aussi C_nH_{2n} correspond à la fonction alcène, c'est-à-dire à la présence d'un groupement C=C, plus précisément d'une double liaison entre deux atomes de carbone. De même $C_nH_{2n}O$ peut être la fonction aldéhyde ou la fonction cétone, c'est-à-dire à la présence d'un groupement C=O, plus précisément d'une double liaison entre un atome de carbone et un atome d'oxygène. Enfin dernier exemple $C_nH_{2n+3}N$ s'associe à la fonction amine, c'est-à-dire à la présence d'un atome d'azote au centre de trois liaisons simples.

Tableau VI.1

Les principales fonctions organiques

Fonction	Formule générale*	Groupe caractéristique	
alcane	C_nH_{2n+2}		
alcène	C_nH_{2n}	C = C	
alcyne	C_nH_{2n-2}	C ≡ C	
arène	C_nH_{2n-6}		
halogénoalcane	$C_nH_{2n+1}X$	C - X	(X = Cl, Br, I...)
organomagnésien	$C_nH_{2n+1}MgX$	C – Mg – X	(X = Cl, Br, I...)
alcool	$C_nH_{2n+2}O$	C – OH	
éther-oxyde	$C_nH_{2n+2}O$	C – O – C	

Suite du Tableau VI.1

Fonction	Formule générale*	Groupe caractéristique
aldéhyde	$C_nH_{2n}O$	C (=O) – H
cétone	$C_nH_{2n}O$	C - C(=O) – C
énol	$C_nH_{2n}O$	C (-OH) = C
acide carboxylique	$C_nH_{2n}O_2$	C (=O) – OH
ester	$C_nH_{2n}O_2$	C (=O) – O – C
chlorure d'acide	$C_nH_{2n-1}OCl$	C (=O) – Cl
anhydride	$C_nH_{2n-2}O_3$	C (=O) – O – C(=O)
thiol	$C_nH_{2n+2}S$	C - SH
amine	$C_nH_{2n+3}N$	C - N
nitrile	$C_nH_{2n-1}N$	C ≡ N
imine	$C_nH_{2n+1}N$	C = N
amide	$C_nH_{2n+1}NO$	C (=O) – N

* pour les composés organiques ayant une seule fonction organique.

II. LES HYDROCARBURES

Au sens strict du terme ce sont les composés organiques composés uniquement d'atomes de carbone et d'hydrogène. La différence provient soit de la nature des liaisons entre atomes de carbone, soit de la façon dont ceux-ci sont répartis en ligne ou en cycle.

Selon le premier critère les alcanes, les alcènes et les alcynes se distinguent par la présence respectivement de simples, doubles ou triples liaisons entre deux atomes de carbone consécutifs (Document VI.2). Selon le second critère, les cycloalcanes et les arènes révèlent la présence de cycles carbonés comprenant ou pas des liaisons multiples (Document VI.3).

Document VI.2

Un alcane est un hydrocarbure saturé qui ne possède que des liaisons simples carbone-carbone (sauf le méthane) avec pour formule générale : C_nH_{2n+2}. Ils n'ont que des carbones tétraédriques de type sp^3. Un alcène est un hydrocarbure insaturé qui possède une double liaison carbone=carbone avec pour formule générale : C_nH_{2n}. La double liaison possède deux atomes de carbone de type sp^2 et a une structure plane avec des angles proche de 120°. Il y a possibilité d'isomérie Z ou E pour des alcènes disubstitués (Document V.7 : configuration Z ou cis si les deux hydrogènes sont du même côté de la double liaison carbone=carbone et E ou trans si les deux hydrogènes sont de part et d'autre). Un alcyne est un hydrocarbure insaturé qui possède une triple liaison carbone≡carbone avec pour formule générale : C_nH_{2n-2}. Si la triple liaison est en bout de chaîne, c'est un alcyne vrai, sinon c'est un alcyne substitué. La triple liaison possède deux atomes de carbone de type sp et correspond à une géométrie linéaire (Document VII.22).

Document VI.3

Un cycloalcane est un hydrocarbure saturé qui possède un ou plusieurs cycle(s) d'atomes de carbone avec pour formule générale : C_nH_{2n}. Ils n'ont que des carbones tétraédriques de type sp^3 et n'ont pas de structure plane. Du fait de leur géométrie, ils ont une isomérie plus riche que celles des alcanes (voir paragraphe V.VII). Un arène (formule générale : C_nH_{2n-6} avec $n \geq 6$) est un hydrocarbure insaturé possédant au moins un cycle benzénique, donc la structure de base (celle du benzène de formule brute : C_6H_6) est hexagonale plane (contrairement aux cycloalcanes). Chaque atome de carbone est de type sp^2. Il y a les alkylbenzènes, c'est à dire des dérivés du benzène et les arènes à noyaux condensés, c'est-à-dire ayant des liaisons carbone–carbone communes.

Exemples d'hydrocarbures pour n = 7

alcanes

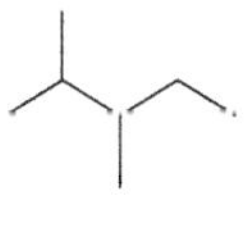

C_7H_{16}

alcènes

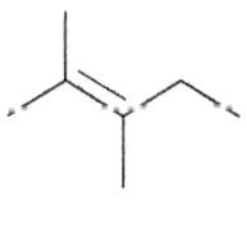

C_7H_{14}

alcynes

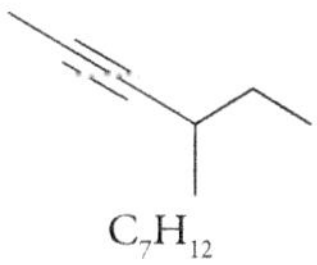

C_7H_{12}

cycloalcanes

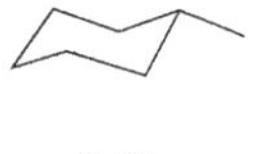

C_7H_{14}

arènes

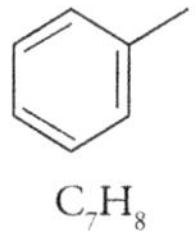

C_7H_8

Sachant que tous les composés organiques ont des liaisons carbone-carbone et carbone-hydrogène, leurs identifications par les méthodes spectroscopiques infrarouge, résonance magnétique nucléaire et ultraviolette n'apportent que peu de renseignements décisifs. Cependant des constatations s'imposent au sein de chaque technique d'investigation.

1. En infrarouge

En vibration de valence, la liaison C-H apparaît vers 3 000 cm^{-1} (forte) alors qu'en déformation vers 1 350-1 450 cm^{-1} (moyenne) chez les alcanes. La première évolue de 3 000 à 3 050 cm^{-1} chez les cycloalcanes dans le sens d'une diminution du nombre d'atomes de carbone du cycle. Entre 3 000 et 3 100 cm^{-1} est reconnaissable la même vibration de valence (faible) pour la liaison C-H d'un alcène alors que la même, mais en déformation se situe dans deux zones entre 1 250 et 1 450 cm^{-1} et entre 800 et 1 000 cm^{-1}. Pour un alcyne, les valeurs sont respectivement 3 320 cm^{-1} (forte) et 600-700 cm^{-1}. Pour un arène, les valeurs sont dans l'ordre 3 030 cm^{-1} (moyenne) et 1 450-1 600 cm^{-1} (forte).

Quant à la liaison carbone-carbone, si elle est double comme pour un alcène, sa vibration de valence est vers 1 650 cm^{-1} (moyenne) et si elle est triple comme pour un alcyne vers 2 200 cm^{-1}. Pour un arène, compte tenu du fait de la conjugaison, sa valeur est abaissée à 1 500 cm^{-1}. Pour un alcane, plus délicate à observer, la simple liaison carbone-carbone est vers 1 250 cm^{-1}.

À partir de ces données (Tableau VI.4), il apparaît d'une part que le nombre d'onde de la liaison carbone-carbone augmente avec la multiplicité (simple, double ou triple) de celle-ci et d'autre part que le nombre d'onde de la liaison carbone-hydrogène (en valence) ne varie sensiblement pas.

En ce qui concerne la première remarque cela s'explique par le fait que l'énergie pour faire vibrer une liaison est proportionnelle à la fréquence et donc au nombre d'onde et que l'accroissement de la multiplicité a tendance à rendre le lien entre les deux atomes de carbone plus rigide. Enfin la comparaison entre les nombres d'onde des liaisons simples carbone-hydrogène et carbone-carbone révèle que la première est plus difficile à faire vibrer que la seconde du fait de la plus petite masse molaire atomique de l'hydrogène par rapport à celle du carbone.

Tableau VI.4

Nombre d'onde en cm^{-1}

	C-H valence	C-H déformation	C-C valence
alcanes	3 000	1 350-1 450	1 250
alcènes	3 000-3 100	1 250-1 450 800-1 00	1 650
alcynes	3 320	600-700	2 200
cycloalcanes	3 000-3 050	-	-
arènes	3 030	1 450-1 600	1 500

2. En résonance magnétique nucléaire

Il n'est plus question de groupe caractéristique mais de groupement hydrogéné tel CH_3, CH_2 et CH. Pour un alcane les déplacements chimiques (en ppm) sont respectivement de 0.90 / 1.25 / 1.50 et pour un cycloalcane (pas de CH_3) 0.20 à 1.20 pour CH_2 / 0.40 à 1.70 pour CH. Pour un alcène cela donne 1.70 / 1.95 (en β) ou 4.60 (en α) / 2.60 (en β) ou 5.30 (en α) et pour un alcyne 1.80 (en β) / 2.10 (en β) / 1.80 (en α). Quant à un arène le groupement CH a un déplacement chimique de 7.20 à 8.30 alors qu'un groupement CH_2, substitué à un atome d'hydrogène est à 2.55.

À partir de ces données (Tableau VI.5), le déplacement chimique de ces trois groupements CH_3, CH_2 et CH se fait selon des valeurs croissantes et la conjugaison chez les arènes entraîne un fort déblindage. L'ordre est le même pour des groupements en β ou en α du groupe caractéristique, dont l'influence apparaît très nette.

Tableau VI.5

Déplacement chimique en ppm

	alcanes		alcènes		alcynes		arènes	cycloalcanes
CH_3	0.90		-	1.70	-	1.80	-	-
CH_2	1.25	-	4.60	1.95	-	2.10	2.55*	0.20-1.20
CH	1.50	-	5.30	2.60	1.80	-	7.20-8.30	0.40-1.70
			α	β	α	β		
	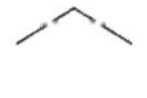		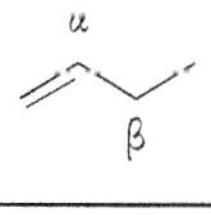		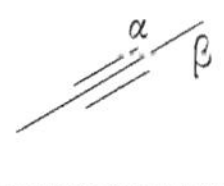		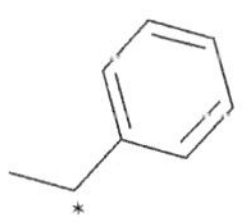	

3. En ultraviolet

Seules les liaisons multiples sont concernées et les alcanes en sont exclus. Les alcènes sont difficilement détectables, de même pour les alcynes, sauf s'ils possèdent des substituants de type alkyl (de formule générale C_nH_{2n+1}) qui créent un déplacement léger vers de plus grandes longueurs d'onde avec un gain de l'ordre de 20 nm. C'est l'effet bathochrome. Mais cela reste à la limite des 200 nm. Quant aux arènes, ils présentent trois bandes, comme le benzène à 185, 205 et 255 nm, avec le même déplacement lors de la présence de substituants (Tableau VI.6).

Tableau VI.6

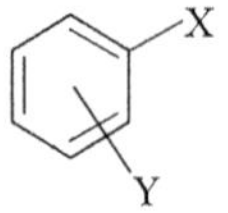

Longueur d'onde (max) en nm/epsilon

X/Y			
H/H	185/63 100	205/1 585	255/200
CH_3/H			260/2 000
CH_3/CH_3	195/indéterminé	215/indéterminé	270/indéterminé

III. LES HALOGÉNOALCANES ET LES ORGANOMAGNÉSIENS

Comme l'indiquent les intitulés des fonctions organiques citées (Document VI.7), il y a présence de nouveaux atomes qui, par leur spécificité électronique, vont apporter des modifications dans les grandeurs précédemment notées. En effet il faut savoir que d'une part les atomes d'halogènes, comme le fluor, le chlore, le brome et l'iode et d'autre part l'atome de magnésium sont connus pour leurs électronégativités extrêmes.

L'électronégativité révèle la tendance d'un atome dans une molécule à attirer les électrons. Elle est symbolisée par la lettre X.

Quantitativement l'électronégativité s'évalue selon diverses méthodes, mais la principale est l'échelle de Pauling (1932). Elle se définit à partir de la notion d'énergie de formation des liaisons et de deux valeurs références fixées à 2.20 pour l'atome d'hydrogène et à 3.98 pour l'atome de fluor :

$$AA_{gaz} \rightarrow 2\ A_{gaz}$$

et consistent en une échelle de valeurs allant de 0.8 à 4.5. L'atome de carbone a une électronégativité X approximativement de 2.55, ce qui le situe entre l'atome de fluor (3.98), l'atome d'oxygène (3.44), l'atome de chlore (3.16), l'atome d'azote (3.04), l'atome de brome (2.96), l'atome d'iode (2.66) d'un côté et l'atome d'hydrogène (2.20), l'atome de magnésium (1.31) de l'autre. Ce qui signifie que les premiers ont tendance à déplacer les électrons des liaisons covalentes vers eux et que les seconds à les repousser.

Document VI.7

Un halogénoalcane est un composé organique qui possède (au moins) un atome d'halogène noté X : F pour fluor, Cl pour chlore, Br pour brome et I pour iode. Il a pour formule générale (pour un atome d'halogène) : C_nH_{2n+1}-X. Tous les atomes de carbone ont une structure tétraédrique sp^3 avec des angles proches de 109°.
Un organomagnésien est un composé organique qui possède un atome d'halogène noté X et un atome de magnésium Mg. Il a pour formule générale $C_nH_{2n+1}MgX$. D'ordinaire les atomes de carbone, compte tenu de l'électronégativité des hétéroatomes voisins, portent une charge partielle δ^+ et ont plutôt tendance à devenir des carbocations. Dans un organomagnésien la liaison entre l'atome de carbone et l'atome de magnésium étant fortement polarisée (mais non ionique), l'atome de carbone lié au magnésium devient basique et nucléophile δ^-.

1. En infrarouge

La liaison entre un atome de carbone et un atome d'halogène donne une bande de valence à de très bas nombre d'onde dont le positionnement dépend de la masse molaire atomique de l'atome d'halogène.

Plus l'atome fixé à l'atome de carbone est lourd, plus leur liaison est facile à faire vibrer et donc plus le nombre d'onde est bas (Tableau VI.8).

Il en est de même pour un organomagnésien où la vibration de déformation de la liaison entre l'atome de magnésium et l'atome d'halogène (dans l'ordre F, Cl, Br et I) est de 755, 625, 600 et 590 cm^{-1}.

Chez les dérivés simplement halogénés, plus la chaîne carbonée est substituée, plus le nombre d'onde est haut pour un même atome d'halogène et en cas de cycles, la position axiale donne de plus petit nombre d'onde que la position équatoriale (voir paragraphe V.IV et Document V.7).

Tableau VI.8

	masse molaire atomique $m_F < m_{Cl} < m_{Br} < m_I$ **Nombre d'onde en cm^{-1}**	équatorial 	axial 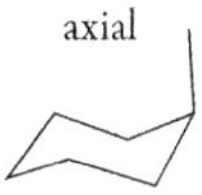
C-F	1 000-1 400 (forte)		
C-Cl	580-780 (forte)	vers 760	vers 650
C-Br	550-750 (forte)	vers 720	vers 620
C-I	465-600 (forte)		

2. en résonance magnétique nucléaire

Le déplacement chimique, dans un premier temps, augmente par rapport à un hydrocarbure et inversement de la masse molaire atomique de l'halogène.

L'explication provient de l'électronégativité croissante qui provoque un déblindage croissant (Tableau VI.9).

Quant au dérivé benzénique halogéné, le déplacement chimique est le plus influencé, par rapport à l'arène de base (δ = 7.30 pour le benzène), dans un sens comme dans l'autre en position 2- ou ortho (Document VI.14), la distance semblant limitée l'influence de l'atome d'halogène.

Tableau VI.9

Déplacement chimique en ppm

	F	Cl	Br	I
CH_3	4.25	3.00	2.65	2.15
CH_2	4.35	3.40	3.35	3.15
CH	-	4.00	4.10	4.20
CH (cycle benzénique)	7.00-7.30	7.15-7.30	7.20-7.45	7.00-7.60
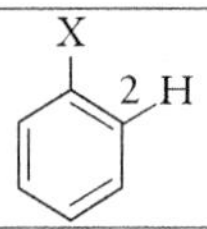	7.00	7.30	7.40	7.60
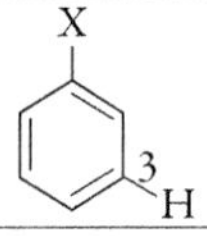	7.30	7.20	7.20	7.00
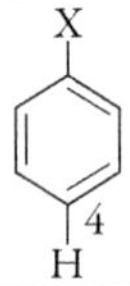	7.10	7.15	7.20	7.25

3. En ultraviolet

Il y a peu de différence entre le spectre ultraviolet du benzène et des dérivés substitués halogénés, sinon un léger effet bathochrome dû à une augmentation de la conjugaison (Tableau VI.10) occasionnée par la présence de doublets non liants sur l'atome d'halogène.

Tableau VI.10

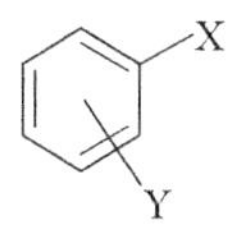

Longueur d'onde (max) en nm/epsilon

X/Y			
H/H	185/63 100	205/1 585	255/200
Cl/H			265/125
Br/H			320/7 940

IV. LES ALCOOLS, LES ÉTHERS-OXYDES, LES PHÉNOLS ET LES THIOLS

Ces quatre fonctions organiques (Document VI.11) ont en commun la présence d'un atome d'oxygène ou de soufre, ceux-ci appartenant à la même colonne du tableau périodique des éléments. Ayant donc des comportements électroniques proches, la différence s'explique par la taille de l'atome d'oxygène plus petite (Document VI.12) et l'électronégativité plus faible de l'atome de soufre (2.58 au lieu de 3.44).

Document VI.11

Un alcool est un composé organique de type C,H,O qui possède un groupement hydroxyle ou –OH, de formule générale : $C_nH_{2n+2}O$ ou C_nH_{2n+1}-OH. À cause d'une différence d'électronégativité, la liaison O–H est polarisée avec un δ^+ sur l'atome d'hydrogène et un δ^- sur l'atome d'oxygène, ce qui fait que l'atome hydrogène polarisé δ^+ est attiré par l'atome d'oxygène polarisé δ^- d'une autre molécule ; c'est la liaison hydrogène.
Un éther-oxyde est un composé organique de type C,H,O qui possède un atome d'oxygène inséré entre deux atomes de carbone, de formule générale : $C_nH_{2n+2}O$. Les éthers-oxydes sont isomères des alcools. L'atome d'oxygène possède deux doublets non-liants, ce qui permet de créer des liaisons de solvatation, comme dans la synthèse d'un organomagnésien. Il n'y a pas de liaison hydrogène.
Un phénol (formule générale : $C_nH_{2n-6}O$ avec $n \geq 6$) est en quelque sorte un arène avec un groupement O–H fixé sur le cycle benzénique. La structure de base est celle du phénol de formule brute : C_6H_6O. Comme pour un alcool, la liaison O–H est polarisée avec un δ^+ sur l 'atome d'hydrogène et un δ^- sur l'atome d'oxygène et il y a existence de liaison hydrogène. Chaque atome de carbone du cycle benzénique est de type sp^2.

Suite du Document VI.11

Un thiol est un composé organique de type C,H,S qui possède un groupement –SH de formule générale : $C_nH_{2n+2}S$ ou C_nH_{2n+1}-SH. La liaison S–H est moins polarisée que la liaison O–H ce qui fait que les liaisons hydrogène sont moins fortes que chez les alcools.

Exemples d'alcool, d'éther-oxyde, de phénol et de thiol pour n = 7

alcool

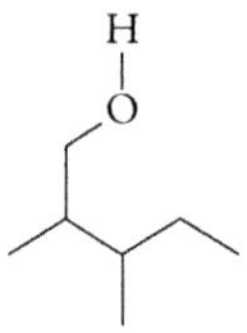

$C_7H_{16}O$

éther-oxyde

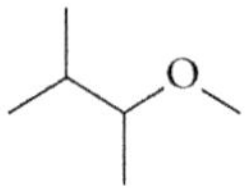

$C_7H_{16}O$

phénol

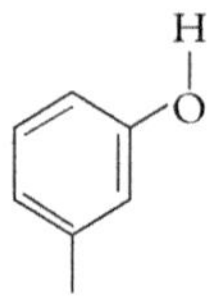

C_7H_8O

thiol

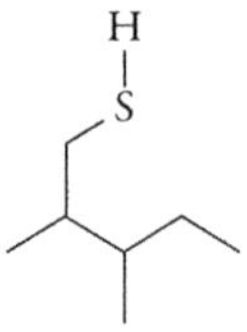

$C_7H_{16}S$

Document VI.12

Rayon covalent / rayon de Van der Waals (en pm)

N Z = 7	O Z = 8	F Z = 9	S Z = 16	Cl Z = 17	Br Z = 35
74/155	66/150	64/135	104/180	99/180	114/190

Il y a le rayon covalent, calculé en divisant par deux la distance interatomique d'atomes voisins identiques, il exprime le rapprochement maximum d'atomes liés. Il y a aussi le rayon de Van der Waals, déterminé lorsque les deux atomes sont simplement collés l'un à l'autre, sans qu'il y ait vraiment une liaison chimique ; il s'agit donc de rapprochement entre atomes non liés. Il apparaît que ce rayon est supérieur au rayon atomique ou covalent, ceci s'explique par une interpénétration des atomes lors de la formation de la liaison chimique.

1. En infrarouge

Pour les alcools et les phénols, la liaison entre l'atome d'oxygène et l'atome d'hydrogène O–H a un double comportement selon qu'elle soit soumise ou pas à une liaison hydrogène. La vibration de valence a lieu respectivement à 3 200-3 600 ou 3 590-3 650 cm^{-1}.

Le fait qu'il y est une liaison hydrogène se rapproche d'une conjugaison, affaiblissant cette liaison et abaissant le nombre d'onde.

La dimérisation par liaisons hydrogène aboutit à une vibration de valence entre 3 400 et 3 600 cm^{-1}. Cette même liaison en vibration de déformation apparaît variablement vers 1 300 cm^{-1}. Pour ce qui est de la liaison C–O, la vibration de valence a pour nombre d'onde 1 000 cm^{-1} pour un alcool et 1 315 cm^{-1} pour un phénol. C'est d'ailleurs cette liaison qui ressort nettement pour un éther à 1 050-1 150 cm^{-1}.

Pour les thiols, la vibration de valence de la liaison S–H est à une valeur inférieure que celle de son homologue O–H puisqu'à 2 550-2 600 cm^{-1}, la taille de l'atome et sa masse plus importantes expliquant cet abaissement.

2. En résonance magnétique nucléaire

Le déplacement chimique augmente par rapport à un hydrocarbure. Ici aussi l'électronégativité croissante de l'atome de soufre à l'atome d'oxygène provoque un déblindage des signaux des groupements CH_3, CH_2 et CH dans les alcools (Tableau VI.13).

Tableau VI.13

Déplacement chimique en ppm

	Alcool	Éther	Thiol	Phénol
CH_3	3.40	3.30	3.20	
CH_2	3.55	3.35	3.40	
CH	3.85	3.80	-	
	OH 0.50-4.00	-	SH 1.00-1.50	OH 4.50-9.00

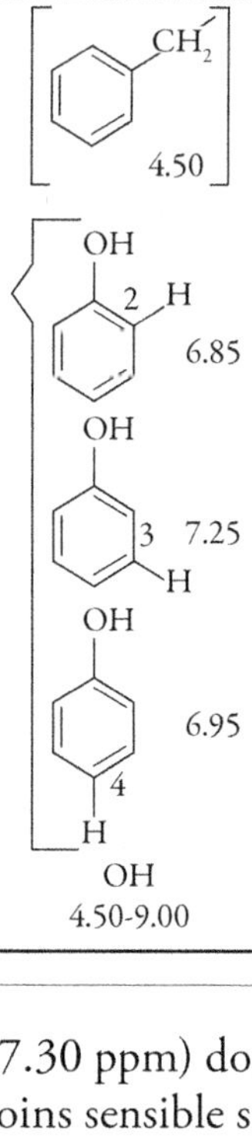

C'est l'inverse pour le phénol par rapport au benzène (δ = 7.30 ppm) dont les atomes d'hydrogène du cycle subissent un blindage, moins sensible sur la position 3- et ceux des positions 2- et 4- plus significatif.

Cette constatation rejoint les conclusions des règles de Holleman quant à l'orientation lors de réaction de substitution électrophile de ces groupements en 2- et 4- (Document VI.14).

Signalons l'influence notable du groupement O–H sur le déplacement du signal du groupement CH_2 entre le toluène C_6H_5-CH_3 (δ = 2.35) et l'alcool benzylique C_6H_5-CH_2-OH (δ = 4.50), ce groupement se retrouvant à 3.20 ppm (δ = 5.35 ppm dans le phénol).

Document VI.14

La réaction de substitution, schématiquement, a pour équation :

$$A\text{-}B + C\text{-}D \rightarrow A\text{-}C + B\text{-}D$$

Elle résulte du remplacement d'un atome ou d'un groupement d'atomes par un atome ou un groupement d'atomes et se rencontre chez les composés aromatiques principalement et les organomagnésiens (nécessitant respectivement une forte densité électronique ou un atome de carbone polarisé δ^-). Chez les premiers, il est nécessaire d'avoir un réactif électrophile A^+ (très souvent un cation) se formant sous l'action d'un catalyseur.
Une deuxième substitution électrophile est possible mais s'avère régiosélective. Le résultat, c'est-à-dire la position du second substituant et l'efficacit*é de cette seconde substitution,* dépend de la nature du premier substituant.

Les substituants comme NO_2, C(=O)-OH, SO_3H, C(=O)-R, CCl_3, N^+H_3... provoquent, mais avec difficulté, une substitution sur l'atome de carbone en 3- ou méta par rapport à l'atome de carbone déjà substitué. Puis les substituants comme R, OH, OR, O^-, NH_2, O-C(=O)-R... provoquent activement une substitution sur l'atome de carbone en 2- ou ortho ou en 4- ou para par rapport à l'atome de carbone déjà substitué. Les substituants comme Cl, Br... provoquent, mais avec gène, une substitution sur l'atome de carbone comme précédemment. Ce sont les règles de Holleman (1910).

3. En ultraviolet

Il y a encore ce même effet bathochrome expliqué par une extension de la conjugaison (Tableau VI.15).

Tableau VI.15

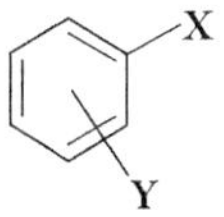

Longueur d'onde (max) en nm/epsilon

X/Y			
H/H	185/63 100	205/1 585	255/200
OH/H		210/indéterminé	270/2 000
OCH_3/H		215/indéterminé	270/17 000

V. LES ALDÉHYDES ET LES CÉTONES

Ces deux fonctions organiques (Document VI.16) ont la particularité de posséder une double liaison carbone=oxygène, atome possédant quatre électrons non liants. Cette dernière, possédant 4 électrons de covalence, a une longueur moyenne de 0.120 nm, plus courte que la simple liaison carbone-oxygène 0.143 nm et que la double liaison carbone=carbone 0.139 nm.

Revenons sur ces 4 électrons de covalence qui, d'une approche très superficielle, se répartissent comme deux qui assurent le lien entre les deux atomes (dits σ ou sigma) de par l'allure des orbitales atomiques dans le sens de la liaison covalente et comme deux (dits Π ou pi) qui consolident la liaison carbone=carbone (en la diminuant) et interviennent éventuellement dans la conjugaison (Document VI.17).

Document VI.16

Un aldéhyde ou une cétone sont des composés organiques de type C,H,O qui possèdent un groupement carbonyle C=O. Ils ont même formule générale : $C_nH_{2n}O$, avec –C(=O)-H pour un aldéhyde et -C–C(=O)-C- pour une cétone. La double liaison atome de carbone=atome d'oxygène est polarisée car l'atome de carbone porte une charge partielle δ^+ (et est donc électrophile et réagit avec des réactifs nucléophiles) et l'atome d'oxygène une charge partielle δ^-.

Exemples d'aldéhyde et cétone pour n = 7

aldéhyde

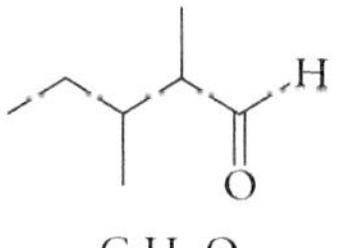

$C_7H_{14}O$

cétone

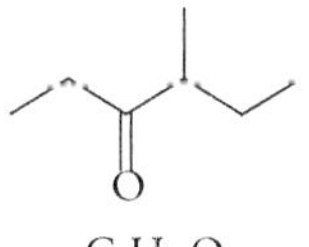

$C_7H_{14}O$

Document VI.17

La liaison covalente chez l'atome de carbone non tétraédrique est due à l'hybridation sp^2 expliquant la formation de liaisons covalentes doubles. Dans ce cas les quatre orbitales du niveau 2 : 2s, $2p_x$, $2p_y$ et $2p_z$ se combinent partiellement. En effet seules les trois premières sont concernées pour donner trois orbitales hybridées sp^2 et l'orbitale $2p_z$ reste intacte mais joue un rôle cependant.

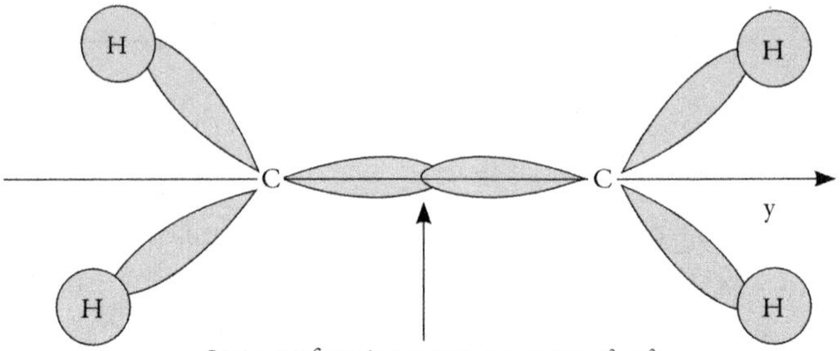

Liaison σ formée par recouvrement sp^2-sp^2

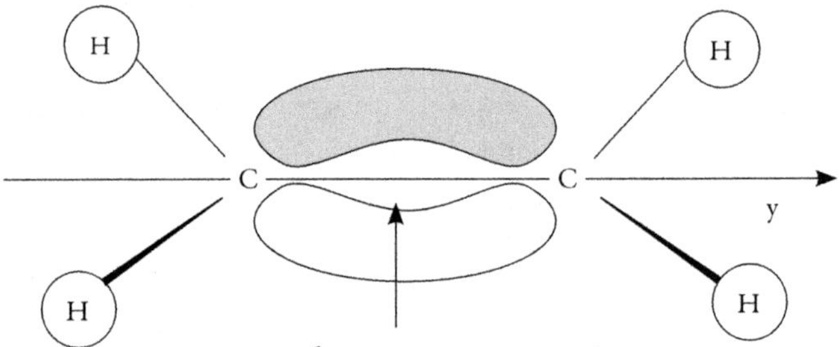

Liaison π formée par recouvrement $2p_z$

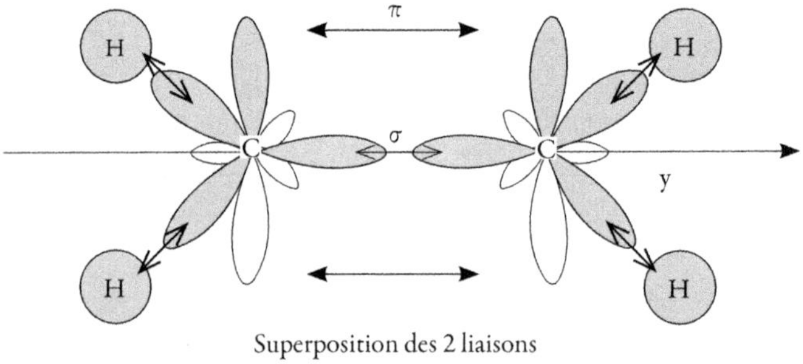

Superposition des 2 liaisons

Avec un autre atome de carbone il y a un double recouvrement : celui frontal de deux orbitales sp^2 pour former une liaison σ et celui latéral (car selon deux axes parallèles) des deux orbitales $2p_z$ pour donner une liaison Π. Il y a création de liaisons covalentes doubles ($\sigma + \Pi$) avec mises en commun de quatre électrons (deux fois deux).

1. En infrarouge

La vibration la plus caractéristique de ces fonctions organiques est celle de la double liaison carbone=oxygène dont le nombre d'onde est aux alentours de 1 700 cm^{-1}. Pourquoi un tel flou ? Il faut savoir que toutes les fonctions organiques possédant cette liaison donnent une telle vibration mais dont la position varie en fonction de la nature de celles-ci (Document VI.18).

Revenons aux aldéhydes et aux cétones. Les premiers présentent une large bande sur le spectre vers 1 720-1 740 cm^{-1} et les secondes vers 1 660-1 780 cm^{-1}. Pour comparaison les nombres d'ondes des liaisons C=C et C-O sont respectivement de 1 640-1 670 et 1 000-1 315 cm^{-1}. La proximité des valeurs dans le premier cas s'explique par les atomes de carbone et d'oxygène ayant sensiblement les mêmes masses molaires atomiques. L'écart dans le second cas se justifie par l'énergie supérieure qu'il faut apporter pour faire vibrer une double liaison (voir paragraphe VI.II.1) par rapport à une simple liaison (Tableau VI.19).

Il faut noter que la différence d'électronégativité se manifeste par un déplacement qui se fait dans le sens d'un abaissement du nombre d'onde pour les liaisons très polarisées (écart notable) ; ici elle se fait plus sentir dans le cas de la liaison simple.

Malgré une proximité des valeurs précédentes qui peuvent gêner quant à la conclusion sur la fonction organique, la distinction se fait vers 2 680-2 900 cm^{-1} où de faibles bandes s'expliquent par la vibration de valence de la liaison carbone-hydrogène propre aux aldéhydes.

Document VI.18

Un aldéhyde ou une cétone sont des composés organiques de type C,H,O qui possèdent un groupement carbonyle : C=O ; formule générale : $C_nH_{2n}O$.
Un acide carboxylique est un composé organique de type C,H,O qui possède un groupement acide : -C(=O)-OH ; formule générale : $C_nH_{2n}O_2$.
Un anhydride est un composé organique de type C,H,O qui possède un groupement : –C(=O)-O-C(=O)- ; formule générale : $C_nH_{2n-2}O_3$.
Un ester est un composé organique de type C,H,O qui possède un groupement : –C(=O)-O- ; formule générale : $C_nH_{2n}O_2$.
Un chlorure d'acide est un composé organique de type C,H,O,Cl qui possède un groupement : –C(=O)-Cl ; formule générale : $C_nH_{2n-1}OCl$.
Un amide est un composé organique de type C,H,N,O qui possède un groupement : –C(=O)-N(-)- ; formule générale : $C_nH_{2n+1}ON$.

Suite du Document VI.18

Exemples de fonctions organiques possédant le groupement C=O pour n = 7

aldéhyde

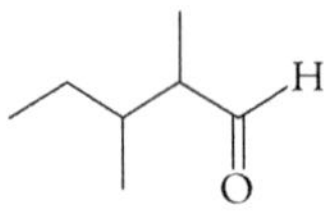

$C_7H_{14}O$

cétone

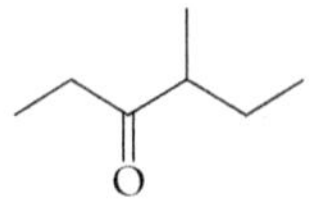

$C_7H_{14}O$

acide carboxylique

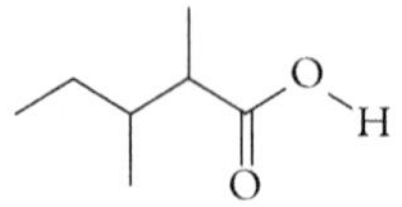

$C_7H_{14}O_2$

anhydride

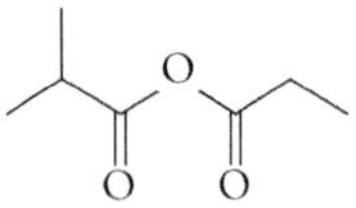

$C_7H_{12}O_3$

ester

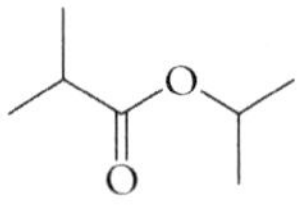

$C_7H_{14}O_2$

chlorure d'acide

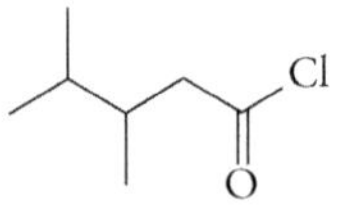

$C_7H_{13}OCl$

amide

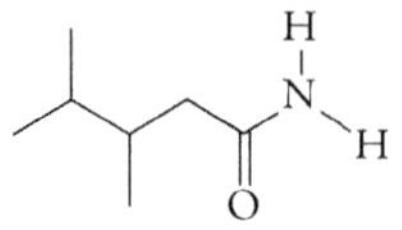

$C_7H_{15}ON$

Tableau VI.19

	masse molaire atomique $m_C < m_O$				
Nombre d'onde en cm^{-1} (valeur moyenne)					Électronégativité
C=C	1650	C-C	1300	↓	carbone = 2.55
C=O	1720	C-O	1125	↓	oxygène = 3.44

2. En résonance magnétique nucléaire

Le déplacement chimique des groupements CH_3, CH_2 et CH augmente ici aussi par rapport à un hydrocarbure mais dans une proportion plus faible que chez les alcools par exemple. L'électronégativité de l'atome d'oxygène exerce son influence mais atténuée par le fait qu'il y est une double liaison. Il n'en est pas de même pour l'atome d'hydrogène de la fonction aldéhyde qui subit un très fort déblindage (Tableau VI.20).

Tableau VI.20

Déplacement chimique en ppm

	Aldéhyde	Cétone
CH_3	2.15	2.10 — 2.60
CH_2	2.20	2.40 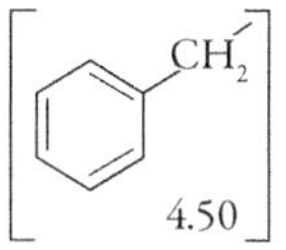 — 3.00
CH	2.40 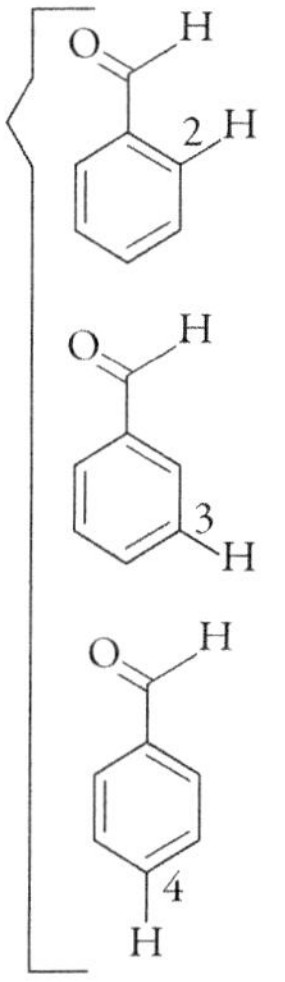	2.50 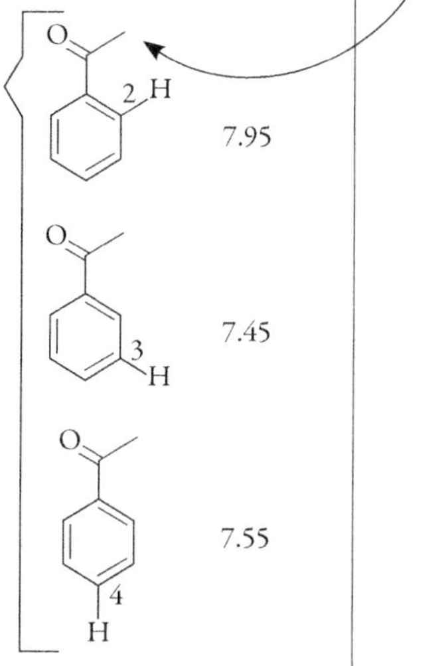
	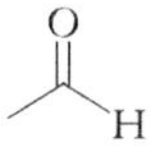 9.60 9.90 dérivé d'arène	

Quant aux dérivés d'arènes possédant ces fonctions organiques, tous les atomes d'hydrogène du cycle subissent un déblindage allant jusqu'à 0.7 ppm par rapport au toluène (δ = 7.00 ppm). Cette constatation complète les conclusions des règles de Holleman signifiant que de tels groupements favorisent (ou plutôt désactivent le moins) la position 3- (Document VI.14) subissant le moins fort déblindage.

3. En ultraviolet

La double liaison carbone=oxygène d'un aldéhyde ou d'une cétone donne une bande d'absorption à 280 nm mais peu visible. Par contre associée à un cycle benzénique (ou même deux) où la conjugaison est accrue, l'effet bathochrome apparaît évident (Tableau VI.21)

Tableau VI.21

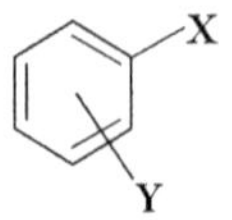

Longueur d'onde (max) en nm/epsilon

X/Y				
H/H	185/63 100	205/1 585	255/200	
C(=O)H/H		250/14 000	280/2 000	aldéhyde
$C(=O)CH_3/H$	190/40 000	235/15 800		cétone
$C(=O)C_6H_5/H$		250/16 000	340/140	cétone

VI. LES AMINES ALIPHATIQUES ET LES AMINES AROMATIQUES

Ces deux fonctions organiques (Document VI.22) ont en commun l'atome d'azote (électronégativité : 3.04 comparativement à celle de l'oxygène : 3.44 et celle du carbone : 2.55). La présence de deux électrons non liants sur celui-ci va jouer un rôle dans la conjugaison comme pour l'atome d'oxygène.

Document VI.22

Une amine aliphatique est un composé organique de type C,H,N, sans cycle aromatique carboné, qui possède un atome d'azote N avec ses trois liaisons covalentes. Elle a pour formule générale : $C_nH_{2n+3}N$. Il y a trois classes d'amines: primaires, secondaires et tertiaires caractérisées par le nombre d'atome(s) d'hydrogène porté(s) par l'atome d'azote, respectivement deux, un et aucun. Les amines, comme les alcools, ont des liaisons hydrogène dans la mesure où les liaisons entre atome d'azote et atome d'hydrogène sont polarisées avec un δ^- sur l'atome d'azote d'une molécule et un δ^+ sur chaque atome d'hydrogène d'une autre molécule.
Une amine aromatique est un composé organique de type C,H,N qui possède un groupement où l'atome d'azote porte deux atomes d'hydrogène (amine primaire) ou un seul atome d'hydrogène (amine secondaire) ou aucun (amine tertiaire). De plus il y a au moins un cycle benzénique seul ou des cycles benzéniques condensés. La structure de base est celle de l'aniline de formule brute : C_6H_7N ou C_6H_5-NH_2 (la liaison N–H est polarisée pour les amines aromatiques primaires et secondaires et il y a donc existence de liaison hydrogène). Il faut savoir qu'au niveau de la substitution électrophile sur le cycle benzénique, la forme basique possédant le groupement $-NH_2$ l'active en 2- et en 4- alors que la forme acide ayant le groupement NH_3^+ la désactive en 3-.

Quant à la liaison entre un atome de carbone et un atome d'azote, sa longueur évolue en sens inverse et de sa multiplicité et comparativement aux autres atomes de leur électronégativité (Tableau VI.23).

Autrement dit, une liaison triple C≡N est plus courte qu'une liaison double C=N et plus l'hétéroatome est électronégatif plus la liaison est courte.

Tableau VI.23

Longueur de liaison en nm

C–C	0.154	C–O	0.143	C–N	0.147
C=C	0.139	C=O	0.120	C=N	0.137
C≡C	0.120	O–H	0.103	C≡N	0.116
C–H	0.109			N–H	0.104

1. En infrarouge

Pour une amine aliphatique primaire ou secondaire, la position de la bande de la liaison N-H dépend en fait de la concentration de la solution utilisée. En cas de solution diluée, elle se situe respectivement vers 3 330-3 400 et vers 3 300-3 360 cm^{-1} et en cas de produit pur, ces valeurs sont abaissées légèrement à cause de liaisons hydrogène existantes. À l'inverse les amines aromatiques connaissent un déplacement vers 3 380-3 500 cm^{-1}, expliqué par la conjugaison qui rend cette liaison entre simple et double.

Cette même liaison chez les amines aliphatiques primaires donne une vibration de déformation vers 1 590-1 650 cm^{-1}.

Autre liaison importante : la liaison carbone-azote, la vibration de valence de cette dernière apparaît vers 1 020-1 200 cm^{-1} pour une amine aliphatique et vers 1 250-1 350 cm^{-1} pour une amine aromatique.

2. En résonance magnétique nucléaire

Le déplacement chimique des groupements CH_3, CH_2 et CH subit un déblindage par rapport à un hydrocarbure (encore plus fort chez les amines aromatiques) mais dans une moindre mesure que celui observé chez les alcools car l'électronégativité de l'atome d'azote est inférieure. Toutefois il est supérieur à celui des aldéhydes et cétones ce qui confirme bien l'atténuation engendrée par une double liaison (voir paragraphe VI.V.2 et Tableau VI.24).

Tableau VI.24

Déplacement chimique en ppm

	Amine aliphatique	Amine aromatique
CH_3	2.10	2.90
CH_2	2.50-2.70	3.10-3.60
CH	2.90-3.10 - NH_2 ou NH 0.50-3.00	? 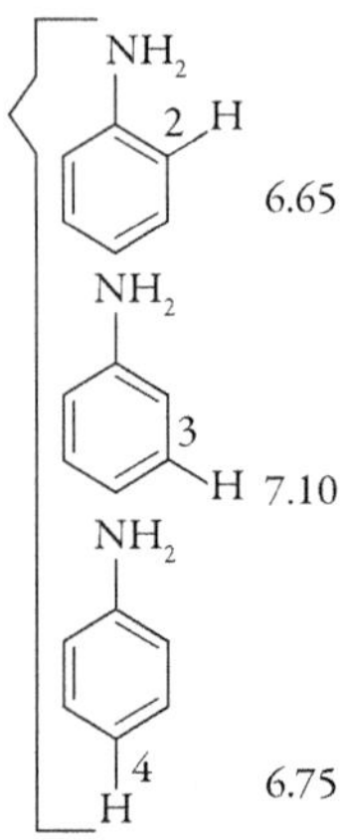 NH_2 ou NH 3.50-6.00

Les amines aromatiques rejoignent le phénol et ses dérivés en ce qui concerne un blindage moins sensible sur la position 3- et ceux des positions 2- et 4- plus significatifs et ont le même comportement face à une réaction de substitution électrophile (Document VI.14), mais attention ceci n'est valable qu'en milieu de pH supérieur au pK_a où l'espèce basique du couple acide/base est prédominante (exemple pH > 4.9 pour l'aniline du couple $C_6H_5NH_3^+$ / $C_6H_5NH_2$).

3. En ultraviolet

Aucune bande n'apparaît pour une amine aliphatique dans les 200-800 nm. Cependant pour une amine aromatique deux bandes se distinguent vers les valeurs 230 (ε = 10000) et 340 nm (ε = 2000) (effet bathochrome dû à la conjugaison).

VII. LES ACIDES CARBOXYLIQUES ET LES DÉRIVÉS

Les acides carboxyliques et les dérivés regroupent six fonctions organiques : les acides carboxyliques, les esters, les anhydrides, les chlorures d'acides, les amides et les nitriles (Documents VI.18 et VI.25) au point de vue synthèse organique car les cinq dernières sont souvent obtenues à partir de la première.

Leur principale particularité au niveau structurelle est qu'elles intègrent plusieurs aspects cumulés avec toutes les incidences en découlant :
- que ce soit la présence de deux atomes d'oxygène et d'une double liaison C=O pour les deux premières avec en plus une liaison simple O–H pour l'une d'entre elles;
- que ce soit la présence de trois atomes d'oxygène et deux doubles liaisons C=O pour la troisième;
- que ce soit la présence d'un atome d'oxygène et d'un atome de chlore et d'une double liaison C=O pour la quatrième;
- que ce soit la présence d'un atome d'oxygène et d'un atome d'azote et d'une double liaison C=O pour la cinquième;
- que ce soit la présence d'un atome d'azote et d'une triple liaison C≡N pour la sixième.

Document VI.25

Un acide carboxylique est un composé organique qui possède un groupement acide : -C(=O)-OH. Les deux groupes carbonyle –C(=O)- et hydroxyle –OH ne sont pas indépendants ; l'hydrogène du groupement hydroxyle est labile d'où le caractère acide. La liaison O–H est polarisée avec un δ^+ sur l'atome d'hydrogène et un δ^- sur l'atome d'oxygène, ce qui fait que l'atome hydrogène polarisé δ^+ est attiré par l'atome d'oxygène polarisé δ^- d'une autre molécule, il y aura donc de fortes liaisons hydrogène, avec dimérisation pour certains acides carboxyliques.
Particularité d'un amide : pour les mêmes raisons que pour les alcools et les amines, les amides ont des liaisons hydrogène dans la mesure où les liaisons entre atome d'azote et atome d'hydrogène sont polarisées avec un δ^- sur l'atome d'azote et un δ^+ sur chaque atome d'hydrogène. Ici un atome d'hydrogène polarisé du groupement NH_2 est attiré par l'atome d'oxygène de la liaison C=O de la même molécule, c'est une liaison hydrogène intramoléculaire.

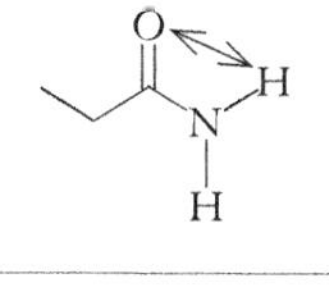

1. En infrarouge

Le Tableau VI.26 regroupe les nombres d'onde de ces six fonctions. Une remarque générale est que la présence d'une conjugaison due à la proximité de cycles benzéniques abaisse le nombre d'onde de 20 à 30 cm^{-1} pour les vibrations de valence. Le même constat se fait lors de la présence de liaison hydrogène intermoléculaire chez un acide carboxylique ou intramoléculaire chez un amide mais d'un ordre de grandeur de 170 cm^{-1}; la conséquence est l'affaiblissement de la double liaison C=O d'où un abaissement de son nombre d'onde comparativement à ceux des autres fonctions.

Tableau VI.26

Nombre d'onde en cm^{-1}

	Acide carboxylique	Ester	Anhydride	Chlorure d'acide	Amide	Nitrile
C=O	1700-1725(F)	1735-1750(F)	1800-1850(F) 1750-1800(F)	1770-1820(F)	1630-1700(F)	
O-H valence	2500-3300(m) lié 3500-3600(f) non lié					
O-H déformation	1400-1450(m) 900-950(m)					
C-O valence	1200-1300(F)	1100-1300(F)	1050-1170(F)			
N-H valence					3400-3520(m) non lié 3070-3350(m) lié	
N-H déformation					1510-1650(F)	
C≡N valence						2200-2260(F)

2. En résonance magnétique nucléaire

Le déplacement chimique des groupements CH_3, CH_2 et CH subit un déblindage (Tableau VI.27) par rapport à un hydrocarbure au voisinage des atomes d'azote ou d'oxygène, mais surtout de ce dernier caractérisé par une électronégativité renforcée.

Les dérivés possédant un cycle benzénique montrent le même type de spectre que ceux rencontrés avec les aldéhydes et cétones du même type, les atomes d'hydrogène fixés sur ce cycle subissent un fort déblindage (benzène : δ = 7.30 ppm) quelque soit leur position. Cela prouve un comportement identique lors d'une réaction de substitution électrophile (position 3- moins déblindée privilégiée).

Tableau VI.27

Déplacement chimique en ppm

	Acide carboxylique	Ester	Anhydride	Chlorure d'acide	Amide	Nitrile
N-H		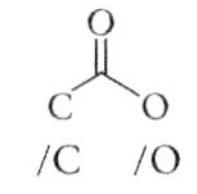			5.00-8.50 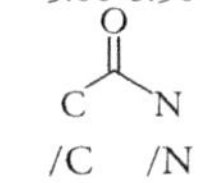	
O-H	10.00-13.00					
CH_3	2.05	2.00 3.65	2.20	2.65	2.00 3.90	2.00
CH_2	2.35	2.30 4.15	2.40	2.90	2.30 3.30	2.50
CH	2.55 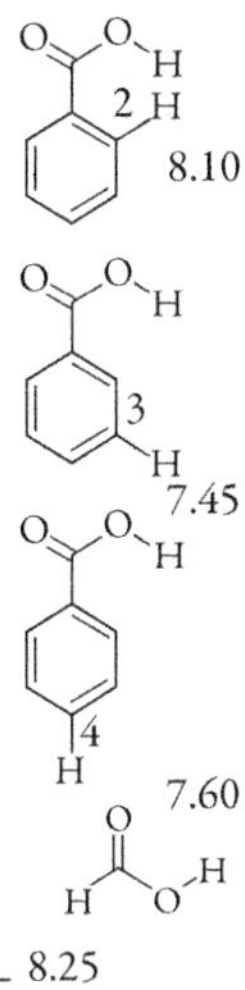 8.10 (2) ; 7.45 (3) ; 7.60 (4) ; 8.25	2.55 5.10 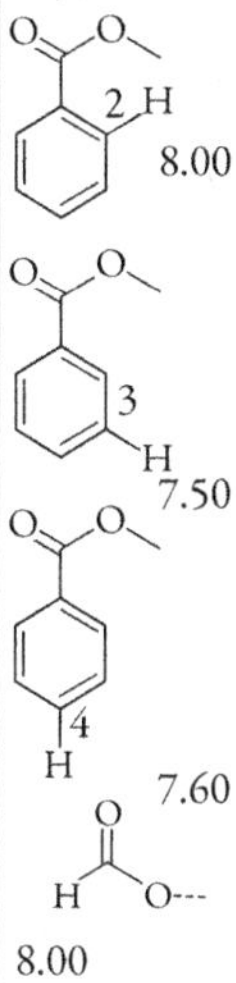 8.00 (2) ; 7.50 (3) ; 7.60 (4) ; 8.00	2.65 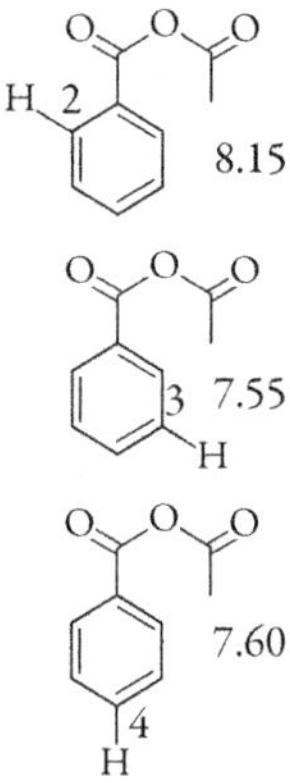 8.15 (2) ; 7.55 (3) ; 7.60 (4) ; -	3.00 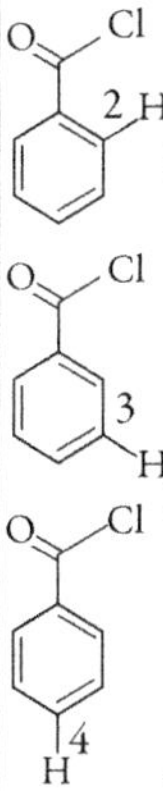 8.10 (2) ; 7.50 (3) ; 7.70 (4) ; -	2.40 3.50 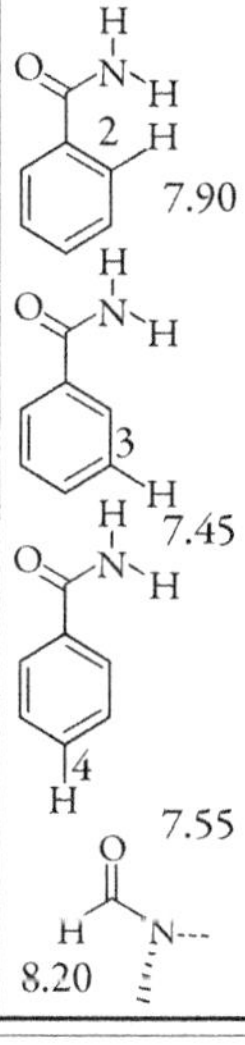 7.90 (2) ; 7.45 (3) ; 7.55 (4) ; 8.20	2.70 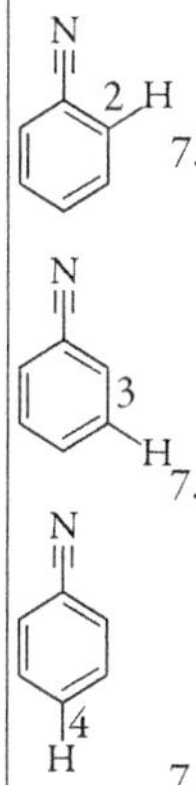 7.60 (2) ; 7.45 (3) ; 7.55 (4) ; -

Quant aux atomes d'hydrogène célibataires, l'influence de l'électronégativité de l'atome proche d'oxygène et/ou d'azote de fait à des niveaux variés. Ce peut être l'influence directe entre atomes voisins où l'écart est du simple (pour l'azote, le moins électronégatif) au double (pour l'oxygène). Ce peut être aussi le cumul de la présence d'une liaison carbonyle C=O et d'un des deux atomes précédents en β (l'électronégativité se fait moins présente) où le déplacement chimique résultant de l'ordre de 8.20 ppm se rapproche de celui noté chez les aldéhydes (9.60 ppm).

3. En ultraviolet

Chez les dérivés benzéniques (benzène : 185, 205 et 255 nm avec ε = 63 100, 1 585 et 200), les bandes d'absorption observées (220-275 nm avec ε = 10 000-795 pour un acide carboxylique, 275-285 nm pour un ester, 280 nm avec ε = 710 pour un amide, 225-270 nm avec ε = 320 pour un nitrile) se situent dans l'ultraviolet malgré une conjugaison associant le cycle benzénique et la liaison nitrile ou la liaison carbonyle C=O créant un effet bathochrome. En réalité celui-ci se concrétise par un écart avec les valeurs observées de cette dernière liaison (190 et 280 nm) de l'ordre de 20 à 30 nm surtout pour la première bande.

VIII. LES HÉTÉROCYCLES

Les hétérocycles (Document VI.28), porteurs d'hétéroatomes comme l'azote, l'oxygène et le soufre, se classent en deux catégories : saturés où va s'exercer uniquement l'influence de l'hétéroatome et insaturés où celle-ci va se combiner avec la présence de doubles liaisons. Il va donc être possible d'évaluer les interactions entre électronégativité et conjugaison. Et comme conséquence l'existence de liaison hydrogène ou pas !

Document VI.28

Un hétérocycle est un composé organique comportant un ou plusieurs cycle(s) carboné(s) contenant un ou plusieurs atome(s) différent(s) du carbone. Ce peut être l'azote, l'oxygène ou le soufre. Certains sont saturés, d'autres non.

Parmi les principaux hétérocycles azotés, citons parmi les composés insaturés le pyrrole C_4H_5N et la quinoléine C_9H_7N et parmi les composés saturés la pyrrolidine C_4H_9N et la pipéridine $C_5H_{11}N$. Parmi les principaux hétérocycles oxygénés, citons parmi les composés insaturés le furane C_4H_4O et le pyrane C_5H_6O et parmi les composés saturés le tétrahydrofurane (ou THF) C_4H_8O et le dioxane $C_4H_8O_2$. Parmi les principaux hétérocycles soufrés, le plus connu est le thiophène C_4H_4S. Il existe aussi des hétérocycles mixtes, le plus connu est le thiazole C_3H_3NS.

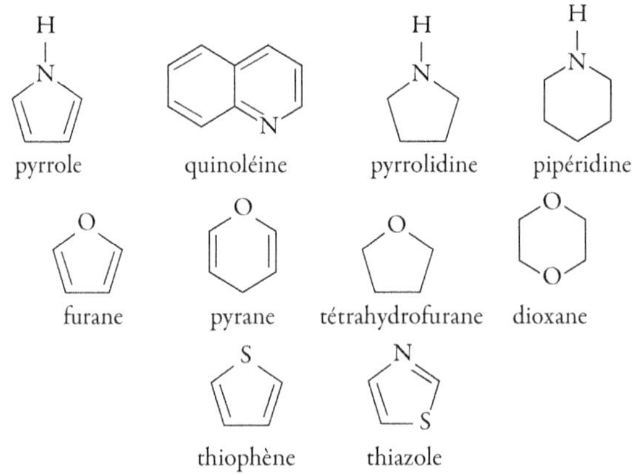

1. En infrarouge

Une première remarque (Tableau VI.29) est la décroissance du nombre d'onde de la simple liaison entre un atome de carbone avec un hétéroatome selon la croissance de sa masse molaire atomique (voir paragraphe VI.III.1 : atomes de soufre, d'oxygène et d'azote respectivement de 32, 16 et 14 $g.mol^{-1}$).

Une deuxième remarque concerne la liaison N–H qui connaît un écart de 500 cm^{-1} entre le pyrrole et la pyrrolidine où la seule différence est l'existence d'une conjugaison dans le premier qui rend les deux doublets non liants de l'atome d'azote moins disponibles dans la création de liaisons hydrogène.

Tableau VI.29

Nombre d'onde en cm^{-1}

	C-N valence	C-O valence	C-S valence	C=N valence	N-H valence	C=C valence
pyrrole	1400(m)				3500(m)	1600(m)
quinoléine	1200(m)			1650(m)		1500(m)
pyrrolidine	1200(f)				2950(m)	
pipéridine	1200(f)				2950(F)	
furane		1100(F)				1400(m)
pyrane		1100(F)				1500(m)
tétrahydrofurane		1100(F)				
dioxane		1100(F)				
thiophène	1300(m)		850(F)			1550(m)
thiazole	1350(f)		800(F)	1600(f)		1500(m)

2. En résonance magnétique nucléaire

Les groupements CH et CH_2 en α d'un hétéroatome connaissent un fort déblindage comparativement à des groupements identiques plus éloignés ; l'écart allant de 0.25 à 1.90 ppm évolue dans le même sens que l'électronégativité de l'atome voisin (0.25 pour l'atome de soufre, 1.25 pour l'azote et 1.90 pour l'oxygène). Par contre la conjugaison a tendance à minimiser cette différence (1.35 pour le furane contre 1.90 pour le tétrahydrofurane).

La conjugaison provoque également un très fort déblindage des groupements CH par rapport à leurs valeurs habituelles chez les amines, les alcools ou les thiols ; les déplacements chimiques observés quoique supérieurs, se rapprochent plus de ceux du même groupement dans le cycle benzénique (Tableau VI.30).

Tableau VI.30
Déplacement chimique en ppm

	NH	CH	CH_2
pyrrole	8.00	6.75/N 6.25	
quinoléine		8.90/N 7.40-8.90	
pipéridine	2.20		2.80/N 1.55
furane		7.75/O 6.40	
tétrahydrofurane			3.75/O 1.85
dioxane			3.75
thiophène		7.35/S 7.10	
thiazole		8.25/S 8.40/N 10.00/N-S	

3. En ultraviolet

Les hétérocycles à faible conjugaison ont, comme la pyrrolidine, la pipéridine le tétrahydrofurane et le dioxane, ont une absorption inférieure ou proche de 200 nm (Tableau VI.31).

Tableau VI.31
Longueur d'onde (max) en nm/epsilon

benzène	185/63 100	205/1 585	255/200
pyrrole	290/1 120	300/1 100	
quinoléine	230/50 110	290/3 980	315/6 310
pyrrolidine	175/2 000	195/1 780	230/250
pipéridine	200/3 350		
furane	210/7 940	225/2 510	
tétrahydrofurane	170/2 820	190/710	
dioxane	180/3 980		
thiazole	220/2 510	235/3 550	

À l'opposé, le furane, le pyrrole, le thiazole et la quinoléine révèlent un fort effet bathochrome décevant pour les deux premiers et significatifs pour les deux derniers. La quinoléine, par ses deux cycles condensés, offre la conjugaison la plus étendue et son spectre UV en est le reflet. Le plus étonnant est la différence de valeurs entre le pyrrole et le furane avec un écart de 80 nm. L'atome d'azote par une électronégativité plus faible que celle de l'atome d'oxygène assure une plus grande délocalisation des six électrons de l'aromaticité (règle de Hückel : Document VI.32) alors que l'atome d'oxygène a tendance à les *localiser* vers lui-même même s'ils présentent une certaine délocalisation.

Document VI.32

Cette délocalisation créant le phénomène de conjugaison confère au benzène une grande stabilité. En effet le benzène est plus stable qu'un alcène au niveau réactionnel et il y sera plus facile de remplacer un atome d'hydrogène (ou plusieurs) que de modifier le cycle hexagonal, la réaction de substitution étant plus aisée que la réaction d'addition. En y regardant de plus près, chaque atome de carbone est de type sp^2, et il lui reste une orbitale 2p qui va créer, associée aux cinq autres, un nuage électronique au-dessus et au-dessous du plan du cycle où pourront « circuler » les six électrons délocalisés. Le benzène est un composé aromatique car ses six électrons délocalisés obéissent à la règle de Hückel :

Celle-ci considère un composé organique comme aromatique s'il est d'une part cyclique et d'autre part s'il possède 4p + 2 électrons délocalisés ($p \geq 1$).

IX. APPLICATION AU FIL ROUGE A (Ve PARTIE)

Rappel de la synthèse :
C'est l'obtention du 2-méthylbut-2-ène (de formule brute C_5H_{10})
Équation supposée de la synthèse :

$$C_5H_{12}O \rightarrow C_5H_{10} + H_2O.$$

Le bilan de la synthèse est :
- Un composé liquide incolore.

Les premiers renseignements sont les suivants :
- La température d'ébullition, mesurée lors de la rectification, est de 36 °C.
- L'indice de réfraction, mesurée avec le réfractomètre, est de 1.3854 à 18 °C, ce qui donne 1.3845 à 20 °C.
- La masse molaire, relevée sur un spectre de masse, est de 70 $g.mol^{-1}$…
- Les valeurs de référence sont respectivement de 38,6 °C, 1.3 874 et 70 $g.mol^{-1}$…

Conclusion : la formule brute est C_5H_{10}. Le spectre de masse confirme la masse molaire de 70 $g.mol^{-1}$. Le spectre infrarouge révèle principalement la présence de liaisons carbone-hydrogène et de liaisons C-C et C=C. Le spectre RMN atteste de la présence de trois groupements identiques de type méthyle CH_3 et d'un groupement de type CH. Associées à la diffraction X, ces données confirment bien la structure associée au 2-méthylbut-2-ène :

$$(CH_3)_2C{=}CH\text{-}(CH_3)$$

À signaler uniquement dans le spectre RMN (voir paragraphe V.VII.1), l'aspect compact du signal associé aux trois groupements CH_3 et la valeur de la constante de couplage ^3J de 6.2 hertz (prévue entre 5.0 et 10.0 Hz) entre le groupement CH_3 et l'atome d'hydrogène, tous deux fixés au même atome de carbone de la double liaison. Cette grandeur est déterminée à partir uniquement du quadruplet (observé à 5.20 ppm attribué au groupement CH) résultant du couplage de l'atome d'hydrogène seul avec le groupement CH_3 le plus près.

X. EXERCICES

1. Exercice

Le spectre infrarouge du butanol donne dans la région 4 000-3 000 cm^{-1} des spectres différents selon la nature de l'échantillon testé. À savoir à l'état pur (liquide) une bande forte à 3 350 cm^{-1}, en solution dans le tétrachlorure de carbone CCl_4 à 0.5 % à 3 650 cm^{-1} (moyenne) ou à 10 % à 3 350 (forte) et 3 650 cm^{-1} (moyenne). Qu'est-ce qui justifie un tel écart de nombre d'onde?

1.1 Réponse

Cela correspond à la vibration de valence de la liaison O-H du butanol dont CH_3-$(CH_2)_3$-OH est la formule semi-développée. Cependant à l'état liquide les molécules sont proches les unes des autres et sont le siège de fortes liaisons hydrogène. À l'opposé en solution à 0.5 % c'est la répartition inverse où les molécules sont moins nombreuses et plus éloignées entre elles. Dans le premier cas il s'agit donc d'une vibration O-H lié (zone de 3 200 à 3 600 cm^{-1}) et dans le second cas d'une vibration O-H non lié (zone de 3 590 à 3 650 cm^{-1}). Ce plus grand nombre d'onde s'explique par une liaison d'ordre 1 (liaison simple) alors que dans le cas de liaison hydrogène il y a affaiblissement de cette liaison (d'ordre inférieur à 1).

2. Exercice

Le spectre RMN du butanol de formule brute C_4H_8O montre cinq signaux d'allures variées (Tableau VI.33).

Tableau VI.33

Déplacement chimique en ppm

0.95	1.40	1.55	2.25	3.65
triplet	complexe	complexe	singulet	triplet
77.05 83.55 90.05				318.80 325.15 331.50

Déplacement chimique en hertz

Interpréter le plus complètement possible ce spectre.

2.1 Réponse

Le Tableau VI.34 donne une interprétation du spectre qui fait ressortir un déblindage du groupement CH_2 en α du groupement OH qui s'atténue en se déplaçant dans la chaîne carbonée.

Tableau VI.34

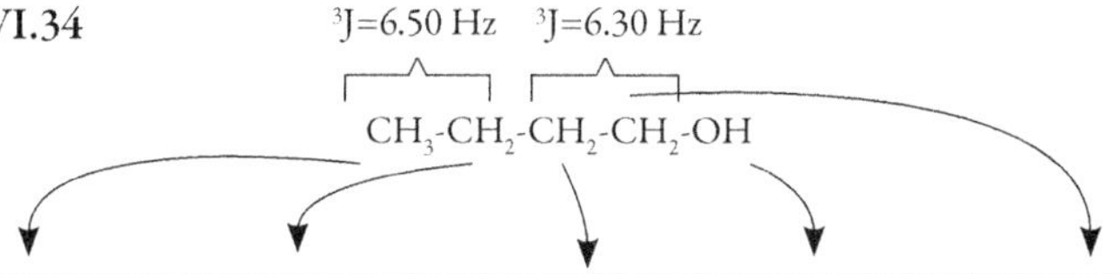

0.95	1.40	1.55	2.25	3.65
Déplacement chimique en ppm				
triplet	complexe	complexe	singulet	triplet
CH_3	CH_2	CH_2	OH	CH_2

Il apparaît aussi un couplage ^3J visible sur les groupements extrêmes CH_3 et CH_2 en α proche de 6 hertz.

3. Exercice

Les spectres infrarouges de l'éthanoate de butyle et du benzoate de butyle donnent dans la région 2 000-1 500 cm^{-1} respectivement une bande à 1 765 cm^{-1} (forte) et 1 740 cm^{-1} (forte). Qu'est-ce qui justifie un tel écart de nombre d'onde ?

3.1 Réponse

Cela correspond à la vibration de valence de la liaison C=O de l'ester (Figure VI.35). L'écart de 25 cm^{-1} relevé est dû à la conjugaison rencontrée dans le benzoate de butyle, qui diminue l'ordre de la double liaison C=O.

En conséquence une énergie moindre est nécessaire et une atténuation du nombre d'onde s'observe.

Figure VI.35

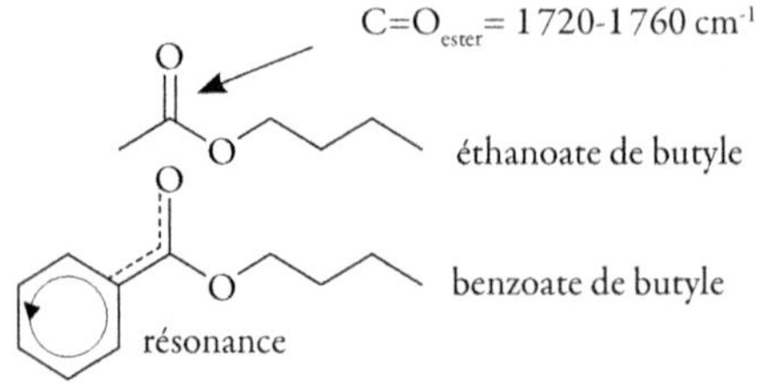

4. Exercice

Les spectres UV du benzène, du nitrobenzène, de l'acide benzoïque et des trois dérivés nitrés de cette dernière sont donnés dans le Document VI.36. Comment expliquer les différences de valeurs relevées ?

Document VI.36

Longueur d'onde (max) en nm/epsilon

benzène
185-205-255/63 100-1 585-200

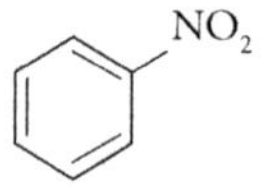

nitrobenzène
265-350/7 080-140

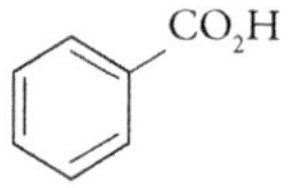

acide benzoïque
220-275/10 000-795

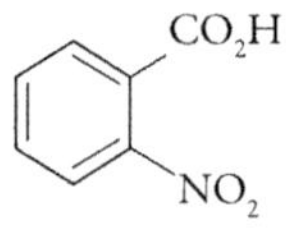

acide 2-nitrobenzoïque
240-280-340/6 310-1 410-315

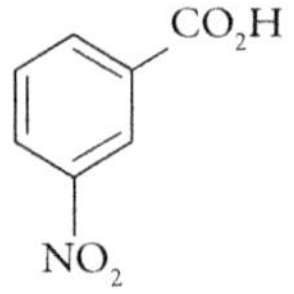

acide 3-nitrobenzoïque
260-350/3 010-100

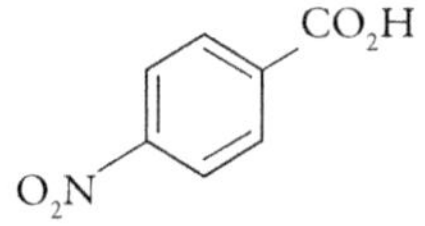

acide 4-nitrobenzoïque
260-360/12 600-125

4.1 Réponse

C'est la conjugaison qui justifie cet effet bathochrome, c'est-à-dire un déplacement de la longueur d'onde vers de plus grandes valeurs (Figure VI.37). Ici il est plus marqué avec le groupement nitro NO_2 (ayant une conjugaison accrue par un plus grand nombre d'électrons non liants : 10 au lieu de 8) que le groupement acide carboxylique CO_2H. L'association des deux confirme cette prédominance.

Figure VI.37

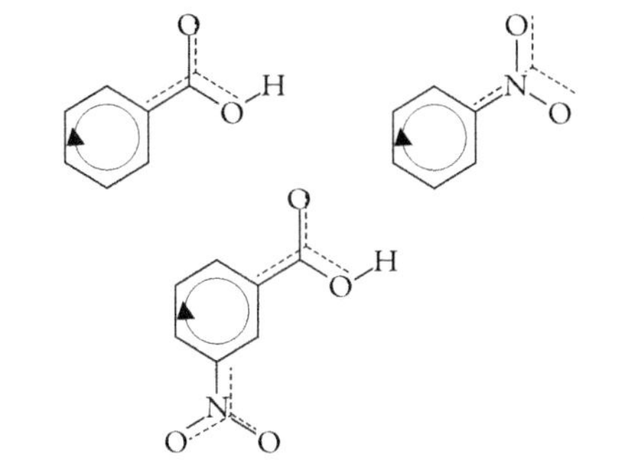

5. Exercice

Les spectres RMN du benzène, du toluène, du benzaldéhyde et de leurs trois dérivés disubstitués (2-méthylbenzaldéhyde, 3-méthylbenzaldéhyde et 4-méthylbenzaldéhyde) sont donnés dans le Document VI.38. Des variations de déplacements chimiques allant jusqu'à 0.5 ppm sont significatives au niveau des atomes d'hydrogène sur les cycles benzéniques. Interpréter cette constatation. Conclure quant à la réactivité du toluène et du benzaldéhyde.

Document VI.38

Déplacement chimique en ppm (H en 2-/3-/4-)

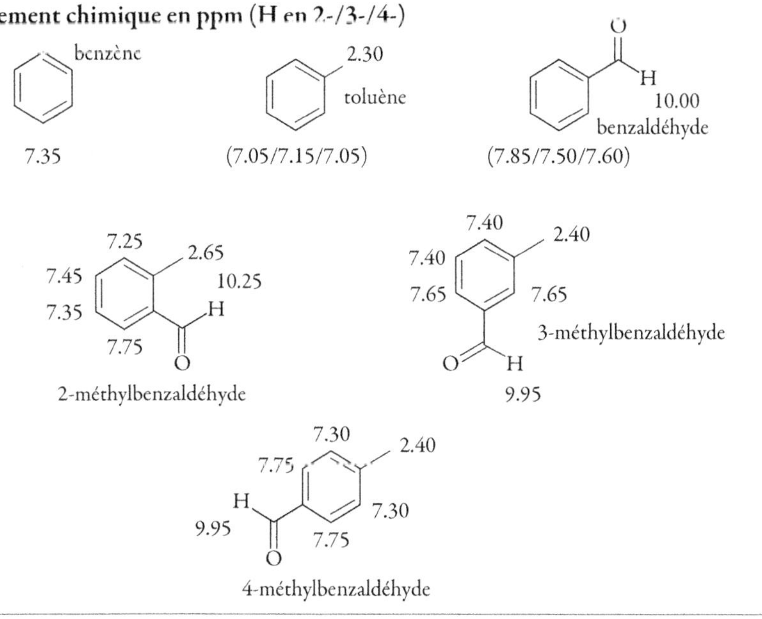

5.1 Réponse

Le groupement CH_3 présent dans le toluène ou les trois dérivés substitués provoque un blindage (c'est-à-dire un déplacement chimique atténué) des signaux (sauf, mais d'une manière raisonnable, dans le 3-méthylbenzaldéhyde) alors que le groupement aldéhyde C(=O)-H un déblindage. Cela s'explique par la conjugaison limitée au cycle benzénique dans le toluène, dans la mesure où le groupement CH_3 n'a que peu d'effets électroniques inductif (+I) ou mésomère (+M) électrodonneurs (Document VI.39). La conjugaison s'en voit limitée. À l'opposé le groupement aldéhyde est de type -I et -M donc électroattracteurs et la conjugaison est étendue au groupement C(=O)-H. La conjugaison favorise un déblindage (voir paragraphe VI.II.2).

Quant à la réactivité, un blindage justifie une réactivité en 2- et 4- ou en 3-. Ce qui revient à dire que le 3-méthylbenzaldéhyde s'obtient à partir du benzaldéhyde (δ = 7.50 ppm en 3-) et que les 2- et 4- méthylbenzaldéhyde à partir du toluène (δ = 7.05 en 2- et 7.05 ppm en 4-).

Document VI.39

L'effet inductif (Lewis–Ingold) consiste en un déplacement des électrons σ de la liaison covalente en tenant compte de l'électronégativité des atomes ou groupements d'atomes voisins. Il y a les effets inductifs donneur et attracteur : dans le premier cas, celui des électrodonneurs (effet +I) comme les atomes métalliques tel(s) le magnésium ou les groupements alkyls (CH_3), dans le second cas, celui des électroattracteurs (effet -I) comme les atomes d'halogènes, l'atome d'oxygène ou le groupement aldéhyde.
L'effet mésomère (Ingold, 1938) consiste en un déplacement des électrons π dans les molécules à liaison(s) double(s) ou triple(s) ou des électrons appartenant à des doublets non liants sur des hétéroatomes. De même il y a les effets mésomères donneur et attracteur : dans le premier cas, celui des électrodonneurs (effet +M) comme les atomes d'halogènes ou les groupements ayant des hétéroatomes à doublets non liants tels les groupements amino NH_2 ou hydroxyle OH, dans le second cas, celui des électroattracteurs (effet -M) comme les groupements (par l'intermédiaire de l'atome de carbone, qui a un comportement de carbocation) ayant des liaisons multiples tel le groupement aldéhyde…

6. Exercice

Les spectres RMN du proton ^1H et aussi du ^{13}C (voir paragraphe V.IV et Document VI.40) du propanoate d'éthyle sont donnés dans le Document VI.41. Interpréter le plus complètement possible ce spectre.

Document VI.40

La résonance magnétique nucléaire du carbone ^{13}C

Le principe est le même que pour la résonance magnétique du noyau d'atome d'hydrogène ^{1}H. Si ce n'est qu'il faut un champ magnétique de 7.0 Tesla et un rayonnement électromagnétique de 75.43 mégahertz pour le noyau d'atome de carbone ^{13}C (alors 1 ppm = 75 Hz).

Table des déplacements des principaux groupements en ppm

Groupement : Fonction / Déplacement

C=O : aldéhyde, cétone / 185-230
C=O : acide carboxylique, ester, amide / 160-185

C≡N : nitrile / 115-125
C=N : hétérocycle / 145-155

C=C : alcène / 105-145
C=C : arène / 115-135
C=C : hétérocycle / 115-140
C≡C : alcyne / 75-95
C-C : alcane / 30-50

CH-C: 30-60
CH_2-C: 20-45
CH_3-C: 5-30

C-O : ester, éther, alcool / 75-85
CH-O: 65-80
CH_2-O: 40-70
CH_3-O: 50-60
C-N : amine / 60-75
CH-N: 55-70
CH_2-N: 45-60
CH_3-N: 10-40
C-S : thiol / 50-70
CH-S: 55-65
CH_2-S: 25-45
CH_3-S: 10-20

C-X : halogénoalcane / 35-80
CH-X: 35-65
CH_2-X: 0-40
CH_3-X: 0-30

Document VI.41

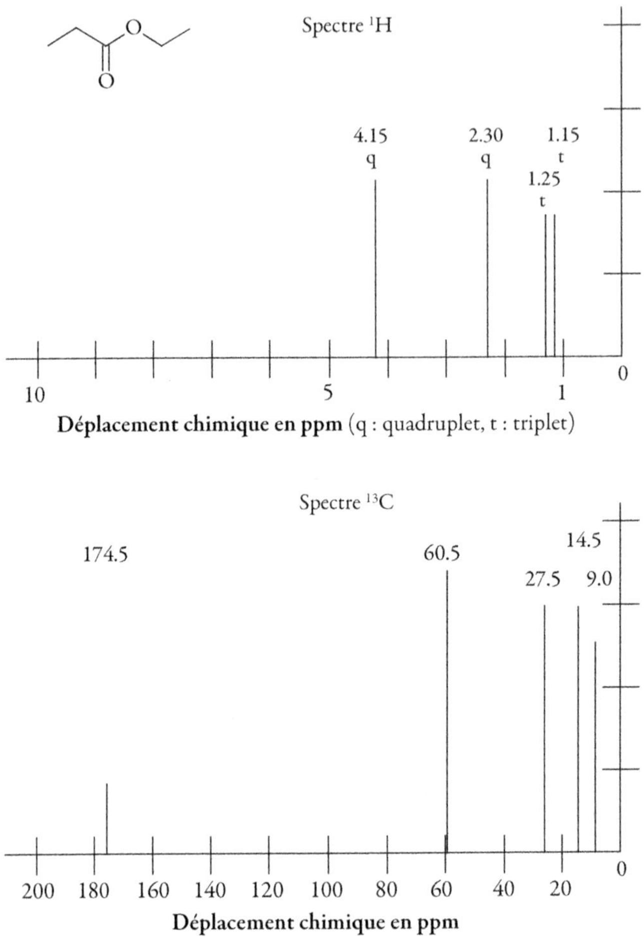

6.1 Réponse

Le spectre du noyau d'atome d'hydrogène ^1H (Document VI.42) révèle quatre signaux présentant un couplage ^3J par groupe de deux. Il y a le groupement CH_3-CH_2 lié à l'atome de carbone (celui de la double liaison avec l'atome d'oxygène) et le groupement CH_3-CH_2 lié à l'atome d'oxygène. Ceux-ci ne présentent pas de couplage entre eux puisqu'ils sont séparés par le groupement C(=O)-O. Le déblindage observé sur le second groupement est surtout manifeste sur le déplacement chimique des groupements CH_2 différents de 1.80 ppm, l'électronégativité importante de l'atome d'oxygène n'y étant pas étrangère ; alors que les deux groupements CH_3 sont proches (0.10 ppm de différence) et épargnés. Cette influence par contre atténue le couplage du groupement concerné d'un écart de 0.5 Hz.

Le spectre du noyau de carbone ^{13}C (Document VI.42) permet de mettre en évidence les atomes de carbone des groupements carbonés.

Document VI.42

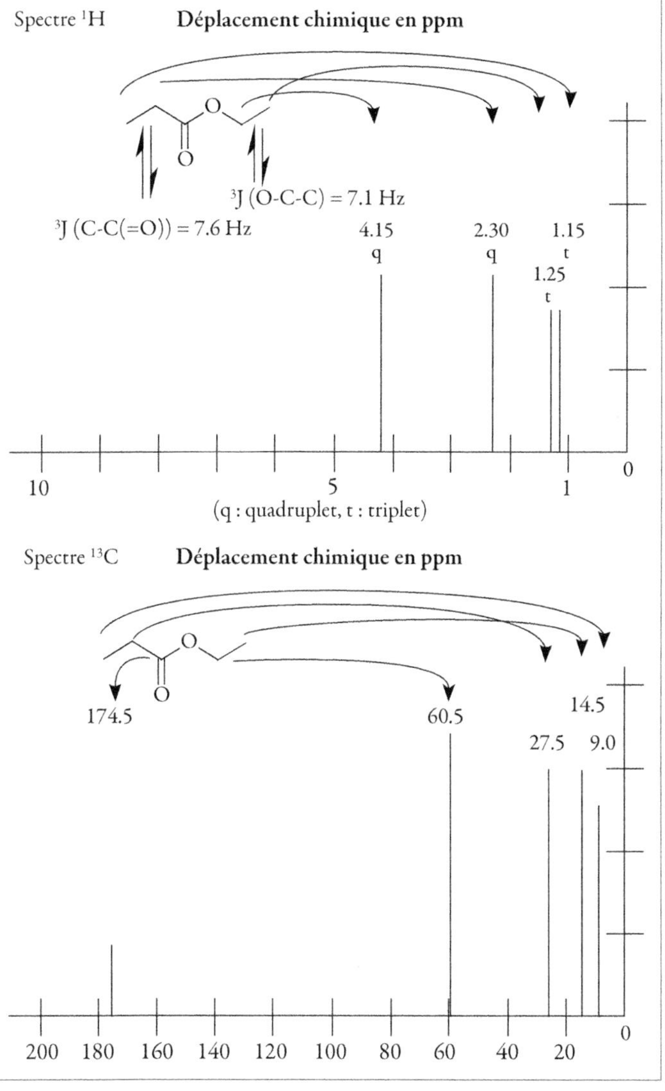

La même observation peut être notée quant aux déplacements chimiques bien distincts des deux groupements CH_2 (intervalle de 33.0 ppm) et à ceux très proches des deux groupements CH_3 (intervalle de 4.0 ppm). Quant à l'atome de carbone de la liaison carbonyle C=O il subit un sévère déblindage comme le groupement CH_2 lié à l'atome d'oxygène mais dans une moindre mesure.

VII

Les composés organiques polyfonctionnels

I. MIXTES OU PAS

Il a été question précédemment de composés organiques ne possédant qu'une fonction organique donc de composé monofonctionnel.

Les composés organiques polyfonctionnels possèdent plusieurs fonctions organiques identiques ou différentes.

La liste est longue à partir de toutes les combinaisons possibles.

Parmi les composés polyfonctionnels à fonctions multiples, c'est-à-dire à fonctions identiques, citons :

- Les polyènes (hydrocarbures insaturés ayant plusieurs doubles liaisons carbone=carbone dits conjuguées s'il y a alternance avec des simples liaisons carbone-carbone, comprenant aussi les polyènes cycliques à noyaux condensés).
- Les polyols (possédant plusieurs groupements hydroxyles OH, comprenant les polyphénols).
- Les polyaldéhydes et les polycétones (plusieurs fonctions aldéhyde ou cétone, voisines ou séparées par un ou plusieurs atome(s) de carbone).
- Les polyamines (plusieurs groupements amine NH_2).
- Les polyacides (possédant plusieurs groupements acide carboxylique C(=O)-OH).

Parmi les composés polyfonctionnels mixtes, c'est-à-dire à fonctions différentes, citons :

- Les aldéhydes ou cétones insaturés (un groupement carbonyle terminal ou pas et une double liaison carbone=carbone).
- Les aldols ou cétols (un groupement carbonyle terminal ou pas et un groupement hydroxyle).
- Les hydroxyacides (une fonction acide carboxylique et un groupement hydroxyle).
- Les cétoacides (une fonction cétone et une fonction acide carboxylique).
- Les acides aminés (une fonction acide carboxylique et une fonction amine).

1. Les polyènes

La principale caractéristique de ces composés organiques est la conjugaison qui peut avoir lieu si des liaisons multiples sont séparées par une liaison simple, occasionnant une délocalisation étendue des électrons concernés.

Tableau VII.1

Les polyènes
infrarouge (extraits en cm^{-1})

1,4-pentadiène	1,3-butadiène	1,2-butadiène	cis-1,3,5-hexatriène	trans-1,3,5-hexatriène
3 100(F)	3 100(m)	3 100(m)	3 050(F)	3 050(F)
3 000(m)	2 950(m)	2 900(F)	2 800(F)	2 800(F)
1 800(f)	1 800(m)	1 950(F)	1 800(m)	1 800(m)
1 640(m)	1 610(f)	1 700(f)	1 620(F)	1 620(F)
1 400(f)	1 585(f)	1 500(f)	1 450(F)	1 450(F)
1 000(F)	1 050(F)	1 350(m)	1 050(F)	1 050(F)
900(F)	900(F)	850(F)	900(F)	900(F)

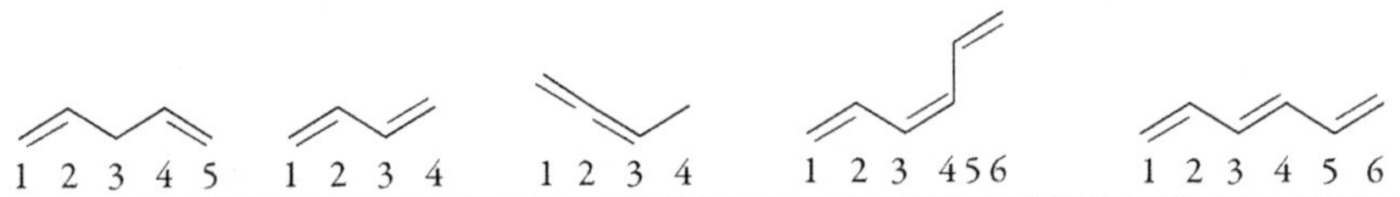

résonance magnétique nucléaire (intégration) (en ppm)

1,4-pentadiène	1,3-butadiène	1,2-butadiène	cis-1,3,5-hexatriène	trans-1,3,5-hexatriène
en 2 et 4 : 5.70(2)	en 2 : 6.25(2)	en 3 : 4.95(1)	en 2 et 5 : 6.75(2)	en 2 et 5 : 6.30(2)
en 1 et 5 : 4.95(4)	en 1 : 5.15(2)	en 1 : 4.50(2)	en 3 et 4 : 5.95(2)	en 3 et 4 : 6.15(2)
en 3 : 2.70(2)	en 1' : 5.05(2)	en 4 : 1.60(3)	en 1 et 6 : 5.15(2)	en 1 et 6 : 5.20(2)
			en 1' et 6' : 5.10(2)	en 1' et 6' : 5.05(2)

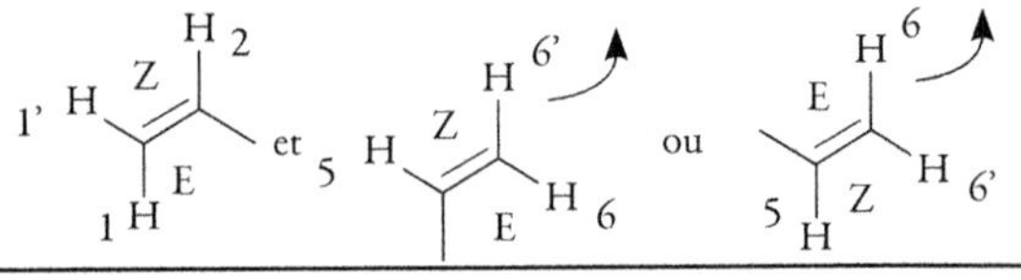

ultraviolet (en nm/epsilon)

1,4-pentadiène	1,3-butadiène	1,2-butadiène	cis-1,3,5-hexatriène	trans-1,3,5-hexatriène
180/15 850	290/31 600	180/17 800	320/indéterminé	320/indéterminé

Au niveau de l'infrarouge (Tableaux VII.1 et VII.2), l'abaissement du nombre d'onde de la double liaison carbone=carbone (prévu entre 1 640 et 1 670 cm^{-1}) se concrétise par une diminution de 10 à 20 cm^{-1} chez les polyènes linéaires ou cycliques. Signalons pour le 1,2-butadiène, où il y a la présence d'un carbène, la bande forte à 1 950 cm^{-1} correspondant à la vibration de valence de la liaison C=C=C. D'autres vibrations (agitation *bending* dans le plan *rocking* ou hors du plan *wagging* : Figure V.3) de la liaison C-H donnent de fortes bandes respectivement entre 1 400 et 1 450 cm^{-1} et entre 850 et 900 cm^{-1}.

Quant aux polyènes cycliques (bande prévue pour la liaison C=C entre 1 460 et 1 600 cm^{-1}), un abaissement est notable à partir du 1,4-cyclohexadiène (où il n'y a aucune conjugaison) ou du 1,3-cyclohexadiène (où celle-ci est limitée). Dans la même région apparaît la vibration de déformation *rocking* entre 1 530 et 1 540 cm^{-1}. Mais il est difficile de les différentier.

Tableau VII.2
Les polyènes cycliques
infrarouge (extraits en cm^{-1})

1,4-cyclohexadiène	1,3-cyclohexadiène	naphtalène	anthracène	phénanthrène
3 050(F)	3 050(F)	3 100(F)	3 050(F)	3 100(F)
2 850(F)	2 950(F)	1 950(f)	1 625(F)	1 950(F)
2 800(F)	2 850(F)	1 595(m)	1 540(m)	1 540(m)
1 640(m)	1 700(m)	1 530(f)	1 450(F)	1 500(F)
1 480(m)	1 600(f)	1 510(F)	850(F)	1 450(m)
950(m)	1 450(f)	1 000(f)	700(F)	800(F)
	650(F)	800(F)		750(F)

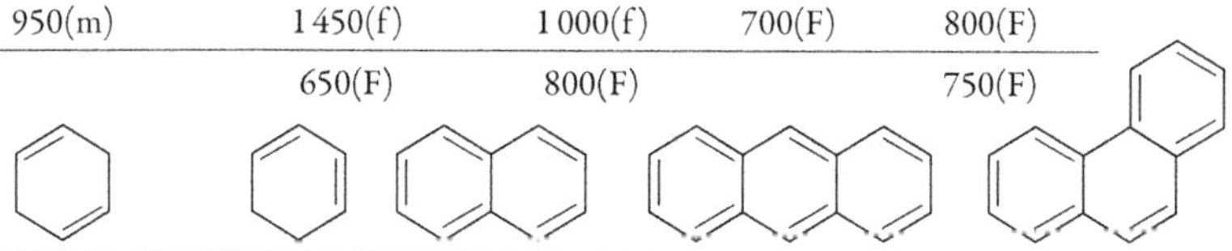

résonance magnétique nucléaire (intégration) (en ppm)

1,3-cyclohexadiène	naphtalène	anthracène	phénanthrène
5.85(4)	7.85(4)	8.40(2)	8.70(2)
2.15(4)	7.45(4)	8.00(4)	7.90(2)
		7.45(4)	7.75(2)
			7.65(2)
			7.60(2)

ultraviolet (en nm : max/epsilon)

1,4-cyclohexadiène	1,3-cyclohexadiène	naphtalène	anthracène	phénanthrène
<200/indéterminé	245/5 620	260/3 160	315/4 470	250/39 800
		270/3 980	345/1 260	290/10 000
		280/3 160	365/1 260	360/200

Au niveau de la résonance magnétique nucléaire des polyènes linéaires, la résonance entraîne un déblindage avec des constantes de couplage ^3J entre 10.3 et 11.1 Hz pour les atomes d'hydrogène Z (1'-2) et entre 16.0 et 16.9 Hz pour les atomes d'hydrogène E (1-2).

Chez les polyènes cycliques le déblindage est accentué et les valeurs de déplacement chimiques se rapprochent de celles observées pour les dérivés du benzène (déplacement chimique δ de 7.30 ppm). Cependant tous les atomes d'hydrogène ne donnent pas lieu à des valeurs identiques; ceux proches des liaisons communes sont plus déblindés d'au plus 1.00 ppm que les autres.

Quant à l'ultraviolet l'effet bathochrome (vers de plus grandes longueurs d'onde) se fait nettement ressentir quelque soit le polyène, du moment qu'il y ait conjugaison. Cependant l'écart est plus important chez les polyènes cycliques du fait de la délocalisation électronique de plus en plus étendue par le nombre croissant de cycles (pour comparaison le benzène a trois bandes d'absorption à 180, 205 et 255 nm).

2. Les polyols

L'existence de liaisons hydrogène entre les molécules ou à l'intérieur même d'une molécule va être la principale constatation issue des analyses spectrométriques.

Rien d'étonnant à l'aspect intermoléculaire de cette interaction, quant à l'aspect intramoléculaire il n'est pas systématique et dépend ou de la longueur de la chaîne carbonée, ou de la géométrie de celle-ci.

En infrarouge (Tableaux VII.3 et VII.4), chez les polyols non cycliques, les liaisons hydrogène se manifestent sous la forme de la bande de vibration de valence de la liaison O–H apparaissant nettement majoritairement vers 3 320-3 350 cm^{-1} (intervalle attendu pour des liaisons hydrogène inter ou intramoléculaires à l'opposé de l'intervalle 3 600-3 700 cm^{-1} pour l'absence de liaisons hydrogène).

Prévue entre 3 200 et 3 600 cm^{-1}, la vibration de valence, ici bas placé, révèle des liaisons O-H affaiblies. De plus, en solution dans le tétrachlorométhane CCl_4, l'allure de la bande ne change pas et par conséquent la dilution n'a aucun effet, ce qui confirme l'existence de liaisons hydrogène intramoléculaires.

Tableau VII.3

Les polyols non cycliques

infrarouge (extraits en cm^{-1})

éthan-1,2-diol	propan-1,3-diol	propan-1,2,3-triol ou glycérol	butan-1,4-diol	pentan-1,5-diol
3 350(F)	3 350(F)	3 350(F)	3 320(F)	3 320(F)
2 945(F)	2 945(F)	2 935(F)	2 940(F)	2 935(F)
1 455(F)	1 425(F)	1 415(F)	2 870(F)	2 865(F)
1 405(F)	1 185(m)	1 225(F)	1 440(F)	1 460(F)
1 330(F)	1 065(F)	1 110(F)	1 380(F)	1 380(F)
1 200(F)	985(F)	1 045(F)	1 220(F)	1 075(F)
1 090(F)	940(m)	995(F)	1 055(F)	1 060(F)
860(F)	920(m)	855(F)	950(F)	1 035(F)

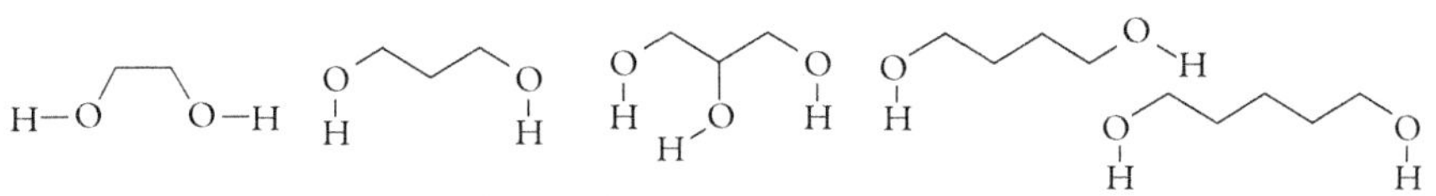

résonance magnétique nucléaire (intégration) (en ppm)

éthan-1,2-diol	propan-1,3-diol	propan-1,2,3-triol	butan-1,4-diol	pentan-1,5-diol
CH_2 : 3.70(4)	CH_2O : 3.85(4)	OH : 4.50(3)	OH : 4.50(2)	CH_2O : 3.65(4)
OH : 3.15(2)	OH : 2.75(2)	CH : 3.45(1)	CH_2O : 3.40(4)	OH : 2.10(2)
	CH_2 : 1.80(2)	CH_2O : 3.35(4)	CH_2 : 1.45(4)	CH_2 : 1.55(4)
				CH_2 : 1.50(2)

ultraviolet (en nm/epsilon)

éthan-1,2-diol	propan-1,3-diol	propan-1,2,3-triol	butan-1,4-diol	pentan-1,5-diol
<200/indéterminé		<200/indéterminé		<200/indéterminé
	<200/indéterminé		<200/indéterminé	

Chez les polyols cycliques, la présence de liaisons hydrogène intramoléculaires fortes (stabilisées par la conjugaison, par une proximité sur deux atomes de carbone en α et par un encombrement stérique moindre) est associée à un nombre d'onde élevée (3 450 ou à 3 460-3 600 cm^{-1}), alors qu'à l'opposé l'éloignement, la gène de liaisons voisines implique un affaiblissement de ces mêmes interactions (bandes de 3 230 à 3 260 cm^{-1}).

Quant à la liaison C-O sa vibration de valence se situe entre 1 040 et 1 060 cm^{-1} pour les polyols non cycliques et entre 1 070 et 1 170 cm^{-1} pour les polyols cycliques. Il est à noter que le nombre d'onde de la vibration de déformation C-H pour les polyols non cycliques a tendance à augmenter en passant de 1 405 à 1 460 cm^{-1} par allongement de la chaîne carbonée.

Cette variation peut s'expliquer par une gêne croissante dans la chaîne carbonée qui, sous l'influence de liaisons hydrogène intramoléculaires, a tendance à se refermer.

Tableau VII.4

Les polyols cycliques
infrarouge (extraits en cm^{-1})

1,2-dihydroxybenzène	1,3-dihydroxybenzène	1,4-dihydroxybenzène	napht-1,2-diol	napht-2,3-diol
3450(F)	3230(F)	3260(F)	3310(F)	3600(F)
3320(F)	1610(F)	1520(F)	3230(F)	3460(F)
1620(m)	1490(F)	1480(F)	1600(F)	1630(m)
1510(F)	1380(m)	1365(m)	1480(F)	1470(m)
1260(F)	1300(m)	1225(F)	1265(F)	1260(F)
1200(m)	1170(F)	1100(F)	1070(m)	1100(m)
1100(F)	960(F)		960(m)	865(F)

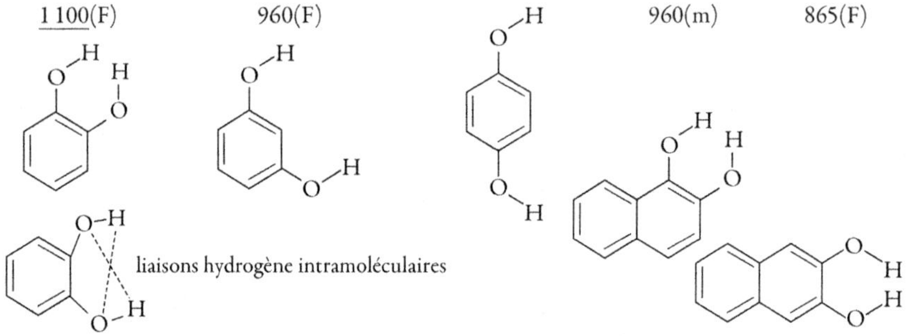

résonance magnétique nucléaire (intégration) (en ppm)

1,3-dihydroxybenzène	1,4-dihydroxybenzène	napht-2,3-diol
OH : 9.15(2)	OH : 8.60(2)	OH : 9.50(2)
CH : 6.95(1)	CH : 6.60(4)	CH : 7.60(2)
CH : 6.25(1)		CH : 7.20(2)
CH : 6.20(2)		CH : 7.15(2)

ultraviolet (en nm : max/epsilon)

1,3-dihydroxybenzène	1,4-dihydroxybenzène	napht-1,2-diol	napht-2,3-diol
220/3160	210/12600	230-280-410/indéterminé	
275/2240	300/2000		

En résonance magnétique nucléaire, le groupement OH a des déplacements chimiques variant de 2.10 à 9.15 selon la classe de polyols. Pour les polyols monocycliques, le blindage des déplacements chimiques des groupements CH est une conséquence des règles de Holleman qui prévoient l'aptitude du groupement hydroxyle OH à une seconde substitution en 2- ou en 4- (voir paragraphe VI.IV.2). Pour les polyols à cycles condensés, ce sont les groupements CH en α de la liaison commune et en dehors du cycle possédant les groupements hydroxyle OH qui subissent le plus fort déblindage.

En ultraviolet, seuls les polyols cycliques par leur forte conjugaison ont des bandes d'absorption détectables. De plus l'accroissement de la conjugaison chez les polyols à cycles conjugués rend l'effet bathochrome évident (à la limite du visible).

3. Les polyaldéhydes et les polycétones

L'intérêt de ces molécules est de montrer l'importance de la conjugaison selon le nombre de liaisons séparant les deux fonctions identiques (mais cela est du déjà vu), et aussi de signaler l'existence de liaisons hydrogène intramoléculaires dans certains cas. Cette dernière constatation n'apparaît pas des plus évidente puisque tous ces composés n'ont pas forcément des atomes d'hydrogène pouvant se prêter aisément à de telles associations.

Sont concernés ceux avec un atome d'hydrogène en α, c'est-à-dire fixé sur l'atome de carbone voisin ; c'est l'équilibre céto-énolique (Document VII.5). Il consiste en la formation d'un céto-énol, où la double liaison entre les deux atomes de carbone est conjuguée avec la liaison carbonyle C=O, ce qui apporte un gain de stabilité, que n'a pas l'isomère initial dicétone en β.

Document VII.5

L'équilibre céto-énolique s'établit lorsqu'un atome d'hydrogène en α du groupement carbonyle (c'est à dire sur l'atome de carbone voisin) peut se réarranger pour donner un énol :

-C(=O)-CH- ◄----► -C(-OH)=C-

En milieu neutre cet équilibre est nettement déplacé vers la gauche.

Cas d'un composé organique dicétone en β :

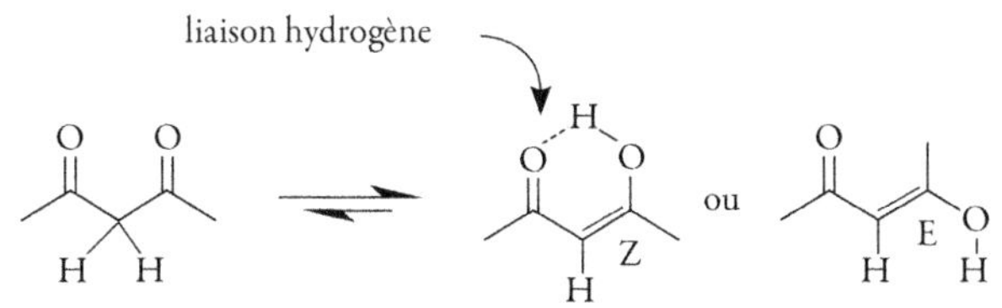

cétone énol

α β

En infrarouge (Tableau VII.6), les composés dicétone en β ou de type 2,4 ou 3,5 (Document VII.5) ont une forte bande à 1 620 cm^{-1} correspondant à la conjugaison avec la liaison C=C (perdant en partie son caractère de double liaison) et la liaison hydrogène, le tout formant un cycle à six avec six électrons délocalisés (donc aromatique : voir paragraphe VI.VIII.3). La présence de deux bandes, l'autre étant vers 1 710 cm^{-1}, s'explique par l'isomérie Z-E existant par rapport à la double liaison C=C. Les autres composés ont la bande habituelle à 1 700-1 720 cm^{-1}. Signalons la bande à 2 780 cm^{-1} pour les dialdéhydes attribuée à la vibration de valence de la liaison C-H de la fonction aldéhyde.

En résonance magnétique nucléaire, les groupements hydrogénés en α de la liaison carbonyle ont un déblindage important par rapport aux mêmes groupements seuls. Le cas des composés dicétones en β révèle le plus fort déblindage du groupement inséré dans la conjugaison se rapprochant du déplacement chimique d'un groupement CH présent dans la forme énolique.

Tableau VII.6

Les polyaldéhydes et les polycétones

infrarouge (extraits en cm^{-1})

butan-2,3-dione	pentan-1,5-dial	pentan-2,3-dione	pentan-2,4-dione	hexan-2,3-dione	hexan-2,5-dione
3 400(f)	2 960(F)	3 410(F)	2 960(f)	2 965(F)	3 000(m)
3 000(f)	2 780(m)	2 985(F)	1 730(F)	2 880(F)	2 900(m)
1 700(F)	1 710(F)	1 945(F)	1 710(F)	1 770(F)	1 715(F)
1 400(m)	1 640(F)	1 715(F)	1 620(F)	1 720(F)	1 400(F)
1 350(F)	1 440(m)	1 450(m)	1 420(F)	1 690(F)	1 360(F)
1 120(F)	1 360(m)	1 360(m)	1 360(F)	1 470(m)	1 160(F)
	1 110(m)	1 095(F)	1 250(F)	1 360(m)	1 035(f)
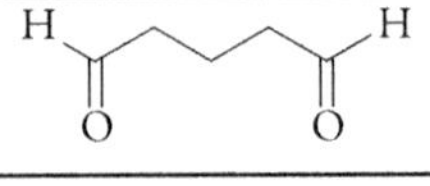		910(F)	950(m)	1 120(m)	

résonance magnétique nucléaire (intégration) (en ppm)

butan-2,3-dione	pentan-2,3-dione	pentan-2,4-dione	hexan-2,3-dione	hexan-2,5-dione
2.35	CH_2 : 2.75(2)	CH_2 : 3.60(2)	$CH_2(C{=}O)$: 2.75(2)	CH_2 : 2.70(4)
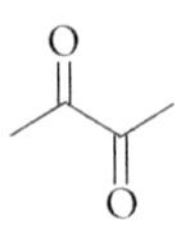	$CH_3(C{=}O)$: 2.35(3)	CH_3 : 2.25(6)	$CH_3(C{=}O)$: 2.35(3)	CH_3 : 2.20(6)
	CH_3 : 1.10(3)	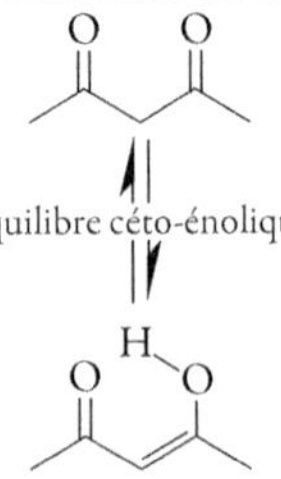	CH_2 : 1.60(2)	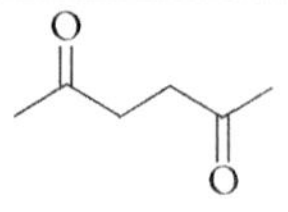
	^3J = 7.2 Hz		CH_3 : 0.95(3)	
	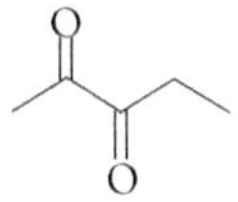		^3J = 7.2 Hz	
			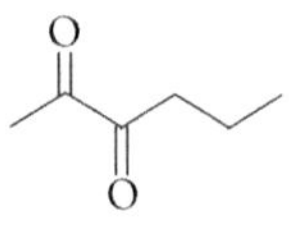	

Suite du Tableau VII.6

Les polyaldéhydes et les polycétones
ultraviolet (en nm : max/epsilon)

butan-2,3-dione	pentan-2,3-dione	pentan-2,4-dione
285/25	250/3 160	295/21 380
435/10	425/1 410	

En ultraviolet, l'importance de l'effet bathochrome (allant dans le visible) est un bon révélateur de l'étendue de la conjugaison. L'absorption ultraviolette apparaît plus détaillée, avec deux bandes d'absorption, dans les dérivés dicétones de type 2,3 que ceux de type 2,4 et inversement plus intense (coefficient d'extinction molaire epsilon ou ε = 20 000 au lieu de 3 200 : voir paragraphe V.V) chez ces derniers. L'explication provient du fait d'une extension de la conjugaison par la présence de l'équilibre céto-énolique et la présence d'un cycle à 6 entraînant un déplacement de 20 nm.

4. Les polyamines

Les polyamines possèdent aussi des liaisons hydrogène ; leur existence est due au fait que l'atome d'azote possède un doublet d'électrons non liants.

Mais ce phénomène est cependant moins marqué et moins évident dans les études spectroscopiques.

En infrarouge (Tableau VII.7), la vibration de valence de la liaison N-H apparaît très nettement sous la forme de deux bandes à 3 280 et 3 360 cm^{-1} due au groupement de la fonction amine primaire NH_2. Par comparaison avec les mêmes vibrations en solution diluée avec des nombres d'onde entre 3 400 et 3 500 cm^{-1}, cet abaissement s'explique par l'existence de liaisons hydrogène. Cette même fonction donne une bande intense entre 1 600 et 1 610 cm^{-1} correspondant à une vibration de déformation, multiple des vibrations de torsion et d'agitation apparaissant sous forme très intense à 790-860 cm^{-1}.

En résonance magnétique nucléaire, les groupements hydrogénés des fonctions amines subissent un déblindage, qui s'atténue avec la distance. À l'opposé un blindage des atomes d'hydrogène directement liés à l'atome d'azote s'observe et s'explique par l'existence du doublet non liant de l'atome d'azote qui affaiblit le champ magnétique appliqué.

En ultraviolet, seuls les composés à liaison azote-azote ont une bande d'absorption justifiée par une délocalisation des doublets non liants entre ces deux atomes liés en α.

Tableau VII.7

Les polyamines
infrarouge (extraits en cm^{-1})

N-méthyl hydrazine	N,N-diméthyl hydrazine	propan-1,3-diamine	éthan-1,2-N-méthyl diamine	éthan-1,2-N-éthyl diamine	éthan-1,2-N,N-diméthyl diamine
3 300(F)	3 300(F)	3 360(F)	3 280(F)	3 360(F)	3 360(F)
3 170(F)	3 140(F)	3 280(F)	3 350(F)	3 280(F)	3 280(F)
2 965(F)	2 950(F)	2 925(F)	2 935(F)	2 965(F)	2 940(F)
2 840(F)	2 810(F)	2 865(F)	2 790(F)	2 935(F)	2 770(F)
2 780(F)	2 765(F)	1 600(F)	2 685(F)	2 810(F)	1 600(m)
1 610(F)	1 610(F)	1 470(f)	1 600(F)	1 600(m)	1 460(F)
1 440(F)	1 460(F)	1 100(m)	1 470(F)	1 465(F)	1 265(m)
1 305(m)	1 320(m)	860(F)	1 350(m)	1 380(m)	1 040(F)
1 100(F)	1 150(m)		1 130(F)	1 135(F)	860(F)
820(F)	950(F)		790(F)	830(m)	
	810(F)				

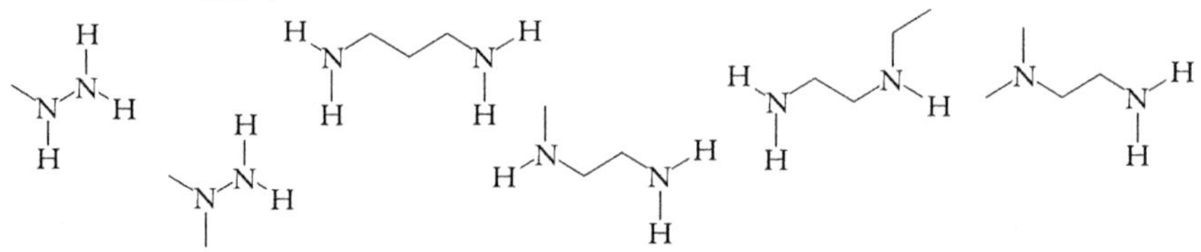

résonance magnétique nucléaire (intégration) (en ppm)

N-méthyl hydrazine	propan-1,3-diamine	éthan-1,2-N-méthyl diamine	éthan-1,2-N-éthyl diamine	éthan-1,2-N,N-diméthyl diamine
NH_2/NH : 3.20(3)	CH_2(-NH_2) : 2.75(4)	CH_2(-NH_2) : 2.80(2)	CH_2(-NH_2) : 2.80(2)	CH_2(-NH_2) : 2.75(2)
CH_3 : 2.60(3)	CH_2 : 1.60(2)	CH_2(-NH) : 2.65(2)	CH_2(-NH) : 2.70(2)	CH_2(-N) : 2.35(2)
	NH_2 : 1.15(4)	CH_3 : 2.45(3)	CH_2(-CH_3) : 2.65(2)	CH_3 : 2.25(6)
		NH_2/NH : 1.50(3)	CH_3 : 1.10(3)	NH_2 : 1.40(2)
			NH_2/NH : 1.20(3)	

ultraviolet (en nm/epsilon)

N-méthyl hydrazine	N,N,N'-triméthyl hydrazine
250/indéterminé	245/2 500

5. Les polyacides

La conjugaison et la liaison hydrogène sont les deux critères influant sur les résultats spectroscopiques. Le premier critère intervient plus rarement, seulement dans le cas de composé de type α, où les deux fonctions acides carboxyliques sont voisines comme l'acide éthan-1,2-dioïque.

Le second point à la particularité d'être présent quelque soit la concentration utilisée. Très souvent, en solution diluée, la liaison hydrogène disparaît suite à la rareté des entités présentes. Mais ici celle-ci est particulièrement puissante pour cette fonction et provoque une dimérisation (Tableau VII.8) avec la formation de structure cyclique (à huit côtés) non aromatique (voir paragraphe VI.VIII.3) spatialement stable.

Tableau VII.8

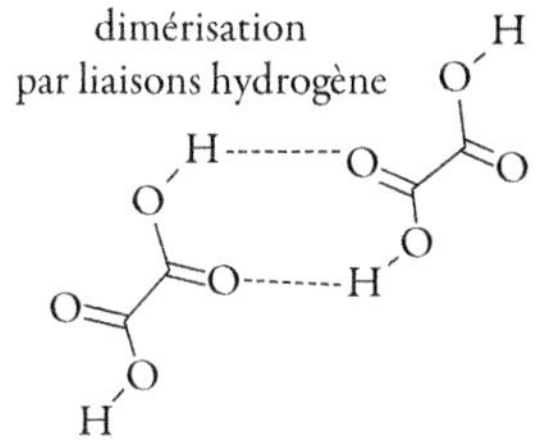

Les polyacides
infrarouge (extraits en cm^{-1})

acide éthan-1,2-dioïque	acide propan-1,3-dioïque	acide butan-1,4-dioïque	acide 2-méthyl propan-1,3-dioïque
3425(F)	3395(F)	3050(F)	3410(m)
2510(f)	2990(F)	2935(F)	3010(F)
1980(F)	2600(m)	2540(m)	2935(F)
1685(F)	1740(F)	1730(F)	2550(m)
1265(F)	1315(m)	1420(F)	1705(F)
1125(m)	1220(F)	1310(F)	1425(F)
720(F)	1175(F)	1200(F)	1300(m)
	920(F)	920(F)	1215(F)
			920(m)

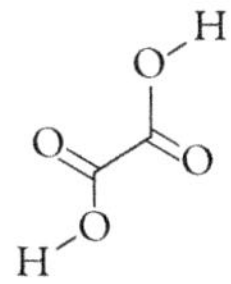
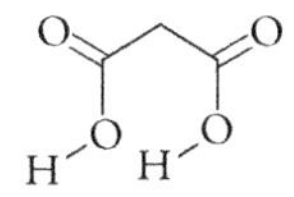
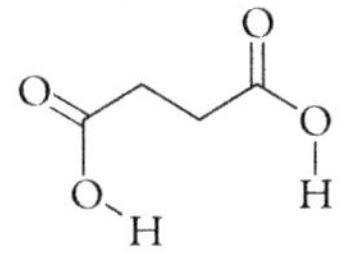
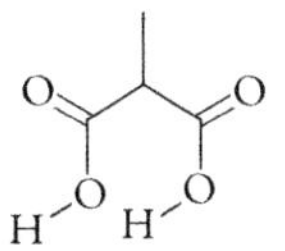

résonance magnétique nucléaire (intégration) (en ppm)

acide propan-1,3-dioïque	acide butan-1,4-dioïque	acide 2-méthyl propan-1,3-dioïque
OH : 11.50(2)	OH : 12.20(2)	OH : 12.60(2)
CH_2 : 3.25(2)	CH_2 : 2.40(4)	CH : 3.30(1)
		CH_3 : 1.20(3)

ultraviolet (en nm/epsilon)

acide éthan-1,2-dioïque
250/50

En infrarouge, la bande liée à la vibration de valence de la liaison C=O se situe entre 1 740 et 1 685 cm^{-1}. La conjugaison justifie la plus petite valeur relevée par la délocalisation de huit électrons (quatre non liants et quatre de type Π) dans un cycle à huit côtés (voir paragraphe VII.I.3). Les nombres d'onde entre 2 500 et 2 600 cm^{-1} ainsi que ceux vers 920 cm^{-1} témoignent de la présence de liaisons hydrogène sous forme d'une dimérisation, respectivement associés à la vibration de valence et celle de déformation-agitation de la liaison O-H.

En résonance magnétique nucléaire, le déblindage du groupement hydroxyle est lié à la ramification de la chaîne carbonée (δ = 12.60 ppm pour l'acide 2,2-diméthylpropan-1,3-dioïque).

En ultraviolet, seul l'acide éthan-1,2-dioïque a une bande d'absorption notable, suite à la conjugaison étendue à une structure cyclique de huit côtés issue de la dimérisation (Tableau VII.8).

Il est à noter que la formation d'un cycle à huit côtés confère à la structure une moins bonne conjugaison que celle d'un cycle à six côtés puisque la comparaison des spectres infrarouges et ultraviolets donne respectivement 1 685 cm^{-1} et 250 nm pour 1 620 cm^{-1} et 295 nm (voir paragraphe VII.I.3). En infrarouge l'abaissement de la valeur correspond à un ordre de liaison abaissée et en ultraviolet l'augmentation accentue l'effet bathochrome ; ces deux constatations vont dans le sens d'une conjugaison accrue et tout compte fait d'une stabilité renforcée et apportée par le caractère aromatique de la seconde structure.

6. Les aldéhydes et les cétones insaturés

Le fait d'avoir des liaisons multiples de natures différentes va être déterminant pour mettre en évidence le lien entre la conjugaison et les méthodes spectroscopiques sans que l'argument de la spécificité d'une liaison multiple répétée à l'identique puisse être avancé. Ici forcément les perturbations engendrées sont d'une autre dimension suite à une dissymétrie dans l'organisation de la chaîne carbonée en conjugaison.

En infrarouge (Tableau VII.9) l'abaissement des nombres d'onde (entre 1 670 et 1 700 cm^{-1}) de la vibration de valence de la liaison C=O est de l'ordre de 20 cm^{-1} par rapport à ceux observés chez les polyaldéhydes ou les polycétones. De même la vibration de valence de la liaison C=C ressort entre 1 600 et 1 660 cm^{-1}, dans le même ordre de valeurs que les polyènes. Ce qui tend à prouver que la liaison C=O est plus perturbée que la liaison C=C du fait de la conjugaison.

L'explication provient du fait que dans la première liaison les deux atomes protagonistes ont des électronégativités différentes et que celle de l'atome de carbone subit une distorsion issue de l'effet mésomère attracteur (Document VI.39) de la liaison C=C voisine. Concrètement cet atome de carbone voit son électronégativité diminuée.

Quant à la liaison C-H propre aux aldéhydes sa vibration de valence est relevée, comme prévu, entre 2815 et 2850 cm^{-1}.

En résonance magnétique nucléaire, tous les atomes d'hydrogène en situation proche de l'ensemble constitué par les doubles liaisons C=C et C=O conjuguées subissent un fort déblindage dont ceux directement fixés sur la double liaison C=C de l'ordre de 4 ppm ! Il en est de même pour les groupements terminaux comme CH_3 comme pour les groupements CH_2 inclus dans des cycles partiellement insaturés. Quant aux couplages entre les atomes d'hydrogène de la double liaison C=C, leurs couplages (Tableau VII.7) ont des valeurs caractéristiques d'une isomérie de type E (supérieures à 11 Hz) et de type Z (entre 6 et 12 Hz).

En ultraviolet, la conjugaison se fait moins ressentir avec un écart de 20 nm entre les composés cycliques insaturés d'une part où la conjugaison est réelle et étendue et d'autre part ceux à chaînes insaturées où cette dernière est limitée.

Tableau VII.9

Les aldéhydes et cétones avec chaînes insaturées
infrarouge (extraits en cm^{-1})

prop-2-ènal	but-3-èn-2-one	but-2-ènal	2-méthylprop-2-ènal	hept-3,5-dièn-2-one	hept-2,4-diènal
3530(F)	3425(m)	3360(m)	3380(f)	3030(F)	3030(F)
3375(F)	2925(F)	3000(m)	2960(m)	2970(F)	2970(m)
2850(F)	2850(F)	2815(F)	2820(m)	1690(F)	2740(m)
1700(F)	1685(F)	1690(F)	1740(F)	1660(F)	1685(F)
1620(F)	1435(m)	1640(F)	1700(F)	1595(F)	1640(F)
1425(F)	1360(F)	1450(F)	1450(F)	1445(F)	1440(F)
1365(F)	1235(F)	1315(F)	1380(m)	1360(F)	1290(m)
1170(F)	1165(F)	1160(F)	1310(F)	1260(F)	1170(F)
1075(m)	1070(F)	1080(F)	1200(m)	1150(m)	1110(F)
980(F)	920(F)	970(F)	950(F)	1000(F)	1015(F)

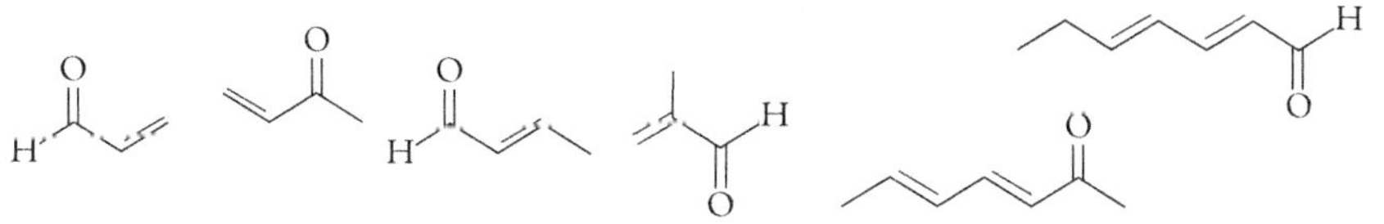

Suite du Tableau VII.9

Les aldéhydes et cétones avec chaînes insaturées

résonance magnétique nucléaire (intégration) (en ppm)

prop-2-ènal	but-3-èn-2-one	but-2-ènal	2-méthylprop-2-ènal	hept-3,5-dièn-2-one
C(=O)H : 9.60(1)	CH : 6.10(3)	C(=O)H : 9.50(1)	C(=O)H : 9.55(1)	CH : 6.00-7.10(4)
CH : 6.45(3)	CH_3 : 2.30(3)	CH : 6.15-6.90(2)	CH : 6.20(2)	$CH_3C(=O)$: 2.25(3)
		CH_3 : 2.00(3)	CH_3 : 1.85(3)	CH_3 : 1.90(3)
	$^3J_{1'-2} \equiv 17.4$ Hz $^3J_{1-2} \equiv 8.6$ Hz	$^3J_{1-2} \equiv 15.3$ Hz		

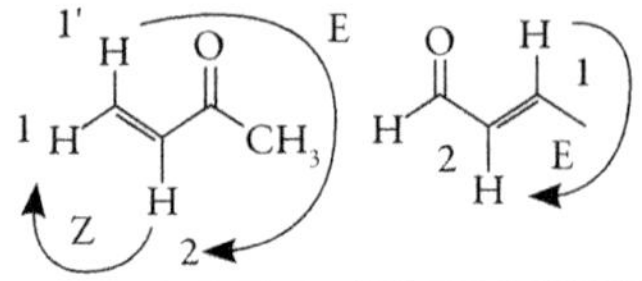

ultraviolet (en nm : max/epsilon)

prop-2-ènal	but-3-èn-2-one	but-2-ènal
205/10000	320/25	330/20
340/20		

Les aldéhydes et cétones avec cycles insaturés

infrarouge (extraits en cm^{-1})

benzaldéhyde	cyclohex-3-èn -1-méthanal	phényléthanal	méthylphénylcétone	cyclohexènyl méthylcétone	3-méthylcyclo hex-2-ène-1-one
3085(m)	3030(F)	3425(f)	3350(f)	3000(m)	2940(F)
2850(F)	2840(F)	3030(m)	3070(m)	2935(F)	1670(F)
1705(F)	2710(F)	2825(m)	3000(m)	1670(F)	1630(F)
1660(F)	1725(F)	2730(m)	1685(F)	1640(F)	1430(F)
1585(F)	1650(F)	1725(F)	1600(F)	1435(F)	1350(F)
1460(F)	1440(F)	1600(m)	1450(F)	1350(F)	1250(F)
1205(F)	1140(m)	1450(F)	1360(F)	1275(F)	1140(m)
1170(F)	1040(m)	1030(F)	1260(F)	1245(F)	
820(F)	930(m)	750(F)	960(m)		

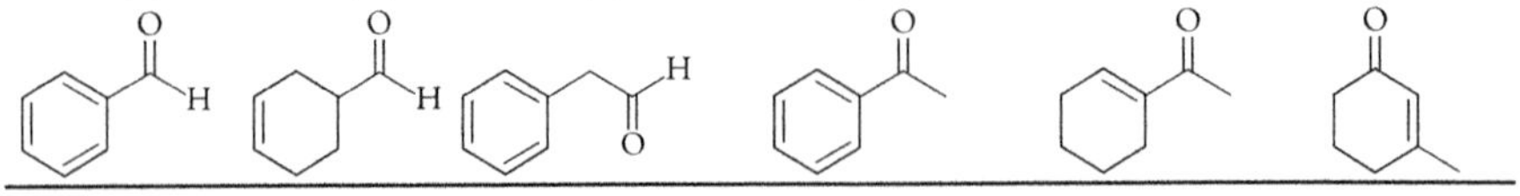

résonance magnétique nucléaire (intégration) (en ppm)

benzaldéhyde	cyclohex-3-èn -1-méthanal	méthylphénylcétone	cyclohexènyl méthylcétone	3-méthylcyclo hex-2-ène-1-one
C(=O)H : 10.0(1)	C(=O)H : 9.70(1)	CH : 7.50 à 7.95(5)	CH : 6.90(1)	CH : 5.40(1)
CH : 7.60 à 7.90(5)	CH=CH : 5.70(2)	CH_3 : 2.60(3)	CH_3 : 2.30(3)	CH_2 : 2.30(4)
	CH : 2.50(1)		CH_2 : 2.25(4)	CH_2 : 2.00(2)
	CH_2 : 1.80 à 2.15(6)		CH_2 : 1.65(4)	CH_3 : 1.95(3)

Suite du Tableau VII.9

Les aldéhydes et cétones avec cycles insaturés
ultraviolet (en nm : max/epsilon)

benzaldéhyde	méthylphénylcétone	3-méthylcyclohex-2-ène-1-one
250/31 620	190/39 810	230/10 000
280/1 580	230/15 850	320/40
330/50		

pour comparaison :
benzène :
185/63 100
205/1 585
225/200

7. Les aldols et les cétols

La présence simultanée d'une double liaison C=O et d'une liaison O-H avec un atome d'oxygène possédant des électrons non liants entraîne la présence de liaisons hydrogène. Ces dernières, de type intramoléculaires, sont disposées de telle manière à constituer un ensemble formant une structure cyclique à cinq ou six côtés et même plus (Tableau VII.10).

Tableau VII.10

Les aldols et les cétols
infrarouge (extraits en cm^{-1})

3-hydroxy butan-2-one	4-hydroxy butan-2-one	3-hydroxy-3-méthyl butan-2-one	2,2-diméthyl-3-hydroxy propanal	4-hydroxy-3-méthyl butan-2-one
3 450(F)	3 400(F)	3 450(F)	3 420(F)	3 420(F)
2 985(F)	2 960(F)	2 980(F)	2 970(F)	2 975(F)
1 720(F)	2 900(F)	1 720(F)	2 880(m)	2 880(F)
1 450(F)	1 710(F)	1 420(m)	1 720(m)	1 710(F)
1 360(F)	1 420(F)	1 360(F)	1 465(F)	1 460(m)
1 260(m)	1 360(F)	1 185(F)	1 320(m)	1 360(F)
1 120(F)	1 170(F)	1 140(F)	1 110(F)	1 175(m)
1 050(m)	1 060(F)	960(F)	1 045(F)	1 040(F)
930(m)	950(m)		975(F)	990(m)

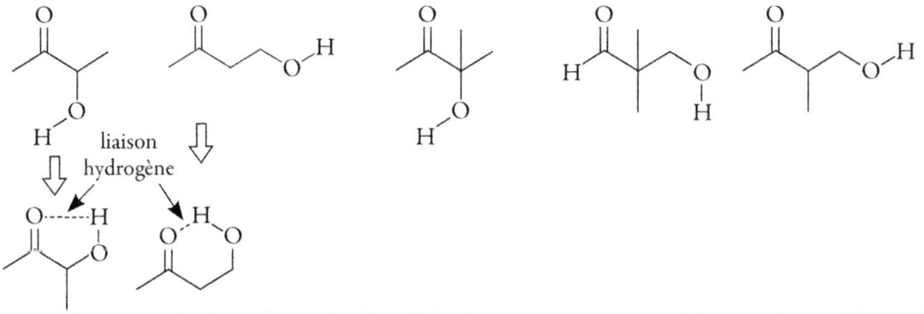

Suite du Tableau VII.10

Les aldols et les cétols
résonance magnétique nucléaire (intégration) (en ppm)

3-hydroxybutan-2-one	4-hydroxybutan-2-one	3-hydroxy-3-méthyl butan-2-one	4-hydroxy-3-méthyl butan-2-one
CH : 4.30(1)	CH_2-O : 3.85(2)	OH : 3.80(1)	CH_2-O : 3.70(2)
OH : 3.90(1)	OH : 3.40(1)	CH_3-C(=O) : 2.25(3)	OH : 2.70(1)
CH_3-C(=O) : 2.20(3)	CH_2-C(=O) : 2.70(2)	CH_3 : 1.40(6)	CH : 2.70(1)
CH_3 : 1.40(3)	CH_3 : 2.20(3)		CH_3-C(=O) : 2.20(3)
			CH_3 : 1.15(3)

En infrarouge, la remarque précédente se confirme par la vibration de valence de la liaison O-H notée entre 3410 et 3420 cm^{-1}. Le fait que ces valeurs soient supérieures aux nombres d'onde relevés précédemment révèle la plus grande faiblesse des liaisons hydrogène. Cette même liaison O-H donne une vibration de déformation dans le plan *scissoring* pour des nombres d'onde compris entre 1 320 et 1 360 cm^{-1} (croissant selon la classe de l'alcool). Quant à la vibration de valence de la liaison C=O les valeurs entre 1710 et 1720 cm^{-1} sont proches de celles prévues entre 1705 et 1725 cm^{-1}, ce qui implique l'absence de conjugaison. Dans l'intervalle 1 040-1 140 cm^{-1} apparaît la vibration de valence de la liaison C-O à des valeurs plus faibles que la liaison C=O. La liaison C-H de la fonction aldéhyde est notée à 2 880 cm^{-1}.

En résonance magnétique nucléaire, les valeurs de déplacement chimique sont en accord avec celles observées pour les alcools. L'éloignement de la double liaison C=O (et dans une moindre mesure la ramification de la chaîne carbonée) révèle un blindage du déplacement chimique du groupement OH montrant les limites de l'influence de cette liaison. Le lien entre éloignement croissant et influence décroissante se retrouve dans les valeurs en spectroscopie infrarouge des nombres d'onde des vibrations de valence des liaisons C-H et C=O plus faibles respectivement de 20 et 10 cm^{-1}. Le fait que, par l'intermédiaire de liaisons hydrogène intramoléculaires favorisées, une géométrie à six côtés, d'une plus grande stabilité qu'un cycle à cinq côtés plus tendu, soit obtenue n'y est pas étranger !

En ultraviolet seule la double liaison C=O se manifeste sous l'apparence d'une bande d'absorption à 280 nm mais peu visible (ε = 20).

8. Les hydroxyacides

La présence de deux groupements hydroxyles, un provenant de la fonction acide carboxylique et l'autre de la fonction alcool, laisse supposer l'existence de liaisons hydrogène intermoléculaires et/ou intramoléculaires (Tableau VII.11).

En infrarouge, la liaison O-H s'identifie dans deux intervalles, celui de la fonction acide carboxylique entre 2 630 et 2 670 cm^{-1} et celui de la fonction alcool entre 3 310 et 3 445 cm^{-1}. Cet écart permet d'en déduire que la liaison hydrogène se fait plus par la fonction acide carboxylique (structure cyclique obtenue à huit côtés stable) que par la fonction alcool.

Tableau VII.11

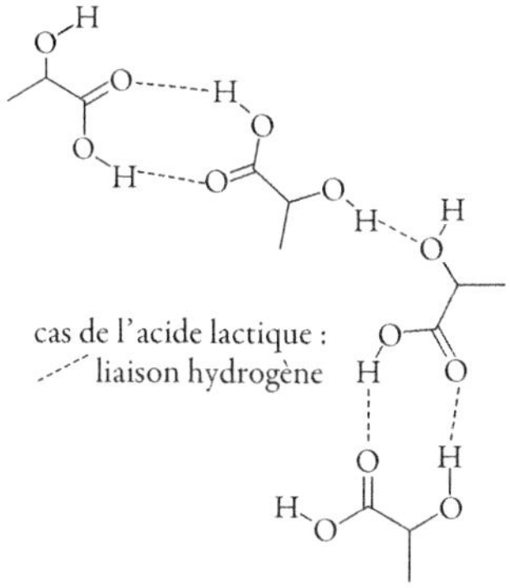

Les hydroxyacides

infrarouge (extraits en cm^{-1})

acide-2-hydroxy propanoïque	acide-3-hydroxy propanoïque	acide-2-hydroxy -2-méthylbutanoïque	acide-2-hydroxy -3-méthylbutanoïque	acide-3-hydroxy -2,2-diméthylpropanoïque
acide lactique	3 400(F)	3 445(F)	3 430(F)	3 310(F)
3 400(F)	2 670(F)	2 650(m)	2 645(m)	2 630(f)
2 650(m)	1 725(F)	1 730(F)	1 715(F)	1 700(F)
1 730(F)	1 640(F)	1 345(m)	1 340(m)	1 480(F)
1 380(F)	1 270(F)	1 170(F)	1 285(F)	1 315(m)
1 220(F)	1 200(F)	1 150(F)	1 130(F)	1 245(F)
1 130(F)	1 040(F)	1 040(m)	1 100(m)	1 045(F)
1 050(m)	880(m)	960(m)	1 030(F)	940(m)
920(m)			895(F)	

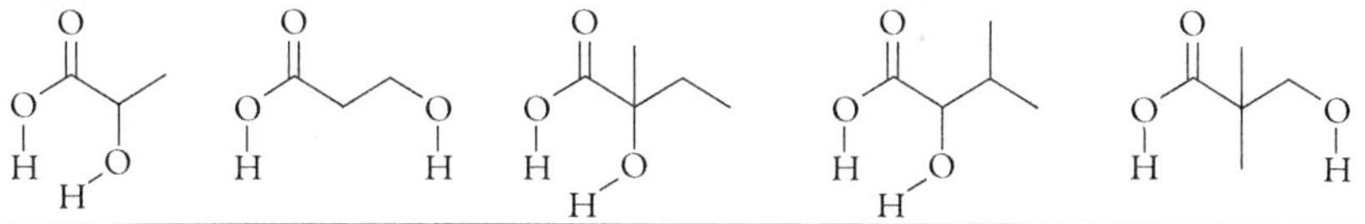

résonance magnétique nucléaire (intégration) (en ppm)

acide-2-hydroxy propanoïque	acide-2-hydroxy -3-méthylbutanoïque	acide-3-hydroxy -2,2-diméthylpropanoïque
C(=O)-OH : 12.40(1)	C(=O)-OH : 12.00(1)	C(=O)-OH : 12.20(1)
CH : 4.00(1)	OH : 5.00(1)	OH : 3.30(1)
OH : 3.40(1)	CH(-OH) : 3.75(1)	CH_2 : 3.60(2)
CH_3 : 1.25(3)	CH : 1.90(1)	CH_3 : 1.25(6)
	CH_3 : 0.85(6)	

Quant aux autres nombres d'onde il y a celui de la vibration de valence C=O vers 1 700-1 730 cm^{-1} et de C-O (de la fonction alcool) vers 1 040-1 100 cm^{-1}, celui de la vibration de déformation hors du plan *wagging* de la liaison O-H de la fonction acide carboxylique entre 880 et 940 cm^{-1}. Enfin la bande, d'intensité variable, localisée entre 1 220 et 1 345 cm^{-1}, résulte de la combinaison de la vibration de valence C-O et de la vibration de déformation dans le plan *scissoring* O-H de la fonction acide carboxylique.

En résonance magnétique nucléaire, les valeurs relevées pour le groupement hydroxyle O-H sont proches de celles caractérisant la fonction alcool et la fonction acide carboxylique respectivement de 3.40-5.00 ppm et 12.00-12.40 ppm.

9. Les cétoacides

Il faut savoir que la fonction cétone perd ici son suffixe *one* pour un préfixe *oxo* (Document VII.12). En dehors de cela la présence de deux doubles liaisons laisse augurer une éventuelle conjugaison selon leur éloignement.

En infrarouge (Tableau VII.13), justement du fait qu'elles soient de deux fonctions différentes, la différenciation des vibrations de valence des deux liaisons C=O devient délicate car elles ressortent dans un domaine très proche et ont tendance à se superposer. De plus les valeurs relevées deviennent contradictoires. En raisonnant en termes de conjugaison, à savoir qu'elle abaisse le nombre d'onde, les composés sujets à celle-ci se retrouvent avec des nombres d'onde entre 1 725 et 1 790 cm^{-1} donc supérieures à ceux des composés sans conjugaison (1 710-1 715 cm^{-1}) ! Cela s'explique par la présence simultanée de deux bandes dans un écart de 50 cm^{-1}. Entre 2 600 et 2 665 cm^{-1} se localise la vibration de valence de la liaison O-H, entre 1 205 et 1 280 cm^{-1} la combinaison de la vibration de valence C-O et de la vibration de déformation dans le plan *scissoring* O-H et entre 900 et 975 cm^{-1} la vibration de déformation hors du plan *wagging* de la même liaison O-H.

Document VII.12

Quelques mots sur la nomenclature

En cas de rivalité, pour les composés organiques polyfonctionnels, il existe une priorité qui affecte à la fonction organique prioritaire le suffixe qui lui est associé et la numérotation la plus petite. Le classement décroissant est le suivant (suffixe : fonction prioritaire / préfixe : fonction non-prioritaire) :

Suite du Document VII.12

1. acide carboxylique (-oïque / -) ;
2. nitrile (-nitrile / cyano-) ;
3. aldéhyde (-al / méthanoyl-) ;
4. cétone (-one / oxo-) ;
5. alcool ou phénol (-ol / hydroxy-) ;
6. amine (-amine / amino-) ;
7. halogénoalcane (- / halogéno-).

En résonance magnétique nucléaire, l'éloignement de la fonction acide carboxylique par rapport à la fonction cétone provoque un déblindage qui rapproche des valeurs habituelles de la fonction acide carboxylique. La même remarque peut être faite en ce qui concerne le groupement méthyl CH_3, proche de la fonction cétone, qui subit le même effet, mais dans l'autre sens, donc un blindage.

En ultraviolet la conjugaison occasionnée par les deux doubles liaisons C=O sur des atomes de carbone adjacents provoque un effet bathochrome d'au moins 40 nm par comparaison entre les valeurs observées entre un acide carboxylique et un diacide carboxylique.

Tableau VII.13

Les cétoacides
infrarouge (extraits en cm^{-1})

acide 2-oxopropanoïque	acide 2-oxopentanoïque	acide 5 oxohexanoïque	acide 2-méthyl -4-oxopentanoïque	acide 3-méthyl -4-oxopentanoïque
3250(F)	3200(F)	3200(F)	3200(F)	3200(F)
2900(F)	2970(F)	2970(F)	2980(F)	2940(F)
2600(f)	2620(m)	2665(m)	2665(f)	2665(m)
1735(F)	1730(F)	1715(F)	1710(F)	1710(F)
1360(F)	1460(F)	1410(F)	1420(F)	1420(F)
1420(m)	1390(F)	1375(F)	1370(F)	1360(F)
1205(F)	1220(F)	1250(F)	1250(F)	1280(F)
1150(F)	1120(F)	1160(F)	1170(F)	1170(F)
975(m)	900(f)	950(m)	930(m)	930(m)

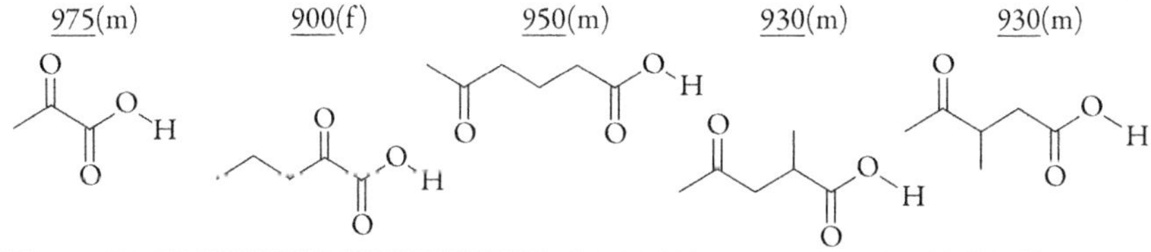

Suite du Tableau VII.13

Les cétoacides

résonance magnétique nucléaire (intégration) (en ppm)

acide 2-oxopropanoïque	acide 2-oxopentanoïque	acide 5-oxohexanoïque	acide 2-méthyl -4-oxopentanoïque	acide 3-méthyl -4-oxopentanoïque
OH : 8.70(1)	OH : 7.00(1)	OH : 9.10(1)	OH : 10.80(1)	OH : 10.80(1)
CH_3 : 2.50(3)	CH_2-C(=O) : 2.90(2)	CH_2-C(=O)-O : 2.55(2)	CH : 3.00(1)	CH : 3.00(1)
	CH_2 : 1.70(2)	CH_2-C(=O) : 2.40(2)	CH_2 : 2.55-2.90(2)	CH_2 : 2.35-2.80(2)
	CH_3 : 1.00(3)	CH_3 : 2.15(3)	CH_3-C(=O) : 2.20(3)	CH_3-C(=O) : 2.20(3)
		CH_2 : 1.90(2)	CH_3 : 1.20(3)	CH_3 : 1.20(3)

10. Les acides aminés

Un acide aminé, contrairement à son nom (suggérant la présence d'une fonction acide carboxylique et d'une fonction amine), est le plus souvent un composé chimique dont la molécule *chargée* est de la forme dite d'un *zwitterion* contenant un groupement H_3N^+ et un groupement C(=O)-O^- (Document VII.14) présentant une délocalisation sur l'ensemble des liaisons O-C-O des électrons provenant de la double liaison initiale C=O et de la charge - de l'anion.

Document VII.14

Caractère acido-basique

Un acide aminé ou aminoacide de formule générale simplifiée R-CH(-NH_2)-C(=O)-OH donne en solution aqueuse un ion à la fois cation ammonium et anion carboxylate nommé zwitterion R-CH(-N^+H_3)-C(=O)-O^-. Selon le pH du milieu, ce zwitterion peut se transformer en deux ions extrêmes. Chaque aminoacide a au moins deux pK : pK_{a1} et pK_{a2} (parfois plus) délimitant trois zones de prédominance :

– si le pH est compris entre 0 et pK_{a1} ;
c'est l'ion R-CH(-N^+H_3)-C(=O)-OH qui est majoritaire ;

– si le pH est compris entre pK_{a2} et 14 ;
c'est l'ion R-CH(-NH_2)-C(=O)-O^- qui est majoritaire ;

– si le pH est compris entre pK_{a1} et pK_{a2} ;
c'est l'ion R-CH(-N^+H_3)-C(=O)-O^- qui est majoritaire.

Le zwitterion est donc à la fois acide du couple :

(R-CH(-N^+H_3)-C(=O)-O^- / R-CH(-NH_2)-C(=O)-O^-)

Suite du Document VII.14
et base du couple :

$$(R\text{-}CH(\text{-}N^+H_3)\text{-}C(=O)\text{-}OH \;/\; R\text{-}CH(\text{-}N^+H_3)\text{-}C(=O)\text{-}O^-)$$

cas de l'alanine :

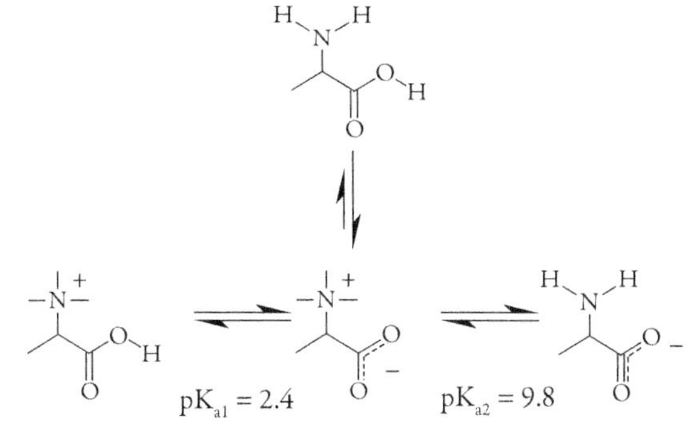

En infrarouge (Tableau VII.15) justement la vibration de valence de ce groupement CO_2^- ressort entre 1400 et 1415 cm^{-1} et entre 1510 et 1600 cm^{-1} alors que celle du groupement N^+H_3 se situe entre 3015 et 3165 cm^{-1} et entre 2605 et 2665 cm^{-1}.

Tableau VII.15

Les acides aminés
infrarouge (extraits en cm^{-1})

acide 2-amino éthanoïque	acide 2-amino propanoïque	acide 3-amino propanoïque	acide 2-amino butanoïque	acide 3-amino butanoïque	acide 4-amino butanoïque
glycine	alanine	3015(F)	2625(m)	3420(f)	3020(F)
3425(m)	3085(F)	2960(F)	1655(F)	3020(F)	2620(F)
3165(F)	2605(m)	2640(F)	1585(F)	2665(m)	2190(m)
2615(F)	1595(F)	1650(F)	1520(F)	1660(F)	1650(m)
1605(F)	1605(F)	1635(F)	1465(F)	1635(F)	1640(F)
1525(F)	1530(m)	1510(F)	1410(F)	1575(F)	1600(F)
1415(F)	1410(F)	1415(F)	1325(F)	1555(F)	1510(F)
1115(m)	1360(F)	1405(F)	1310(m)	1410(F)	1400(F)
1055(f)	1115(F)	1160(F)	1180(m)	1280(m)	1310(F)
				1125(f)	1125(m)

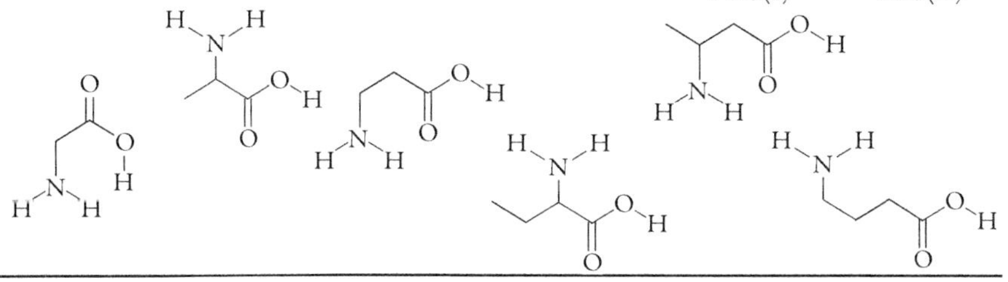

Suite du Tableau VII.15

résonance magnétique nucléaire (intégration) (en ppm)

acide 2-amino éthanoïque	acide 2-amino propanoïque	acide 3-amino propanoïque	acide 2-amino butanoïque	acide 3-amino butanoïque	acide 4-amino butanoïque
CH_2 : 3.55(2)	CH : 3.80(1)	CH_2-N : 3.20(2)	CH : 3.70(1)	CH : 3.60(1)	CH_2-N : 3.00(2)
	CH_3 : 1.50(3)	CH_2 : 2.60(2)	CH_2 : 1.90(2)	CH_2 : 3.50(2)	CH_2-C(=O) : 2.30(2)
			CH_3 : 0.95(3)	CH_3 : 1.30(3)	CH_2 : 1.90(2)

ultraviolet (en nm : max/epsilon)

acide 2-amino éthanoïque	acide 2-amino propanoïque
215/25	210/15 265/10

Valeurs inférieures à celles prévues pour la liaison C=O de la fonction acide carboxylique entre 1 700 et 1 725 cm^{-1} et pour la liaison N-H entre 3 320 et 3 400 cm^{-1}. Le même groupement N^+H_3 a aussi une vibration de déformation entre 1 600 et 1 660 cm^{-1} et entre 1 510 et 1 555 cm^{-1}, mais cette dernière se superpose souvent avec une des vibrations de valence de la liaison C=O ! Ce qui rend l'analyse du spectre délicate dans ce domaine de l'infrarouge.

En résonance magnétique nucléaire, l'utilisation de l'eau deutérée D_2O comme seul solvant capable de dissoudre les acides aminés empêche de localiser les groupements extrêmes majoritairement présents sous forme ionique. Seuls ressortent les groupements hydrogénés de la chaîne carbonée avec des déplacements chimiques conformes à leur identité.

En ultraviolet, la double liaison C=O donne une bande d'absorption vers 215 nm correspondant au positionnement habituel de la fonction acide carboxylique.

II. LES GLUCIDES ET LES LIPIDES

Glucides et lipides (Document VII.16), malgré leurs structures plus riches que celles vues précédemment, permettent une investigation spectroscopique approfondie. Que ce soit pour les premiers pour leur(s) chaîne(s) carbonée(s) cyclique(s) unique ou multiple ou pour les seconds pour leurs chaînes carbonées linéaires de grande taille.

Document VII.16

Un glucide ou carbohydrate est un composé organique possédant une fonction aldéhyde ou une fonction cétone et plusieurs groupements hydroxyles. Il y a les sucres simples ou monosaccharides classés en aldoses ou cétoses et les sucres complexes obtenus à partir de condensation de sucres simples. Le classement des monosaccharides se fait selon la longueur de la chaîne carbonée (de 3 à 8 atomes de carbone) et selon la fonction associée au groupement carbonyle. Citons comme principaux exemples : les aldohexoses avec 6 atomes de carbone et une fonction aldéhyde comme le glucose, les cétohexoses avec 6 atomes de carbone et une fonction cétone comme le fructose. Le glucose peut exister sous deux formes : la forme ouverte avec une chaîne carbonée à six atomes de carbone et la forme cyclique (proche du cyclohexane), la plus fréquente, résultant d'une cyclisation intramoléculaire entre la fonction aldéhyde et la fonction alcool. Parmi les polysaccharides, citons les disaccharides, contenant deux cycles de monosaccharides avec une fonction éther faisant le lien comme le saccharose et les polysaccharides contenant un nombre important (de 10 à 1 000) de monosaccharides liés par des liaisons glycosidiques comme l'amidon.

Un lipide est un composé organique naturel soluble dans un solvant organique non polaire. Il se caractérise aussi par la présence de dérivés d'acides à longues chaînes aliphatiques saturées ou non. Les lipides hydrolisables contiennent des liaisons esters. Citons comme exemples les graisses, les cires... Les graisses sont solides très souvent d'origine animale (à l'opposé des huiles, liquides, d'origine végétale), de structure :

$$R\text{-}C(=O)\text{-}O\text{-}CH_2\text{-}CH\text{-}(O\text{-}C(=O)\text{-}R)\text{-}CH_2\text{-}O\text{-}C(=O)\text{-}R$$

où R est un groupement riche en atomes de carbone saturés (comme l'huile de palme) ou insaturés (comme l'huile d'olive) et fixé sur une structure dérivée du glycérol (ou propan-1,2,3-triol : Tableau VII.3)

En infrarouge (Tableau VII.17), pour les glucides les vibrations de valence des liaisons O-H et C-O sont notées entre 3 310 et 3 665 cm^{-1} et entre 1 055 et 1 110 cm^{-1}.

Tableau VII.17

Les glucides et les lipides
infrarouge (extraits en cm^{-1})

D-glucose	D-fructose	D-saccharose	amidon	huile de palme	huile d'olive
3410(F)	3520(F)	3665(F)	3350(F)	2920(F)	3005(m)
3310(F)	3415(F)	3390(F)	2930(F)	2860(F)	2955(F)
2925(F)	2990(m)	2940(m)	1640(F)	1730(F)	2930(F)
1350(m)	2900(F)	1440(m)	1420(F)	1470(m)	1750(F)
1150(m)	1430(m)	1345(m)	1160(F)	1270(m)	1660(f)
1110(F)	1335(F)	1240(m)	1060(F)	1180(m)	1470(F)
1025(F)	1160(F)	1160(m)	930(F)		1170(F)
995(F)	1095(F)	1070(F)			
	1080(F)	990(F)			
	1055(F)				
	980(F)				

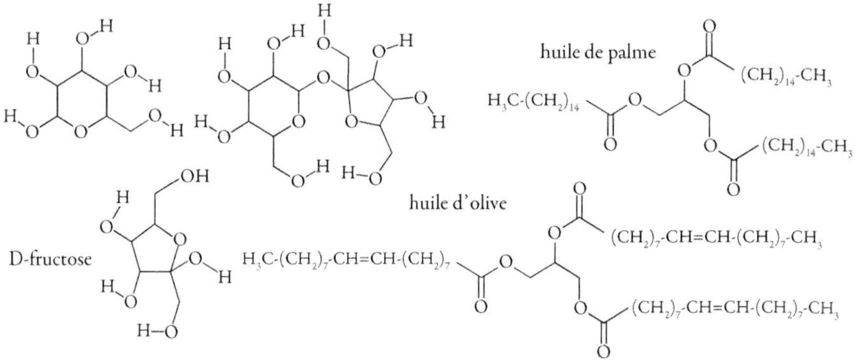

résonance magnétique nucléaire (intégration) (en ppm)

saccharose	huile de palme	huile d'olive
CH(-O)(-O) : 5.40(1)	CH_2-O : 4.25(4)	CH : 5.30(7)
CH(-OH) : 4.20 à 3.50(5)	CH-O : 4.00(1)	CH_2-O : 4.20(4)
CH(-CH_2OH) : 3.90 à 3.65(3)	CH_2-C(=O) : 2.30(6)	CH_2-C(=O) : 2.30(6)
CH_2 : 3.85 à 3.70(6)	CH_2 : 1.60(78)	CH_2-C=C : 2.00(12)
	CH_3 : 0.90(9)	CH_2 : 1.60(6)
		CH_2 : 1.30(60)
		CH_3 : 0.90(9)

Quoique pour cette dernière il faille théoriquement la différencier dans le groupement CH_2-OH extérieur au cycle entre 1 055 et 1 070 cm^{-1}, dans le groupement CH-OH (à partir du cycle) vers 1 100 cm^{-1} et dans le cycle entre 1 095 et 1 110 cm^{-1} Mais en réalité la proximité de ces trois zones rend difficile l'attribution exacte des vibrations de valence. La vibration de déformation dans le plan *scissoring* de la liaison O-H se situe entre 1 330 et 1 350 cm^{-1}.

Pour les lipides, communes sont les vibrations de valence de la liaison C=O et de la liaison C-O pointées entre 1 730 et 1 750 cm^{-1} et entre 1 170 et 1 180 cm^{-1}. Propre à l'huile d'olive, la vibration de valence de la liaison C=C est à 1 160 cm^{-1}.

En résonance magnétique nucléaire, chez un glucide le groupement CH a des déplacements chimiques espacés de 1.75 ppm selon son environnement. La présence de deux atomes d'oxygène provoque un déblindage suite à leur électronégativité. À l'opposé la position en β du groupement OH induit un blindage du groupement CH.

Chez les lipides c'est le groupement CH_2 qui subit le même sort avec un écart de 2.90 à 3.35 ppm. C'est le cas de l'huile d'olive qui possède cinq groupements CH_2 de type différent où le rapprochement ou l'électronégativité provoque une différence de 2.90 ppm dans le sens d'un déblindage croissant.

III. LES POLYMÈRES

Les polymères, comme leur nom l'indique, sont constitués de plusieurs fois du même motif ou mère. Cette multiplication n'engendre pas en fait une complexité accrue ; l'examen du motif suffit à l'identification du composé (Document VII.18).

Cependant il faut savoir que techniquement l'obtention des documents spectroscopiques est possible en spectroscopie infrarouge mais quasiment impossible en résonance magnétique nucléaire.

Document VII.18

Ce sont des molécules de grande taille et comportant un nombre important d'atomes de carbone (jusqu'à 15 000, même plus). Toutefois ces atomes de carbone ne sont pas disposés dans le désordre. Mais il y a répétition quasiment à l'infini de motifs élémentaires appelés monomères, d'où l'écriture :

$$\text{---}\ (\text{-A-B-})_n\text{---}$$

où A et B sont les groupements présents dans le motif de base, n symbolisant la répétition à l'infini. Certains polymères sont d'origine naturelle comme la cellulose, le caoutchouc, la soie, les protéines... D'autres sont semi-naturelles, c'est à dire obtenus à partir de polymères naturels. Enfin il y a les polymères artificiels, de structures plus

Suite du Document VII.18

simples, que les précédents. Citons le polyéthylène, le téflon®, le nylon®, le tergal® parmi les plus connus. Ils sont synthétisés en laboratoire selon plusieurs processus. Il y a la polymérisation par addition (répétition à l'infini d'une réaction d'addition sur une double liaison carbone=carbone à partir d'un même composé ; le monomère a la même formule brute que le réactif de départ) et la polymérisation par condensation (répétition à l'infini d'une réaction de condensation de deux fonctions différentes, mais réagissant entre elles, portées par deux molécules polyfonctionnelles possédant chacune d'entre elles).

En infrarouge (Tableau VII.19), les différences entre le spectre du motif initial et du polymère sont peu nombreuses, si ce n'est la disparition de la liaison multiple à l'origine de la polymérisation. Pour preuve la bande vers 1 240-1 275 cm^{-1} témoin de la vibration de valence de la liaison simple C-C nouvellement formée. Ensuite selon la particularité du polymère se retrouvent à 2 245 cm^{-1}, 1 720-1 755 cm^{-1}, 1 600-1 610 cm^{-1}, 1 150-1 245 cm^{-1} et 610 cm^{-1} les vibrations de valence respectivement des liaisons C≡N, C=O, C-C (des cycles benzéniques), C-O et C-Cl. À 730 et 700-760 cm^{-1} sont associées les vibrations de déformation hors du plan des liaisons C-H des cycles benzéniques di- ou monosubstitués.

Tableau VII.19

Les polymères
infrarouge (extraits en cm^{-1})

polystyrène	polychlorure de vinyle	polyacétate de vinyle	polyméthacrylate de méthyle	polyéthylène téréphtalate	polyacrylonitrile
3085(F)	2915(F)	2975(f)	2995(m)	2970(F)	2940(F)
2920(F)	1435(F)	1735(F)	1755(F)	1720(F)	2245(F)
1600(F)	1335(F)	1375(F)	1450(F)	1610(m)	1625(m)
1450(F)	1250(F)	1240(F)	1375(m)	1455(m)	1455(F)
1275(m)	1100(F)	1125(m)	1245(F)	1340(F)	1360(F)
1030(F)	965(F)	1025(F)	1150(F)	1250(F)	1250(m)
905(m)	900(F)	950(m)	1050(m)	1110(F)	1075(m)
760(F)	610(F)		990(m)	1020(F)	
700(F)			840(m)	730(F)	

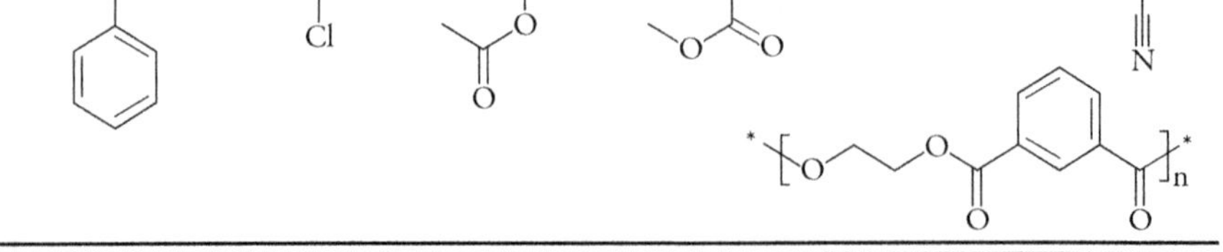

IV. APPLICATIONS AUX FILS ROUGES B, C ET D (VIe PARTIE)

1. Composé organique polyfonctionnel B

Rappel de la synthèse :

C'est l'obtention du jaune soudan ou 2-hydroxynaphtalène-1-diazobenzène (de formule brute $C_{16}H_{12}N_2O$).

Équation supposée de la synthèse :

$$C_6H_7N + C_{10}H_8O + NaNO_2 + HCl \rightarrow C_{16}H_{12}N_2O + NaCl + 2\ H_2O$$

Le bilan de la synthèse est :

– Un composé solide jaune.

Les premiers renseignements sont les suivants :

– La température de fusion est de 130 °C...
– La masse molaire, relevée sur un spectre de masse, est de 248 $g.mol^{-1}$...
– Les valeurs de référence sont respectivement de 131-134 °C et 248.3 $g.mol^{-1}$...

Conclusion : faute de renseignements complémentaires, la formule brute de B est $C_{16}H_{12}N_2O$. Le spectre de masse confirme la masse molaire de 248 $g.mol^{-1}$. Le spectre infrarouge révèle principalement la présence de liaisons oxygène-hydrogène et de liaisons azote=azote N=N. Le spectre RMN atteste de la présence de groupements phényles (signal assez confus très déblindé) et d'un groupement de type OH. Associées à la diffraction X, ces données confirment bien la structure associée au 2-hydroxynaphtalène-1-diazobenzène :

$$C_6H_5N{=}N(C_8H_6)OH$$

À la lecture du spectre infrarouge, la conjugaison très étendue (et qui explique aussi sa couleur jaune-orange) justifie dans les nombres d'onde l'abaissement proche de 50 cm^{-1} des vibrations de valence des liaisons multiples N=N et C=C (des cycles benzéniques) mais aussi l'augmentation de celui de la liaison simple C-N (devenu proche de celui d'une double liaison C=O) par un gain de multiplicité de la liaison concernée. Cette même conjugaison associée à l'électronégativité de l'atome d'oxygène entraîne une délocalisation électronique intense et explique le déblindage général en résonance magnétique nucléaire de tous les groupements hydrogénés. En ultraviolet l'absorption entre 400 et 485 nm (domaine du bleu presque cyan) justifie la couleur jaune-orange, complémentaire du bleu. Quantitativement le réseau des neuf doubles liaisons conjuguées limite l'absorption au domaine proche du violet.

2. Complexe C

Rappel de la synthèse :

C'est l'obtention de l'éthylènediaminetétraéthanoatenickelate(II) de disodium (de formule brute $NiC_{10}N_2H_{12}O_8Na_2$)...

Équation supposée de la synthèse :

$$Na_2C_{10}H_{14}O_8N_2 + NiCl_2 + NaCH_3CO_2$$
$$\rightarrow Na_2Ni(C_{10}H_{12}N_2O_8) + CH_3CO_2H + NaCl$$

Le bilan de la synthèse est :

– Un composé solide bleu C.

Les premiers renseignements sont les suivants :

– La masse molaire, relevée sur un spectre de masse, est de 393 $g.mol^{-1}$ (signal faible, autres pics importants à 23, 59 288 $g.mol^{-1}$).

– La valeur de référence pour la masse molaire est de 392.9 $g.mol^{-1}$...

Conclusion, faute de renseignements complémentaires, la formule brute de C est incomplète. Le spectre de masse confirme la masse molaire de 393 $g.mol^{-1}$. Le spectre infrarouge révèle principalement la présence de liaisons carbone=oxygène et de liaisons carbone-azote. Le spectre RMN révèle la présence de groupements CH_2 (signal très compact). Le spectre UV confirme une résonance importante. Associées à la diffraction X, ces données confirment bien la structure associée à l'éthylènediaminetétraéth anoatenickelate(II) de disodium.

Figure VII.20

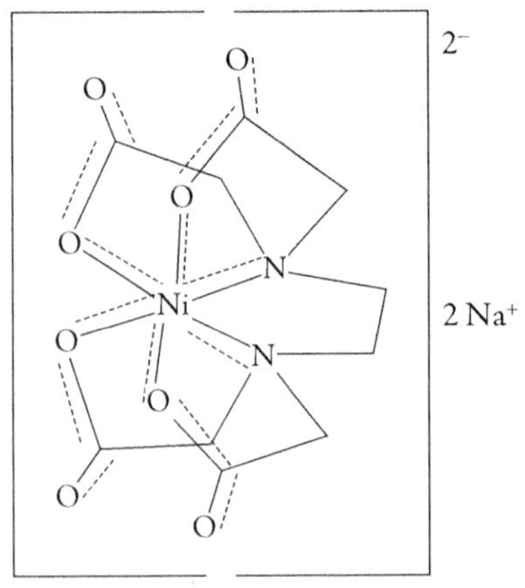

Le spectre infrarouge montre vers 1 400 cm^{-1} l'existence d'une vibration de valence attribuée au groupement CO_2^- (sous la forme $[O\text{-}C\text{-}O]^-$ délocalisée) mais le recouvrement avec d'autres vibrations rend la conclusion hasardeuse. Enfin signalons vers 490 et 520 cm^{-1} les bandes d'absorption généralement attribuées aux liaisons Ni-O et Ni-N. En ultraviolet, l'absorption à 590 nm (domaine du jaune, limite orange) confirme la couleur bleue, complémentaire. Ici l'intensité de l'absorption (400 nm est la valeur habituelle de l'ion Ni(II)) provient d'une association (Figure VII.20) entre doubles liaisons C=O et doublets non liants portés par les atomes d'oxygène et d'azote combinée à l'absorption propre à l'ion nickel(II). Cette conjugaison explique cet effet bathochrome.

3. Composé organométallique D

Rappel de la synthèse :

C'est l'obtention du bis(cyclopentadiényl)fer(II) ou ferrocène (de formule brute $C_{10}H_{10}Fe$).

Équation supposée de la synthèse :

$$2\ C_5H_6 + Fe(II)Cl_2 \rightarrow C_{10}H_{10}Fe + 2\ HCl$$

Le bilan de la synthèse est :

– Un composé de couleur brun-orange.

Les premiers renseignements sont les suivants :

– La température de fusion est de 170 °C...

– La masse molaire... est de 186 g.mol^{-1}...

– Les valeurs de référence sont respectivement de 172,5 °C et 186.0 g.mol^{-1}...

Conclusion : faute de renseignements complémentaires, la formule brute de B est $C_{10}H_{10}Fe$. Le spectre de masse confirme la masse molaire de 186 g. mol^{-1} et la présence d'un atome de fer. Le spectre infrarouge révèle principalement la présence de liaisons carbone=carbone. Le spectre RMN révèle la présence d'un seul type de groupement CH (pas d'intégration possible). Associées à la diffraction X, ces données confirment bien la structure associée au ferrocène.

Le spectre de résonance magnétique nucléaire atteste par la présence d'un seul signal à 4.15 ppm de l'équivalence des cinq atomes d'hydrogène de chaque groupement cyclopentadiényle (Tableau VII.21). Le spectre infrarouge confirme cette conclusion par l'abaissement de la vibration de valence de la liaison C=C de 20 cm^{-1} suite à une délocalisation-conjugaison étendue sur le cycle. La disparition de la bande à 2 850 cm^{-1} liée à la vibration de valence de la liaison Csp^3-H implique que tous les atomes de carbone sont de type sp^2 (Document VII.22) et donc identiques. Le spectre infrarouge présente aussi une bande très intense à 815 cm^{-1} associable à la liaison Fe-C, par comparaison à la liaison Fe-O pointée à 845 cm^{-1}.

Tableau VII.21

Spectre infrarouge du cyclopentadiène (en cm^{-1})

3 100 F	2 850 F	1 630 m	1 370 F	1 240 m	1 090 f	960 F	920 F	890 F
Csp^2-H valence	Csp^3-H valence	Csp^2-Csp^2 conjugaison	?	?	?	Csp^2-H déformation	?	?

Spectre infrarouge du ferrocène (en cm^{-1})

3 095 f	1 780-1 635 f	1 410 m	1 105 F	1 095-1 050 f	1 000 F	815 F
Csp^2-H valence	Csp^2-Csp^2 conjugaison	?	?	Csp^2-H déformation	?	Fe-C ou Csp^2-H déformation

Spectre RMN du cyclopentadiène et du groupement cyclopentadiényl du ferrocène

6.45 ppm
6.30 ppm
2.80 ppm

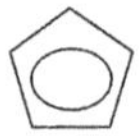
4.15 ppm

Document VII.22

sp^3, sp^2 ou sp ?

Pour la liaison covalente chez l'atome de carbone tétraédrique, chaque liaison est orientée de manière tétraédrique (en quatre dimensions) par rapport à un atome de carbone noté sp^3. Il est alors question de liaisons covalentes simples de type σ (ou sigma).

Pour la liaison covalente chez l'atome de carbone non tétraédrique, il existe aussi l'atome de carbone sp^2 expliquant la formation de liaisons covalentes doubles. Il y a création de liaisons covalentes doubles ($\sigma + \Pi$: sigma et pi) avec mises en commun de quatre électrons (deux fois deux). Il existe aussi l'atome de carbone sp expliquant la formation de liaisons covalentes triples. Il y a création de liaisons covalentes triples ($\sigma + 2\Pi$: sigma et 2 pi) avec mises en commun de six électrons (deux fois trois).

V. EXERCICES

1. Exercice

Un composé dihalogéné saturé a comme spectre infrarouge les principales bandes suivantes (en cm^{-1}) : 2 950(m), 2 935(m), 2 870(f), 1 455(F), 1 345(f) et 670(F) et comme spectre RMN (en ppm/allure/intégration) : 4.15/multiplet/1, 3.65/doublet/2 et 1.60/doublet/3. Identifier ce composé organique.

1.1 Réponse

Il s'agit du 1,2-dichloropropane. La présence de l'atome de chlore est révélée par la vibration de valence C-Cl entre 540 et 760 cm^{-1}. La formule de la chaîne carbonée du type $C_xH_yCl_2$ est déterminée par le nombre d'atomes d'hydrogène (y = 6 grâce au spectre RMN) ; comme le composé est saturé, x ne peut être que de 3. Cela donne $C_3H_6Cl_2$ ou :

$$CH_3\text{-}CHCl\text{-}CH_2Cl$$

L'allure du spectre RMN implique la présence d'un couplage entre groupements CH_3 et CH_2 en bouts de la chaîne carbonée avec le groupement CH central sous forme de doublets.

2. Exercice

Un composé insaturé a comme spectre infrarouge les principales bandes suivantes (en cm^{-1}) : 3 300(F), 2 850(m), 2 125(m), 1 435(F) et 645(F) et comme spectre RMN (en ppm/allure/intégration) : 2.45/singulet/2 et 2.05/singulet/1. Identifier ce composé organique.

2.1 Réponse

La présence d'une triple liaison C≡C (monosubstituée) est révélée par sa vibration de valence entre 2 100 et 2 140 cm^{-1} ; l'existence d'un groupement CH est prévue par sa vibration de valence vers 3 315 cm^{-1} et sa vibration de déformation, entre 610 et 680 cm^{-1}. La présence de deux groupements hydrogénés dont un de type CH_2 (par l'allure du signal) suggère une molécule symétrique suite à l'absence de couplage observé et à la simplicité du spectre RMN ; mais l'autre groupement non couplé ne peut être, vue l'intégration, qu'un groupement CH. Il s'agit de l'hexan-1,5-diyne :

$$CH{\equiv}C\text{-}CH_2\text{-}CH_2\text{-}C{\equiv}CH$$

3. Exercice

Un composé insaturé, isomère du précédent, a comme spectre infrarouge les principales bandes suivantes (en cm^{-1}) : 2 915(m), 2 845(m), 2 210(m) et 1 400(F) et comme spectre RMN (en ppm/allure/intégration) : 1.75/singulet/1. Identifier ce composé organique.

3.1 Réponse

La présence d'une triple liaison C≡C est révélée par sa vibration de valence entre 2 190 et 2 260 cm^{-1} (différente de la précédente car disubstituée) ; l'existence d'un groupement CH_3 est prévue par sa vibration de valence entre 2 950-2 970 et entre 2 860-2 880 cm^{-1} et sa vibration de déformation entre 1 430 et 1 470 cm^{-1}. Le spectre RMN révèle la présence d'un seul type de groupement hydrogéné. Mais toutes les valeurs du spectre infrarouge sont inférieures à celles attendues, ce qui est révélateur d'une conjugaison. Il s'agit de l'hexan-2,4-diyne :

$$CH_3\text{-}C{\equiv}C\text{-}C{\equiv}C\text{-}CH_3$$

4. Exercice

Les spectres infrarouge (extraits, en cm^{-1}) et RMN (en ppm/allure/intégration) de deux composés isomères A et B de formule brute $C_6H_{10}O_4$ sont les suivants :
Composé A :
2 970(m), 2 850(f), 1 740(F), 1 440(F), 1 175(F) et 1 165(F).
3.70/singulet/3 et 2.65/singulet/2.
Composé B :
2 990(m), 2 880(f), 1 770(F), 1 745(F), 1 450(m), 1 190(F) et 1 160(F).
4.35/quadruplet/2 et 1.40/triplet/3 (^3J = 7.10 Hz).

Identifier ces deux composés organiques.

4.1 Réponse

En infrarouge, ces deux composés possèdent un groupement carbonyle C=O caractérisé par sa bande vers 1 740-1 770 cm^{-1}. De même celles notées entre 1 160 et 1 190 cm^{-1} correspondent à la vibration de la liaison C-O. La fonction ester est privilégiée dans la mesure où aucune liaison O-H n'est détectée, ce qui exclut la fonction acide carboxylique. En résonance magnétique nucléaire, les composés A et B contiennent des groupements CH_3 et CH_2 mais pour A éloignés l'un de l'autre, vu l'absence de couplage et pour B associés ce qui donne le groupement éthyl CH_3-CH_2. Quelque soit leur répartition, le déblindage relevé suggère l'influence d'atomes d'oxygène plus présente dans B que dans A surtout pour le groupement CH_2. Quant à l'intégration, elle implique la présence de ces groupements en double en tenant compte de la formule brute. Il s'agit donc du butan-1,4-dioate de méthyle comme composé A :

$$CH_3\text{-}O\text{-}C(=O)\text{-}(CH_2)_2\text{-}C(=O)\text{-}O\text{-}CH_3$$

et de l'éthan-1,2-dioate d'éthyle comme composé B :

$$CH_3\text{-}CH_2\text{-}O\text{-}C(=O)\text{-}C(=O)\text{-}O\text{-}CH_2\text{-}CH_3$$

5. Exercice

L'éthan-1,2-dioate d'éthyle se prépare à partir de l'acide éthan-1,2-dioïque et de l'éthanol (dans un rapport de 1 pour 2), par chauffage à reflux et en présence d'acide sulfurique. Puis par réduction l'éthan-1,2-dioate d'éthyle donne un composé A dont le spectre infrarouge (en cm^{-1}) est : 2980(F), 2870(F), 1445(m), 1350(F), 1300(m), 1115(F), 1030(F) et 850(m), et le spectre RMN (en ppm) est : 3.55/quintuplet/4 et 1.20/triplet/3 (^3J = 7.0 Hz). Analyser les deux spectres et identifier A.

5.1 Réponse

Dans un premier temps la formule brute est en C_6 et l'intégration du spectre RMN laisse penser à la présence de 14 atomes d'hydrogène (7 fait trop peu !), ce qui donne C_6H_{14}. Le couplage prouve la présence de groupement éthyl C_2H_5, de par le couplage d'au moins un groupement CH_3 (situé à 1.20 ppm) avec un groupement CH_2. En infrarouge 1 115 cm^{-1} correspond au nombre d'onde de la vibration de valence pour la liaison C-O. À partir de la formule semi-développée du produit de départ : CH_3-CH_2-O-C(=O)-C(=O)-O-CH_2-CH_3, celle correspondant au produit A (après transformation par réduction de chaque groupement carbonyle CO en CH_2) apparaît être :

$$CH_3\text{-}CH_2\text{-}O\text{-}CH_2\text{-}CH_2\text{-}O\text{-}CH_2\text{-}CH_3$$

C'est le 1,2-diéthoxyéthane Revenons au spectre RMN, le quintuplet à 3.55 ppm n'est que la superposition d'un quadruplet provenant des deux groupements CH_2 couplés avec les groupements extrêmes CH_3 avec un signal correspondant aux groupements CH_2 centraux.

6. Exercice

Un acide α-aminé a pour formule brute $C_3H_7NO_2S$. Un extrait de son spectre infrarouge (en cm^{-1}) montre les bandes suivantes : 3 180(F), 3 155(m), 2 640(m), 2 550(m), 1 590(F), 1 550(F), 1 425(F), 1 395(F), 1 350(F), 1 300(F) et 1 140(m). Le spectre RMN du ^{13}C montre trois signaux : 175, 55 et 25 ppm. Analyser les deux spectres et identifier cet acide α-aminé.

6.1 Réponse

Qui dit acide α-aminé permet d'écrire le squelette suivant : -C-(NH_2)-C(=O)-OH (avec l'atome de carbone C en alpha : α). Il reste donc un atome de carbone, quatre atomes d'hydrogène et un atome de soufre à répartir ! En infrarouge, les fonctions acide carboxylique et amine sont notées respectivement à 1 590-1 395 et 3 155-2 640 cm^{-1}. Quant à l'atome de soufre il est présent dans une liaison S-H au nombre d'onde de 2 550 cm^{-1}. Le spectre RMN du ^{13}C (Document VI.40), permettant d'identifier les groupements carbonés, révèle trois signaux distincts : un à 175 ppm (associé à une fonction acide carboxylique), un à 55 ppm (à une fonction amine :

N-CH ou N-CH_2 ?) et un à 25 ppm (à une fonction soufrée comme CH_2-S). L'acide α-aminé est donc l'acide 2-amino-3-thiolpropanoïque :

HS-CH_2-CH(-NH_2)-C(=O)-OH

VIII

Les composés organométalliques

I. DÉFINITION

Dans la chimie de coordination un métal est lié avec des groupements d'atomes ou ligands (molécules et/ou ions) inorganiques. Ici au moins dans un premier temps un des ligands est organique, mais ce n'est pas suffisant.

Un composé organométallique est un composé possédant au moins une liaison covalente entre un atome métallique et un atome de carbone. Il obéit, généralement, à la règle de saturation dérivée de la règle de l'octet car ici interviennent des couches électroniques ayant un nombre d'électrons supérieur à huit. Cela leur confère une plus grande stabilité.

Prenons comme exemple le ferrocène (voir paragraphe I.V.4) de formule semi-développée $(\eta^5\text{-}C_5H_5)_2Fe$. L'atome central de fer a pour numéro atomique 26 soit la répartition électronique suivante, en tenant compte de la règle de Klechkowski (Tableau VIII.1) :

$$1s^2\ 2s^2\ 2p^6\ 3s^2\ 3p^6\ 4s^2\ 3d^6$$

La couche 3 pour être complète, par sa sous-couche 3d, a besoin de 18 électrons et il lui manque donc 4 électrons. Ce nombre n_{max} se déduit de la règle de saturation :

$$n_{max} = 2n^2$$

où n est le numéro de la couche.

De même la couche 4 a besoin de 6 électrons supplémentaires pour arriver à la structure du gaz rare le plus proche : le krypton, avec 36 électrons. Soit un total de 10 électrons qui vont être apportés par les deux groupements cyclopentadiényles $\eta^5\text{-}C_5H_5$, porteurs chacun de 5 électrons.

Tableau VIII.1

Tableau périodique des éléments (extraits)

Z= 1 H							Z = 2 He
Z = 3 Li	Z = 4 Be	Z = 5 B	Z = 6 C	Z = 7 N	Z = 8 O	Z = 9 F	Z = 10 Ne
Z = 11 Na	Z = 12 Mg	Z = 13 Al	Z = 14 Si	Z = 15 P	Z = 16 S	Z = 17 Cl	Z = 18 Ar
Z = 19 K	Z = 20 Ca	Z = 31 Ga	Z = 32 Ge	Z = 33 As	Z = 34 Se	Z = 35 Br	Z = 36 Kr

Z = 21 Sc	Z = 22 Ti	Z = 23 V	Z = 24 Cr	Z = 25 Mn	Z = 26 Fe	Z = 27 Co	Z = 28 Ni	Z = 29 Cu	Z = 30 Zn
Z = 39 Y	Z = 40 Zr	Z = 41 Nb	Z = 42 Mo	Z = 43 Tc	Z = 44 Ru	Z = 45 Rh	Z = 46 Pd	Z = 47 Ag	Z = 48 Cd
Z = 57 La	Z = 72 Hf	Z = 73 Ta	Z = 74 W	Z = 75 Re	Z = 76 Os	Z = 77 Ir	Z = 78 Pt	Z = 79 Au	Z = 80 Hg

Règle de Klechkowki

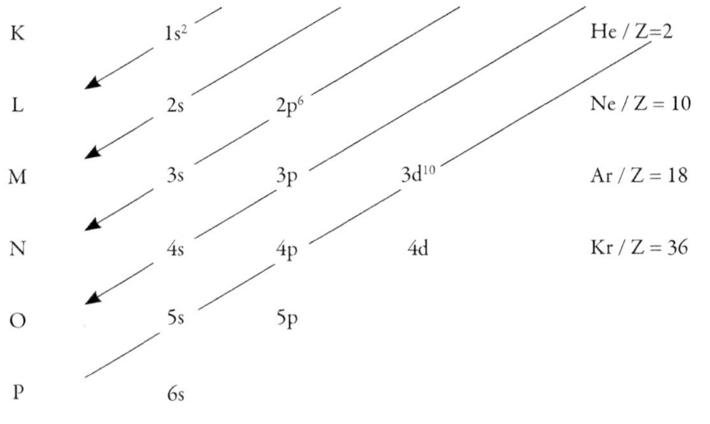

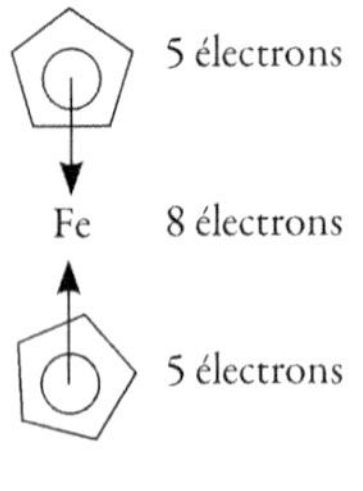

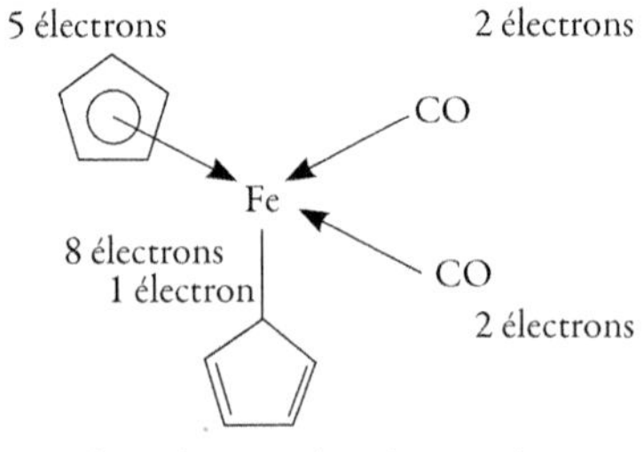

Total :18 électrons (8 + 5 + 5)
di(η^5-cyclopentadiényl)fer

Total :18 électrons (8 + 4 + 5 + 1)
dicarbonyl(η^5-cyclopentadiényl)(η^1-cyclopentadiényl)fer

Pourquoi η^5 ? Il est question d'hapticité ; l'exposant affecté à la lettre grecque η symbolise le nombre d'atomes de carbone liés à l'atome métallique. Un même groupement, comme le groupement cyclopentadiényle, peut avoir des hapticités variables même au sein du même composé organométallique (Tableau VIII.1):

$$(\eta^5\text{-}C_5H_5)_2Fe(\eta^1\text{-}C_5H_5)_2(CO)_2$$

Dans ce dernier composé organométallique intervient un autre ligand : CO considéré comme ligand inorganique.

Ces derniers sont soit des molécules comme le monoxyde de carbone CO, le dioxygène O_2, le monoxyde d'azote NO, le soufre S (ou cyclooctasoufre S_8), soit des ions comme l'ion cyanure CN^-. Parmi les ligands organiques, citons comme molécule la triphénylphosphine $P(C_6H_5)_3$ ou comme ion l'ion cyclopentadiényle $(C_5H_5)^-$.

L'examen de leurs particularités spectroscopiques permet d'apporter des éléments supplémentaires quant à toute identification définitive.

Auparavant, un cas particulier est la molécule d'eau qui, certes, peut intervenir comme ligand mais aussi comme impureté, ce qui peut aboutir à des conclusions erronées. Cela a déjà été évoqué mais l'analyse complète d'un composé chimique nécessite de celui-ci d'être parfaitement pur et sec. Toute trace indésirable laisse une empreinte dans les résultats obtenus.

II. L'EAU

La principale *trace indésirable* est bien la molécule d'eau, rescapée d'un protocole de lavage, de séchage et de purification inachevé.

Première nuisance : l'indice de réfraction. Celui de l'eau est de 1.3300 et bien évidemment la présence de traces d'eau influe sur l'indice de réfraction du composé issu de la synthèse. L'aspect physique peut en être modifié tout simplement par l'apparition d'un trouble.

Autres nuisances : de même température de fusion et température d'ébullition sont faussées par la présence d'eau, suite à la présence éventuelle de liaisons hydrogène entre l'eau et le composé final.

La mise en évidence de cette présence très souvent indésirable se fait en spectroscopie infrarouge. La principale forte bande observée est à 3 380 cm^{-1} correspondant à la vibration de valence de la liaison O-H sachant qu'à 1 640 cm^{-1} il s'agit de la vibration de déformation dans le plan de la même liaison. Mais c'est la première signalée qui est révélatrice de la présence d'eau dans un composé insuffisamment séché.

En résonance magnétique nucléaire, le spectre obtenu montre un pic à 1.60 ppm (dans le chloroforme deuteré $CDCl_3$).

III. LES LIGANDS OXYGÉNÉS

1. Le dioxygène (η^2)

Dans certains composés organométalliques du cobalt et du niobium, il forme un métallocycle (Figure VIII.2) se caractérisant par une vibration de valence de la liaison O-O en spectroscopie infrarouge proche de 850 cm^{-1} (d'ordinaire la vibration de la liaison O-O se situe vers 870 cm^{-1} comme dans l'eau oxygénée H_2O_2).

Figure VIII.2

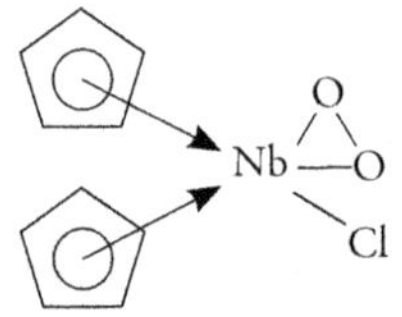

18 électrons au total (5 + 5 + 5 + 2 + 1)

2. Le monoxyde de carbone (η^2)

Le monoxyde de carbone, considéré comme composé inorganique, a pour formule brute CO et pour formule développée C≡O. Quant à sa formule de Lewis elle se caractérise par deux doublets non liants, un sur chaque atome, afin de satisfaire la règle de l'octet (Figure VIII.3). La liaison est donc triple, d'où une multiplicité égale à 3.

En infrarouge elle se manifeste par deux bandes très intenses à 2 120 et 2 180 cm^{-1} pour la vibration de valence de la liaison C≡O. L'association avec un métal provoque un abaissement du nombre d'onde vers 1 950 et 1 860 cm^{-1}, comme pour les complexes du ruthénium et du molybdène.

Figure VIII.3

Formule développée du monoxyde de carbone : |C≡O|

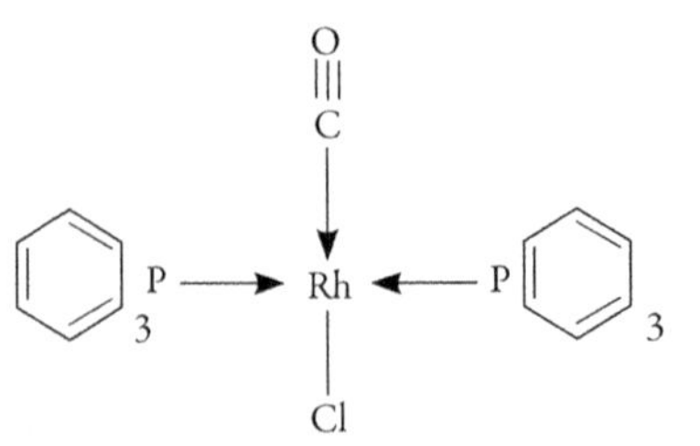

carbonylchlorobis(triphénylphosphine)rhodium

16 électrons au total (9 + 2 + 2 + 2 + 1)

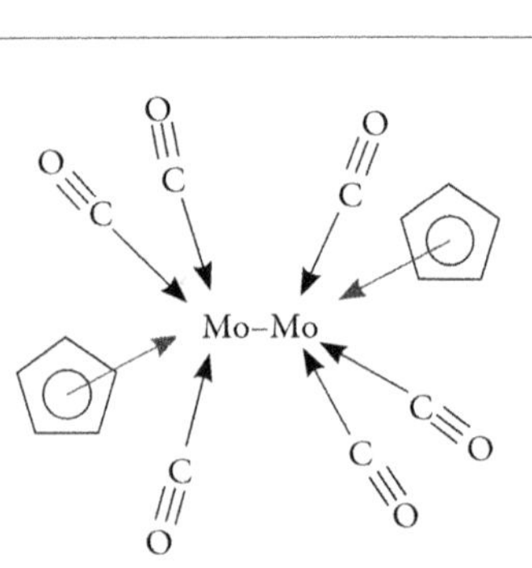

tricarbonylcyclopentadiénylmolybdène dimère

18 électrons au total (6 + 5 + 2 + 2 + 2 + 1)

L'écart avec les valeurs relevées pour la vibration de valence de la liaison double C=O vers 1 700 cm^{-1} confirme la multiplicité comprise entre 2 et 3 de la liaison carbone-oxygène dans de tels composés organométalliques.

IV. LES LIGANDS AZOTÉS

1. Le monoxyde d'azote (η^2)

Le monoxyde d'azote, gaz comme le monoxyde de carbone, a pour formule brute NO. Sa formule développée s'avère plus complexe que celle du monoxyde de carbone. La liaison entre les deux atomes possède cinq électrons (de multiplicité 2.5). Quant à sa formule de Lewis elle se caractérise d'une part par trois doublets non liants, un sur l'atome d'azote et deux sur l'atome d'oxygène et d'autre part un électron célibataire délocalisé (Figure VIII.4).

Figure VIII.4

Formule développée du monoxyde d'azote : 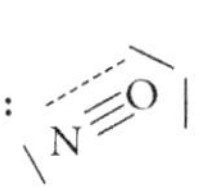

Spectre infrarouge (en cm^{-1}) du monoxyde d'azote : 2 210(f), 1 900(F), 1 830(F), 1 640(F), 1 625(m) et 1 305(m)

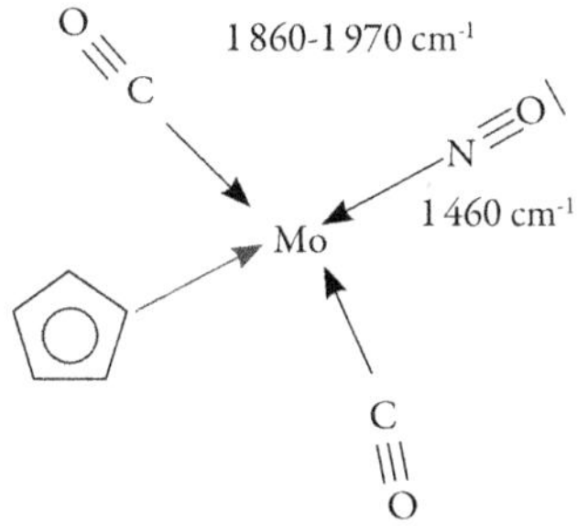

dicarbonylcyclopentadiénylnitrosylmolybdène

17 électrons au total (6 + 5 + 2 + 2 + 2)

En infrarouge le nombre d'onde de la vibration de valence de la liaison N=O est noté entre 1 450 et 1 900 cm^{-1}, selon l'angle de l'ensemble métal-azote-oxygène. Les vibrations existant à l'état pur vers 1 830-1 900 cm^{-1} ont disparu ce qui laisse penser que la multiplicité de la liaison a diminué suite à la liaison avec le métal.

2. L'ion cyanure (η^2)

L'ion cyanure, présent dans le cyanure de potassium ou dans le cyanure de sodium, a la même répartition électronique que le monoxyde de carbone et peut se fixer à un atome de métal.

En infrarouge l'écart est faible entre 2075 cm^{-1} et 2050-2210 cm^{-1} respectivement à l'état ionique pur et sous formes de composés organométalliques. Toutefois ces valeurs sont inférieures à celle de la vibration de valence de la triple liaison à 2250 cm^{-1}. Cette constatation laisse entendre que la fixation à un atome métallique confère à la liaison carbone-azote une multiplicité légèrement inférieure à 3 (la vibration de valence de la liaison C=N, donc de multiplicité 2, est comprise entre 1610 et 1650 cm^{-1}).

V. LES LIGANDS SOUFRÉS

1. Le soufre (η^2)

Le soufre, à l'état pur, se présente sous sa forme cyclique ou cyclooctasoufre, car constituée d'un cycle de huit atomes de soufre. Le nombre d'onde de la vibration de valence de la liaison S-S se situe entre 620 et 690 cm^{-1} mais adoptant une structure linéaire.

Figure VIII.5

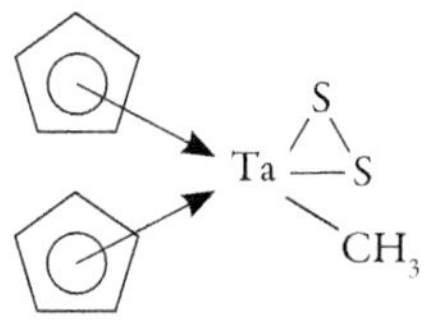

18 électrons au total (5 + 5 + 5 + 2 + 1)

Par contre dans certains composés organométalliques du niobium et du tantale, il se forme un métallocycle (Figure VIII.5) se caractérisant par une bande proche de 540 cm^{-1}. Cette diminution du nombre d'onde s'explique par la tension existant dans ce cycle à trois côtés (plus le cycle est déstabilisé, plus le nombre d'onde des liaisons le constituant est faible).

VI. LES LIGANDS PHOSPHORÉS

1. La triphénylphosphine (η^2)

Ce composé, de formule brute $C_{18}H_{15}$ P et de formule semi-développée $P(C_6H_5)_3$, est une molécule dont l'atome central de phosphore possède un doublet non liant (Figure VIII.6).

Au niveau spectroscopique, c'est en infrarouge qu'il faut s'intéresser à la vibration de valence de la liaison phosphore-carbone sous la forme de deux bandes, l'une à 700 cm^{-1} et l'autre à 1090 cm^{-1}. Très caractéristique est à 1430 cm^{-1} la présence d'une bande associée aux vibrations des cycles benzéniques.

Figure VIII.6

Formule développée de la triphénylphosphine :

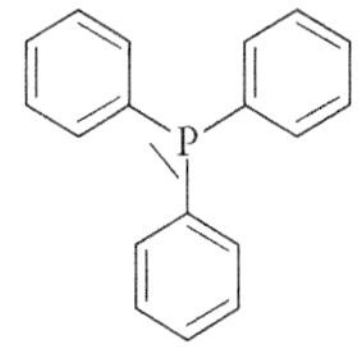

Spectre infrarouge (en cm^{-1}) de la triphénylphosphine : 3 065(m), 1 970(f), 1 570(f), 1 480(m), **1 440**(F), **1 090**(F) et **695**(F)

Spectre de résonance magnétique nucléaire (en ppm) de la triphénylphosphine : 7.10 à 7.90 (multiplet)

Spectre UV (en nm/epsilon) : 265/10 000

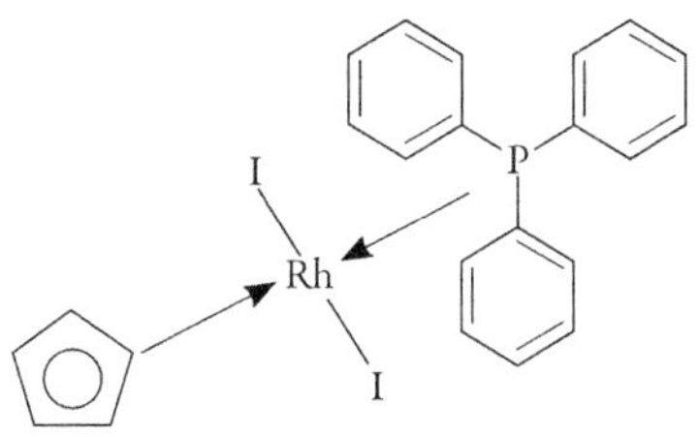

cyclopentadiényldiiodo(triphénylphosphine)rhodium
spectre infrarouge (en cm^{-1}, extraits) : **1 435**(F), **1 095**(F) et **700**(F)

18 électrons au total (9 + 5 + 2 + 1 + 1)

Associée à un métal comme le rhodium (comme les autres métaux des colonnes avoisinantes : le platine, le nickel...), il n'y a que peu de changement ce qui signifie que la molécule devenue ligand ne subit pas de modification.

VII. LA LIAISON MÉTAL-ATOME

Dans un premier temps, la spectrométrie de masse révèle la présence d'un noyau métallique car l'atome correspondant n'a pas de mal à être séparé du reste de la structure. En ce qui concerne la liaison, celle-ci ne peut être mise en évidence que par la spectroscopie infrarouge et encore avec difficulté (Tableau VIII.7), car elle apparaît dans une zone très encombrée par d'autres vibrations, ce qui fait que des superpositions apparaissent.

1. Avec l'atome de carbone

En infrarouge la vibration de valence se situe entre 360 et 780 cm^{-1} et variable selon l'atome métallique. En cas de présence d'un groupement cyclopentadiényle, la vibration se situe entre 480 et 860 cm^{-1}.

2. Avec l'atome d'azote

En infrarouge la vibration de valence se situe entre 425 et 980 cm^{-1} avec une tendance pour les atomes métalliques lourds vers les valeurs supérieures (l'atome de nickel : M = 58.7 $g.mol^{-1}$ et 525-610 cm^{-1} et l'atome de tantale : M = 180.9 $g.mol^{-1}$ et 970 cm^{-1}).

3. Avec l'atome d'oxygène et l'atome de soufre

Ces deux atomes sont dans la même colonne de la classification périodique. En infrarouge la vibration de valence se situe entre 500 et 950 cm^{-1} et la limite inférieure étant plutôt le domaine de la liaison avec un atome de soufre. Cette constatation est en accord avec une liaison métal-soufre plus grande que la liaison métal-oxygène.

4. Avec l'atome d'halogène

En infrarouge la vibration de valence se situe entre 525 et 740 cm^{-1} en ce qui concerne la liaison métal-chlore.

Tableau VIII.7

M-atome : composé organométallique de référence
M-Cp = composé avec cyclopentadiényl : C_5H_5
(M-atome : autre composé organométallique)

infrarouge (en cm^{-1})/liaison covalente (en nm)	M-C **M-Cp**	M-N	M-O M-S	M-X
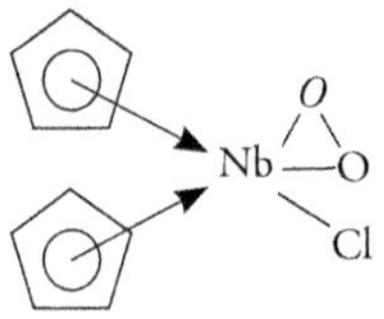	**540-860/ 0.245** *780/0.220 (Nb-C)*	*980/0.220 (Nb-N)*	935/0.210 (Nb-O) *850-980 (Nb-O) 5.30/0.250 (Nb-S)*	720/0.245 (Nb-Cl) *800/? (Nb-Cl)*
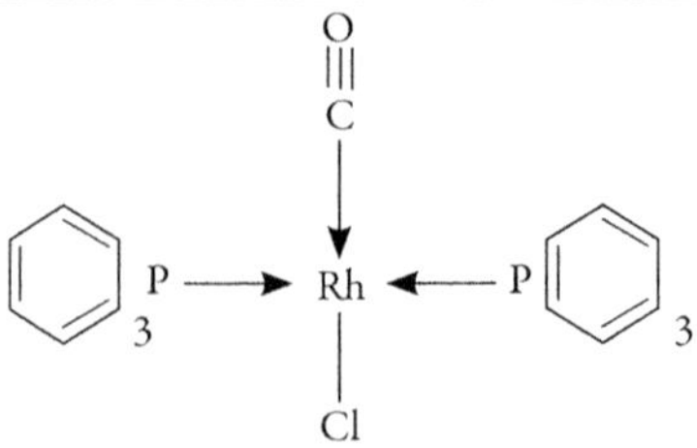	425/0.200 (Rh-C)	*425-975/ 0.195 (Rh-N)*	*815/0.190 (Rh-O)*	?

Suite du Tableau VIII.7

M-atome : composé organométallique de référence

M-Cp = composé avec cyclopentadiényl : C_5H_5

(M-atome : autre composé organométallique)

infrarouge (en cm⁻¹)/liaison covalente (en nm)	M-C **M-Cp**	M-N	M-O M-S	M-X
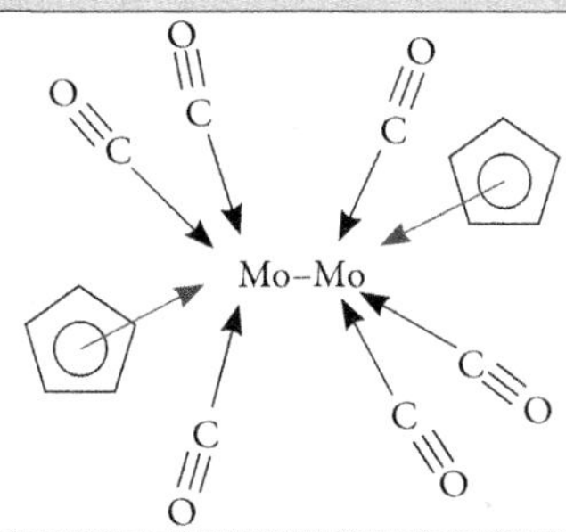	590/0.215 (Mo-C) **550-840/ 0.232** *365-660/ 0.215 (Mo-C)*		*695-980/ 0.200 (Mo-O) 535/0.240 (Mo-S)*	*740 (Mo-F)*
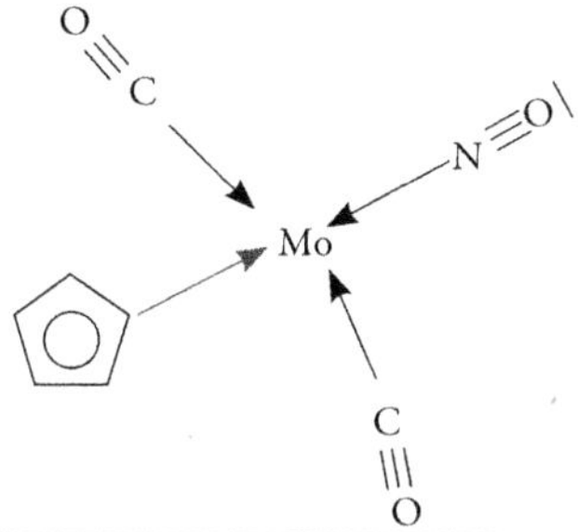	590/0.215 (Mo-C) **550-840/ 0.232** *365-660/ 0.215 (Mo-C)*	860/0.210 (Mo-N) *980/0.210 (Mo-N)*		
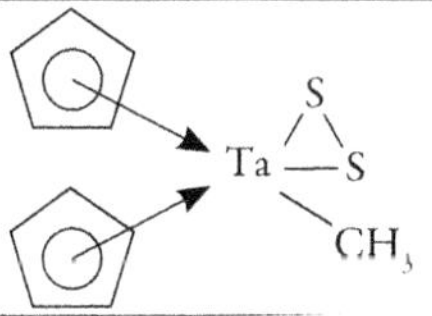	760/0.220 (Ta-C) **540-840/ 0.240**	*970/0.215 (Ta-N)*	520/0.250 (Ta-S) *860-965/ 0.210 (Ta-O)*	?
Complexe C	*430-700/ 0.185 (Ni-C)*	625/0.260 (Ni-N) *525-680/ 0.180 (Ni-N)*	765/0.250 (Ni-O) *480-850/ 0.175 (Ni-O)*	*525/0.210 (Ni-Cl)*
Composé organométallique D	**480/0.205** *480-675/ 0.190 (Fe-C)*	*515-810/ 0.185 (Fe-N)*	*520-930/ 0.180 (Fe-O)*	*650-900/ 0.215 (Fe-Cl)*

5. Conclusion

Pour la liaison métal-carbone, sa longueur augmente dans le même sens que le nombre d'onde et que l'écart entre électronégativités. Plus l'écart est important (de 0.25 à 1.05) plus la liaison perd de son caractère covalent et s'allonge (Tableau VIII.8).

L'apparente divergence en ce qui concerne les résultats avec les liaisons métal-soufre, azote ou oxygène s'explique par l'électronégativité croissante de ces derniers atomes et leur influence croissante dans le même ordre. En effet celle-ci, associée à celles des atomes métalliques (variant de 1.50 pour le tantale à 2.30 pour le rhodium) crée des écarts compris entre 0.40 et 1.95 et montre que plus l'écart est important, plus l'électronégativité des atomes précédents se fait ressentir.

Tableau VIII.8

C E.N. 2.55	1 : Rh(**0.25**)	2 : Mo(**0.40**)	3 : Nb(**0.95**)	4 : Ta(**1.05**)
N.O.M.	425	510	780	760
L.L.C.	0.200	0.215	0.220	0.220

O E.N. 3.45	1 : Rh(**1.15**)	2 : Mo(**1.30**)	3 : Nb(**1.85**)	4 : Ta(**1.95**)
N.O.M.	815	835	915	915
L.L.C.	0.190	0.200	0.210	0.220
Cl E.N. 3.15	1 : Ni(**1.25**)	2 : Fe(**1.35**)	3 : Nb(**1.55**)	
N.O.M.	525	775	720	
L.L.C.	0.215	0.215	0.245	
N E.N. 3.05	1 : Rh(**0.75**)	2 : Mo(**0.90**)	3 : Nb(**1.45**)	4 : Ta(**1.55**)
N.O.M.	700	920	980	970
L.L.C.	0.195	0.210	0.220	0.215
S E.N. 2.60	1 : Mo(**0.40**)	2 : Fe(**0.75**)	3 : Nb(**1.00**)	4 : Ta(**1.10**)
N.O.M.	535	580	530	520
L.L.C.	0.240	0.225	0.250	0.250

électronégativité selon Pauling (classement selon **écart** en E.N.)
N.O.M. : nombre d'onde moyen (en cm^{-1})
L.L.C. : longueur de liaison covalente (en nm)

C E.N. 2.55	1 : H(**0.35**)	2 : N(**0.50**)	3 : Cl(**0.60**)	4 : O(**0.90**)
N.O.M.	2900	1200	750	1200
L.L.C.	0.105	0.140	0.175	0.135

Pour l'atome d'oxygène (qui donne les écarts les plus importants de 1.15 à 1.95) le nombre d'onde croît ainsi que la longueur de la liaison dans le même sens que les écarts. Pour l'atome de chlore (écarts de 0.75 à 1.55) et pour l'atome d'azote (écarts de 1.25 à 1.55), la même évolution se fait ressentir mais plus laborieusement. Par contre pour l'atome de soufre (écarts de 0.40 à 1.10), l'évolution est inversée où la longueur de la liaison augmente alors que le nombre d'onde diminue.

Toutes ces observations montrent bien le rôle majoritaire de l'électronégativité et que globalement, à quelques exceptions près, plus l'écart d'électronégativités est grand, plus la liaison l'est aussi ainsi que le nombre d'onde de sa vibration.

C'est à l'opposé du comportement de la liaison covalente entre un atome de carbone et un autre atome (d'hydrogène, d'azote, de chlore ou d'oxygène). Pour des écarts d'électronégativité allant de 0.35 à 0.90 (Tableau VIII.8), la longueur de la liaison augmente quant le nombre d'onde diminue. Cette constatation laisse supposer que la liaison entre un atome métallique et un atome de soufre rentre dans ce cadre.

VIII. APPLICATIONS AUX FILS ROUGES C ET D (VIIe PARTIE)

1. Complexe C

Les nombres d'onde notées pour les vibrations de valence des liaisons métal-oxygène et métal-azote (765 et 625 cm^{-1}) sont supérieures à ceux relevés (650 et 615 cm^{-1} en moyenne) ainsi que les longueurs de liaisons (Ni-O : 0.249 nm et Ni-N : 0.260 nm) comparées aux longueurs moyennes (Ni-O : 0.175 nm et Ni-N : 0.180 nm) alors que les écarts d'électronégativités sont respectivement de 1.55 et de 1.15. La répartition entre caractère ionique et covalent de ces liaisons se fait en faveur du premier ce qui a tendance à les allonger. De plus la différence de comportement des atomes d'oxygène et d'azote provient d'une meilleure interaction des premiers avec le noyau métallique, du fait de leurs deux doublets non liants. D'ailleurs la différence de longueur entre la liaison oxygène-nickel et la liaison azote nickel se fait en faveur de la première.

Globalement la supériorité des valeurs relevées s'analyse à partir de la structure du composé en forme d'octaèdre (Tableau V.18). Celle-ci s'avère stable mais tendue du fait de toutes les répulsions non négligeables (exercées par tous les doublets non liants) relativement éloignées les uns des autres mais qui ne sont pas minimisées par des angles d'éloignement maximum, selon la méthode VSEPR (Document VIII.9).

Document VIII.9

Datée de 1957, Gillespie a élaboré la méthode VSEPR pour prédire la géométrie des molécules. Le principe de base est la théorie de la répulsion des paires électroniques des couches de valence ou *valence shell electron pair repulsion*. Considérant les doublets d'électrons qu'ils soient liants ou non liants comme des charges électriques, l'objectif est d'occuper l'espace en minimisant les interactions de type répulsif.
En voici le mode d'emploi :

- La règle n° 1 est l'atome central qui sert de référence. C'est le point de départ de la structure de Lewis.
- La règle n° 2 est le fait que les doublets liants et non liants occupent une sphère dont le noyau de l'atome est le centre.
- La règle n° 3 est le fait que les doublets liants ou les doublets non liants occupent le plus d'espace et sont les plus éloignés les uns des autres. De plus le volume occupé par un doublet non liant est supérieur à celui occupé par un doublet liant, ce qui entraîne une diminution des angles de liaison s'il y a présence de doublet(s) non liant(s).
- La règle n° 4 tient compte des doublets non liants (DNL) qui s'écartent le plus possible des doublets liants (DL). Ainsi par répulsion décroissante, cela donne :
  DNL - DNL > DNL - DL > DL - DL. L'explication provient du fait que les doublets non liants sont plus proches de l'atome que les doublets liants.
- La règle n° 5 précise que les liaisons multiples sont équivalentes à un doublet d'électrons liants.

2. Composé organométallique D

Le ferrocène satisfait la règle de l'octet étendue (ici à 18 électrons) et, comme au dérivé du ruthénium et de l'osmium (de la même colonne du tableau périodique des éléments : Tableau VIII.1), la longueur de la liaison entre l'atome métallique et chacun des groupements cyclopentadiényles est minimum et comprise entre 0.205 et 0.220 nm. De part et d'autre de ces trois éléments, les longueurs de cette même liaison, chez les autres dérivés du même type, sont croissantes (Tableau VIII.10).

Il en est de même pour le nombre d'onde de la vibration de valence de cette liaison de valeurs 480, 445 et 350 cm^{-1} pour les trois éléments précédents et inférieures pour les autres éléments du fait d'une liaison plus longue.

Tableau VIII.10

C E.N. 2.55	1 : Mo(**0.40**)	2 : Fe(**0.50**)	3 : Nb(**0.95**)	4 : Ta(**1.05**)
N.O.M.	415	480	375	360
L.D.M-Cp	0.230 (calculé)	0.205	0.240 0.245 (calculé)	0.245 (calculé)

électronégativité selon Pauling (classement selon **écart** en E.N.)
N.O.M. : nombre d'onde moyen (en cm^{-1})
L.D.M-Cp : longueur de distance métal-cyclopentadiényl (en nm)

IX. EXERCICES

1. Exercice

Comparer les dérivés dichlorodicyclopentadiényl du zirconium A, du niobium B et du molybdène C.

Les spectres infrarouges (extraits, en cm^{-1}) sont :
- De A : 1 030(m), 860(F), 825(F), 815(F), 615(f), 450(f).
- De B : 1 015(m), 875(f), 825(F), 385(f), 310(m).
- De C : 990(f), 830(m), 810(f), 550(m), 505(f), 485(f), 460(f).

1.1 Réponse

Tout d'abord en étudiant leur répartition électronique elles sont différentes puisque le dérivé du zirconium est à 16 électrons (4 + 5 + 5 + 1 + 1), le dérivé du niobium à 17 électrons (5 + 5 + 5 + 1 + 1) et le dérivé du molybdène à 18 électrons (6 + 5 + 5 + 1 + 1). C'est le seul composé organométallique qui satisfait la règle de l'octet étendue. Ce gain de stabilité se retrouve dans la liaison métal-cycle cyclopentadiényle qui diminue : 0.250 nm pour A, 0.240 nm pour B et 0.230 nm pour C. Cette décroissance doit s'accompagner d'une augmentation du nombre d'onde de la vibration de valence de la liaison M-groupement cyclopentadiényle entre 385 et 460 cm^{-1}.

2. Exercice

Un composé organométallique est analysé en infrarouge, en spectrométrie de masse, en résonance magnétique nucléaire ^{1}H et ^{13}C. En voici les résultats :
- Spectre infrarouge (extraits, en cm^{-1}) : 3 105(f), 2 035(F), 1 985(F), 1 425(f), 610(m), 570(m), 550(m).
- Spectre de masse (en $g.mol^{-1}$) : 304, 276, 248, 183, 121, 56.
- Spectre de RMN ^{1}H (en ppm) : 5.05/singulet.
- Spectre de RMN ^{13}C (en ppm) : 212.7, 84.0.

Retrouver la structure et le nom de ce composé organométallique.

2.1 Réponse

1re déduction : l'atome métallique est de fer, d'après le spectre de masse (pic à 56 g.mol^{-1}, masse molaire atomique du fer).
2e déduction : il y a deux groupements carbonyles, toujours d'après le spectre de masse (304 - 276 = 28 et 276 - 248 = 28 g.mol^{-1} : masse molaire de ce groupement), d'après le spectre infrarouge par les bandes à 2 035 et 1 985 cm^{-1} et d'après le spectre RMN ^{13}C avec le pic à 212.7 ppm.
3e déduction : il y a au moins un groupement cyclopentadiényle d'après le spectre de masse (248 – 183 = 65, masse molaire de ce groupement), d'après les spectres RMN ^{1}H (pic à 5.05 ppm) et ^{13}C (pic à 84.0 ppm).
4e déduction : il reste 127 g.mol^{-1} au niveau de la masse molaire, ce qui correspond à l'atome d'iode.

Conclusion : il s'agit du dicarbonylcyclopendadiényliodofer (composé à 18 électrons) ou :

$$(\eta^5\text{-}C_5H_5)(CO)_2IFe$$

3. Exercice

Un composé organométallique dérivé du palladium présente sur son spectre infrarouge les bandes suivantes (extraits, en cm^{-1}) : 3 520(F), 3 360(F), 1 640(F), 1 055(F), 505(f), 460(f). De plus son spectre de masse (en g.mol^{-1}) présente les pics suivants : 240, 106, 71, 28, 18 et le spectre RMN ^{1}H : 3.85/singulet/2, 3.70/singulet/2, 2.60/singulet/1 et 1.60/singulet/2. Identifier ce composé organométallique.

3.1 Réponse

Le spectre infrarouge révèle la présence de molécule(s) d'eau, une en l'occurrence en étudiant le spectre de masse (106 g.mol^{-1} est la masse molaire atomique du palladium) et celui de RMN ^{1}H. Le même spectre de masse laisse supposer la présence de deux atomes de chlore ($2 \times 35.5 = 71$ g.mol^{-1}). Il reste donc : 240 - 106 - 71 - 18 = 45 g.mol^{-1}, masse molaire correspondant à C_2H_5O : groupement contenant une liaison OH (spectre infrarouge à 3 360 cm^{-1} et spectre RMN ^{1}H à 2.60 ppm). Il s'agit du bischloro(2-éthanol) palladium hydrate ou :

$$(Cl_2)Pd(\text{-}CH_2\text{-}CH_2\text{-}OH)(H_2O)$$

4. Exercice

A un mélange entre l'éthylène glycol : HO-CH_2-CH_2-OH et le décasulfure de tétraphosphore : P_4S_{10} (Figure VIII.11) est ajouté du tricarbonyl(η^5-cyclopentadiényl)chloromolybdène : (η^5-C_5H_5)$(CO)_3$ClMo.

Un composé organométallique, de couleur mauve, est obtenu dans un rendement de 20 %. Les résultats suivants sont obtenus :
– Analyse élémentaire : % C = 30.0, % P = 7.75 et % S = 16.00.

Figure VIII.11

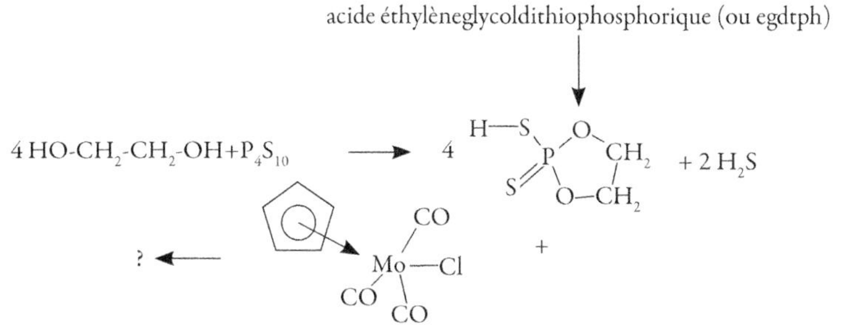

18 électrons au total (6 + 5 + 2 + 2 + 2 + 1)

– Spectre de masse (en $g.mol^{-1}$) : 400, 155, 96, 65 et 28.
– Spectre infrarouge (extraits, en cm^{-1}) : 3 120(f), 1 965(F), 1 875(F), 1 845(F), 1 045(F), 935(F), 795(F), 785(F), 505(m), 440(m).
– Spectre RMN ^1H (en ppm) : 4.35/singulet/4 et 5.40/singulet/5.
– Spectre RMN ^{13}C (en ppm) : 65.5/singulet, 94.0/singulet, 252.5/singulet.
En déduire la structure possible pour ce composé organométallique.

4.1 Réponse

Les résultats de l'analyse élémentaire sont les suivants : 10 fois plus d'atome(s) de carbone que d'atome(s) de phosphore, 5 fois plus d'atome(s) de carbone que d'atome(s) de soufre et 2 fois plus d'atome(s) de soufre que d'atome(s) de phosphore. Sachant que le réactif n'apporte qu'un seul atome de phosphore, cela donne comme début de formule brute : $C_{10}S_2P$. De plus le spectre de masse suggère la présence d'au moins un atome de molybdène (96 $g.mol^{-1}$), un groupement cyclopentadiényle (65 $g.mol^{-1}$) et d'un groupement carbonyle (28 $g.mol^{-1}$). Les spectres RMN du ^1H et du ^{13}C (Document VI.40) attribuent respectivement des déplacements chimiques de 5.40 et 94.0 ppm au groupement cyclopentadiényle, 4.35 et 65.5 au groupement CH_2-CH_2 provenant de l'éthylène glycol initial dans un rapport de 1 pour 1. Quant au groupement carbonyle, il y en a trois, d'où les trois vibrations de valence de la liaison triple C≡O entre 1 965 et 1 845 cm^{-1}. D'autre part sur ce même spectre les vibrations de valence des liaisons P=S et P-S sortent à 795 et 440 cm^{-1}. La formule brute partielle $C_{10}S_2P$ évolue ainsi en $(C_5H_5)(CO)_3(PS_2C_2H_4)Mo$ avec une masse molaire de 368 $g.mol^{-1}$;

comme la masse molaire est de 400 $g.mol^{-1}$, il manque donc 32 $g.mol^{-1}$ correspondant aux deux atomes d'oxygène provenant de l'éthylèneglycol (Figure VIII.12). Le composé final est le tricarbonyl(η^5-cyclopentadiényl) (η^1-éthylèneglycoldithiophosphate)molybdène ou :

$$(\eta^5\text{-}C_5H_5)(CO)_3(\text{-}PS_2C_2H_4O_2)Mo$$

Le ligand éthylèneglycoldithiophosphate a ici une seule liaison avec l'atome de métal, mais dans d'autres composés organométalliques selon l'encombrement ou la répartition électronique cela peut être de 2.

Figure VIII.12

$(C_5H_5)(CO)_3(PS_2C_2H_4O_2)Mo$

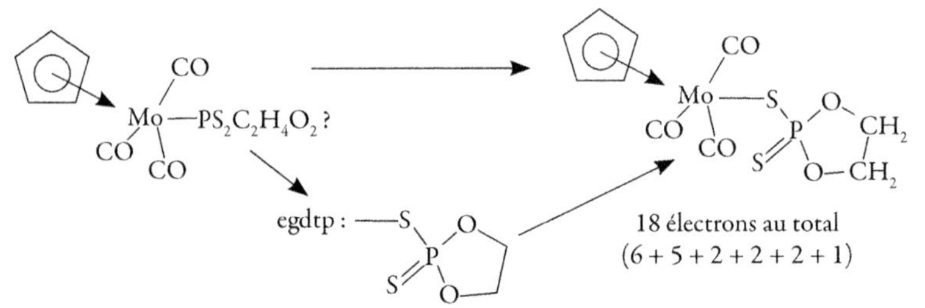

3e PARTIE

LA RÉACTION CHIMIQUE

Prologue 3

Strasbourg 1995.

Notre lycéen de 1986, maintenant étudiant-chercheur en chimie organométallique, travaille sur une thèse à propos de dérivés cyclopentadiényles du niobium, du tantale et du molybdène.

Ayant retrouvé son travail de 1986, il se dit qu'il serait trop dommage de ne pas pousser un peu plus loin les investigations, surtout avec tout le matériel dont il dispose. Il se lance donc, en dehors de son temps de recherche bien sûr, dans cet approfondissement dans le but d'en rédiger un article qu'il a l'intention de proposer à une revue d'histoire des sciences.

À ses premières remarques de lycéen sur une copie du compte rendu d'expériences annoté par professeur F. de 1886, il rajoute ses propres réflexions (entre *guillemets*).

Je demanderai des explications à mon professeur pour le début.

Cette écriture gothique n'est pas facile à lire !

« *Je ne me fais toujours pas à l'écriture gothique.* »

J'ai effectué quelques mesures classiques avec un nouvel appareil que m'a prêté mon confrère Maquenne.

Et le banc de Kofler ? Pourquoi ne l'a-t-il pas utilisé ? Il est un peu plus précis !

« *Maintenant il y a l'appareil automatique de lecture du point de fusion au dixième de degré Celsius !* »

Je crois que nous avons un banc de Kofler ! Je vais m'en servir.

Le naphtalène fond à 80 degrés Celsius et aisément reconnaissable à son odeur. De plus sa température d'ébullition se situe vers 220 degrés Celsius. Quant au second composé, sans odeur, il fond à 114 degrés Celsius et à plus de 300 degrés Celsius, avec un début de décomposition, débute son ébullition.

J'ai aussi trouvé ces valeurs.

« *Il n'est pas beaucoup question de sécurité et pourtant le naphtalène est un produit à manipuler avec précaution !* »

J'ai appliqué les récentes méthodes de mes confrères Liebig, Dumas et Raoult. J'ai obtenu les résultats suivants pour le naphtalène :

– masse de l'échantillon de naphtalène : 0,500 g
– masse de dioxyde de carbone : 1,718 g et masse de vapeur d'eau : 0,281 g
– aucun autre élément
– masse molaire M = 128.0 $g.mol^{-1}$

Pas de spectre de masse !

Important : le naphtalène est un hydrocarbure aromatique polycyclique. Hydrocarbure, je pense, car il ne contient que du carbone et de l'hydrogène, aromatique car il doit sentir bon et polycyclique parce qu'il y a deux cycles. Sa formule brute est $C_{10}H_8$ et c'est ce qui a déjà été trouvé ! Tiens c'est Erlenmeyer qui a trouvé sa formule, ce nom me dit quelque chose. Ouh là ! il est cancérigène donc à manipuler avec précaution.

Ma conclusion est que la formule brute trouvée est $C_{10}H_8$ et, vu mes mesures de températures réalisées, qu'il s'agit bien de naphtalène.

Sur les calculs je vais lui faire confiance.

Quant au composé X :
– masse de l'échantillon du composé X : 0,500 g
– masse de dioxyde de carbone : 1.304 g et masse de vapeur d'eau : 0.300 g
– volume de diazote : 41 cm^3 = 0.041 dm^3
– aucun autre élément
– masse molaire M = 135.0 $g.mol^{-1}$

Toujours pas de spectre de masse mais cela peut se comprendre en 1886 !

Ma conclusion est que la formule brute du composé X est C_8H_9NO et tout porte à croire, en accord avec mes mesures de températures réalisées, qu'il s'agit de l'acétanilide.

Il n'empêche de remarquer qu'en 1886 les calculs étaient déjà au point et précis. De ce côté on n'a guère fait mieux en un siècle. Ah ! intéressant, l'acétanilide a été utilisé comme médicament mais vite remplacé par le paracétamol. Amusant ce dernier est fabriqué à partir de l'acétanilide.

Quelques tests auraient confirmé la véracité de sa conclusion.

De quels tests s'agit-il ? Ça y est, j'ai trouvé ! C'est pour savoir, en quelque sorte, à quelle famille appartient chaque composé. Peut-être le test du chauffage pour l'acétanilide ? Il demande peu de matériel, je vais le faire.

« *En effet en chauffant en présence de soude à 10 % soit à 2,5 moles par litre, j'obtiens un dégagement gazeux d'ammoniac, à l'odeur très caractéristique. Il s'agit donc bien d'un amide auquel appartient l'acétanilide.* »

Quelques représentations en formules semi-développées auraient été les bienvenues.

Si je me souviens bien le naphtalène c'est :

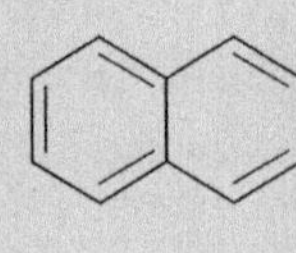

Et l'acétanilide :

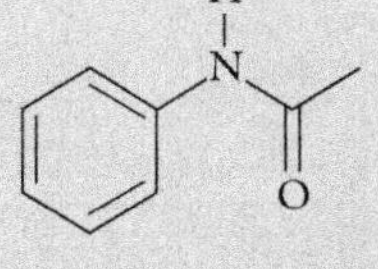

Mais que c'est étonnant ! c'est très proche du paracétamol :

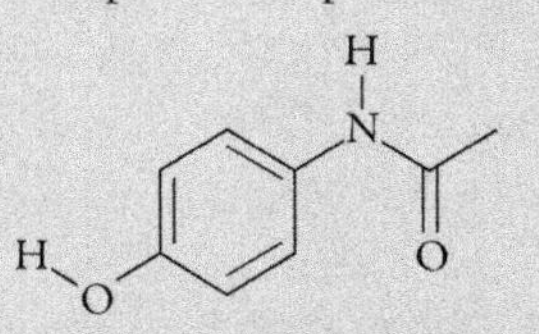

C'est vrai que les deux dernières molécules se ressemblent beaucoup !
Mais mes investigations s'arrêtent là ! Peut-être que les récentes découvertes de Thomson, Röntgen et autres me permettront un jour d'en savoir plus sur ces deux composés… Pas de spectre infrarouge, ultraviolet ou de résonance magnétique nucléaire ! Dommage. Autant essayer de terminer l'étude comparative de 1886… Je vais réaliser les spectres de masse, infrarouge et ultraviolet et compléter les travaux du professeur F… Je vais aussi me servir du tout appareil de résonance magnétique nucléaire que le professeur Ernst, après sa brillante conférence, nous a incité à acquérir. Pour y voir plus clair j'ai résumé les résultats dans ce tableau :

	Naphtalène $C_{10}H_8$	**Acétanilide C_8H_9NO**
Spectre de masse (en g.mol^{-1})	128	15 - 43 - 59 - 77 - 135
Spectre infrarouge nombre d'onde (en cm^{-1}) intensité	3 100(F) - 1 950(f) 1 595(m) - 1 530(F) 1 510(f) - 1 000(f) 800(F)	3 300(F) - 1 665(F) 1 600(F) - 1 560(F) 1 490(m) - 1 325(F) 755(F)
Spectre de résonance magnétique nucléaire (en ppm/intégration)	7.85(4) 7.45(4)	7.80(1) 7.35(5) 2.15(3)
Spectre ultraviolet (en nm/epsilon)	260/3 160 270/3 980 280/3 160	205/31 600 245/15 850 285/630

Ce sont deux composés très différents ; rien de semblable ! Et encore moins l'odeur qui aurait permis d'éviter l'erreur en 1886.
Il ne m'a pas fallu quelques jours d'attente pour réaliser tout cela. Une demi-journée m'a suffit pour rattraper cette méprise mais peut-être que la médecine aurait perdu une découverte thérapeutique intéressante : celle du paracétamol.

Ça se complique. À part la masse molaire qui est au programme et que je retrouve dans ce tableau : 128 et 135 le reste m'échappe complètement en dehors des mots infrarouge ou ultraviolet. Peut-être cela a-t-il un rapport avec le spectrophotomètre ultraviolet-visible que nous avons utilisé récemment ?
Je vais aller à la conférence du professeur Dehmelt qui doit nous parler de la spectrométrie de masse. Peut-être cela va-t-il m'aider !
« *Que de prix Nobel en 2001 pour Ernst et 1989 pour Dehmelt ! Ces jeunes avaient de la chance de rencontrer de telles sommités. Afin de compléter cette accumulation de données, je vais à m'intéresser aux méthodes d'obtention de ces deux molécules qui sont complètement différentes d'esprit. Le naphtalène est soit issu de dérivés du pétrole ou soit extrait du goudron de houille. Quant à l'acétanilide sa synthèse se fait à partir d'une réaction de substitution nucléophile entre l'aniline et l'anhydride éthanoïque.* »

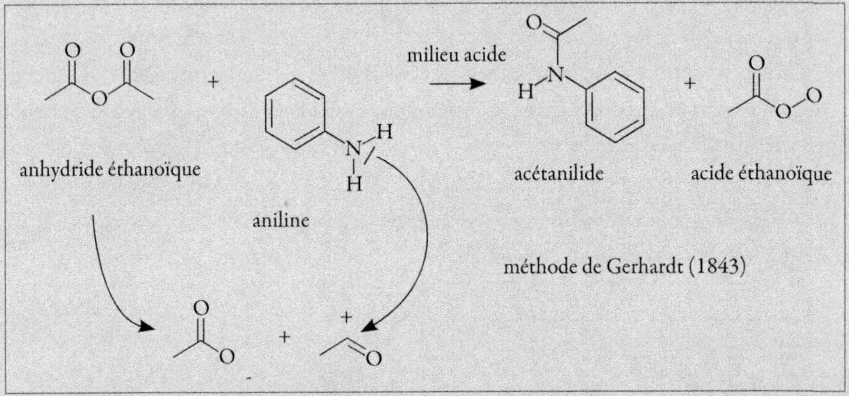

« *En conclusion d'un côté un composé d'origine quasi naturelle et de l'autre un autre purement synthétique.*
L'intérêt de la synthèse de l'acétanilide est son mécanisme, c'est-à-dire la manière dont tout se défait et se refait mais d'une autre manière. L'agent nucléophile, étant l'aniline par le doublet non liant de l'atome d'azote, se fixe sur l'atome de carbone du groupement éthanoylium CH_3*-C(=O)*$^+$*, site électrophile issu de la cassure de l'anhydride éthanoïque.*
Il est intéressant de noter que le spectre RMN ^{13}C *à – 60 °C de l'intermédiaire cationique montrent un fort blindage par rapport aux déplacements chimiques observés sur l'anhydride éthanoïque ou un composé proche : le chlorure d'éthanoyle. Il en ressort que le déblindage habituellement occasionné par la double liaison carbone=oxygène semble amoindri par la présence d'une charge positive.* »

	Anhydride éthanoïque		Acétanilide
Spectre de résonance magnétique nucléaire ^{1}H extraits (en ppm/intégration)	2.20	chlorure d'éthanoyle 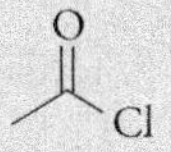 2.65	... 2.15(3)
Spectre de résonance magnétique nucléaire ^{13}C extraits (en ppm)	166.5 22.0 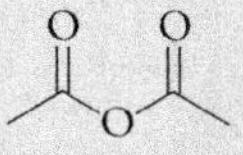	chlorure d'éthanoyle 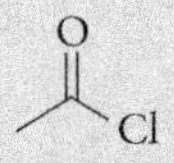 170.5 33.7 ion éthanoylium CH_3-C^+(=O) 154 7.5	169.5 ... 24.0 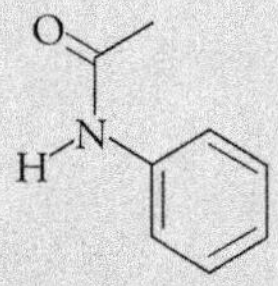

La maîtrise des réactions chimiques et de leur fonctionnement intime est un sérieux gain de temps qui laisse la place à l'amélioration de la partie expérimentale afin d'accéder aux conditions optimales. L'aboutissement de cette connaissance impose d'aborder la variété des cas possibles, par la multiplicité de chacun d'entre eux, afin d'acquérir cette logique apparemment innée de la prévision de la réaction chimique. Les voies pour accéder expérimentalement à un but fixé sont multiples et l'intérêt est de trouver spontanément celle qui se révèle la plus efficace ou alors, luxe suprême, la plus innovante.

IX

La boîte à outils

I. DÉFINITION ET CLASSEMENT : COMMENT ET AVEC QUOI ?

1. Définition

Une réaction est une transformation chimique et non une transformation physique. Il y a modification de la structure carbonée sous certaines conditions :

– Chimiques. Elles concernent la nature proprement dite des composés chimiques utilisés.

C'est l'action(s) d'un ou plusieurs réactif(s) organique(s) avec (ou pas !) d'autre(s) non organique(s).

– Opératoires. Elles concernent la modification de facteurs expérimentaux, c'est-à-dire de critères physiques connus pour leur efficacité expérimentale et principalement pour leur influence énergétique.

Lorsque la température T augmente, il en est de même pour la vitesse de la réaction. La pression, un rayonnement électromagnétique comme les ultraviolets ou les microondes ou un solvant précis peuvent être aussi décisifs.

– Catalytiques. Elles concernent une faible action associée aux conditions précédentes qu'il est nécessaire de faire évoluer.

C'est la présence d'un catalyseur qui permet d'amorcer la réaction sans intervenir au niveau de la transformation chimique et sans modifier les conséquences qualitatives et quantitatives de celle-ci.

En observant de plus près, les acteurs d'une transformation chimique sont les électrons, ces particules très mobiles, de masse négligeable et de charge électrique négative. Ils peuvent être classés en trois catégories :

– Les électrons σ (ou sigma), assurant le lien intramoléculaire entre atomes.

Statistiquement leur position dépend de l'influence des atomes. Le caractère électronégatif de ces derniers explique leur positionnement, à égales distances ou excentrés. Il est question de l'effet inductif (Document VI.39), consistant en un déplacement des électrons σ de la liaison covalente en tenant compte de l'électronégativité des atomes ou groupements d'atomes voisins.

– Les électrons Π (ou pi), renforçant le lien intramoléculaire entre atomes.

Le positionnement de ces électrons est plus spatial et étendu ce qui confère souvent aux molécules qui en sont dotées une plus grande réactivité. De même que les électrons σ, leur positionnement statistique dépend d'influences électriques. C'est l'effet mésomère (Document VI.39), consistant en un déplacement des électrons π dans les molécules à liaison(s) double(s) ou triple(s).

– Les électrons non liants appartenant à des doublets non liants et assurant le lien intermoléculaire, dans certaines conditions, avec l'entité à l'autre extrémité du lien.

Leur localisation est fonction des autres électrons σ ou Π, en tenant compte du fait que les répulsions entre eux sont fortes et que les électrons non liants occupent un volume plus important d'une part et sont finalement plus proches du noyau de l'atome que les autres d'autre part (Document VIII.9). Ils se situent sur des hétéroatomes comme l'atome d'azote, l'atome d'oxygène, l'atome de soufre...

Les constantes physiques et les résultats spectroscopiques attestent de l'implication de tous ces électrons dans la structure et la réactivité d'un composé chimique. En comparant des composés organiques ayant tous quatre atomes de carbone (Tableaux IX.1 et IX.2), les constantes physiques témoignent du lien entre augmentations des températures de fusion et d'ébullition et de l'indice de réfraction et présence d'électrons Π et/ou non liants.

La réalité de liens intermoléculaires atténuent la liberté des molécules et demandent plus d'énergie pour provoquer un changement d'état d'une part et freinent la propagation de la lumière dans le milieu. L'influence des électrons Π apparaît évidente en ce qui concerne les trois grandeurs physico-chimiques dans le sens d'un accroissement de ces valeurs lorsque le nombre de ces électrons croît.

Les électrons Π provoquent une augmentation des grandeurs spectroscopiques infrarouges en assurant un renforcement et un raccourcissement des liaisons chimiques concernées. En RMN c'est l'action simultanée de ces deux types d'électrons qui provoque un déblindage d'autant plus important que leur nombre l'est.

Tableau IX.1

butanone
ou
CH_3-CH_2-C(=O)-CH_3

ou

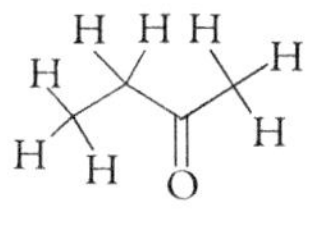

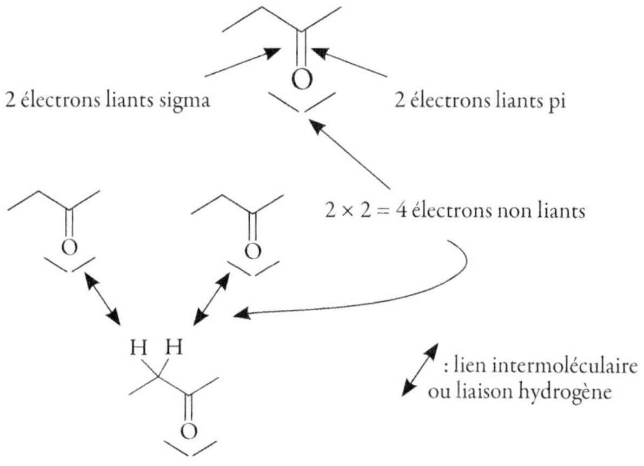

	butanone	**butane** CH_3-CH_2-CH_2-CH_3
Bilan électronique	24 électrons sigma 2 électrons pi 4 électrons non liants	26 électrons sigma
Température de fusion	– 85 °C	– 138 °C
Température d'ébullition	+ 80 °C	– 1 °C
Indice de réfraction	1.3769	1.3326
Spectre infrarouge (extraits) (en cm^{-1})	2990-2920/F/C-H valence 1760-1750/F/C=O valence 1450/F/C-H déformation *scissoring* 930/m/C-H déformation *rocking*	2965-2875/F/C-H valence 1460/m/C-H déformation *scissoring* 975/f/C-H déformation *rocking*
Spectre RMN ^1H (en ppm)	2.45/CH_2/2/quadruplet/^3J = 7.4 Hz 2.15/CH_3/3/singulet 1.05/CH_3/3/triplet/^3J = 7.4 Hz	1.30/CH_2/2/quadruplet/^3J = 6.9 Hz 0.35/CH_3/3/triplet/^3J = 6.9 Hz

Tableau IX.2

	butanol CH_3-CH_2-CH_2-CH_2-OH	**but-2-ènal** CH_3-CH=CH-C(=O)-H	**butanamine** CH_3-CH_2-CH_2-CH_2-NH_2	**butanenitrile** CH_3-CH_2-CH_2-CN
Bilan électronique	28 électrons sigma 4 électrons non liants	20 électrons sigma 4 électrons pi 4 électrons non liants	30 électrons sigma 2 électrons non liants	22 électrons sigma 4 électrons pi 2 électrons non liants
Température de fusion	- 90 °C	- 76 °C	- 50 °C	- 112 °C
Température d'ébullition	+ 117 °C	+ 104 °C	+ 78 °C	+ 117 °C
Indice de réfraction	1.3974	1.4370	1.4010	1.3838
Spectre infrarouge (extraits) (en cm^{-1})	3 320/F/O-H val. 2 960/F/C-H val. 1 080/F/C-O val.	2 950/m/C-H val. 2 815/m/C(O)-H val. 1 690/F/C=O val. 1 640/F/C=C val.	3 370/F/N-H val. 2 960/F/C-H val. 1 610/m/N-H déf. 1 120/m/C-N val.	2 975/F/C-H val. 2 250/F/CN val.
Spectre RMN ^{1}H (en ppm)	3.65/CH_2/multiplet 2.25/OH/singulet 1.55/CH_2/multiplet 1.40/CH_2/multiplet 0.95/CH_3/triplet	9.50/C(=O)-H/singulet 6.90/CH/multiplet 6.15/CH/multiplet 2.05/CH_3/multiplet	2.70/CH_2/multiplet 1.75/NH_2/multiplet 1.45/CH_2/multiplet 1.35/CH_2/multiplet 0.95/CH_3/triplet	2.35/CH_2/multiplet 1.70/CH_2/multiplet 1.10/CH_3/triplet

2. Classement

Les réactions en chimie organique sont nombreuses mais elles peuvent être classées en quatre groupes de manière distincte, c'est-à-dire résultant d'une étape unique, comme l'addition, l'élimination, la substitution et la transposition. Cependant certaines apparaissent comme des réactions composées, c'est-à-dire un l'enchaînement de certaines des réactions fondamentales précédentes, comme l'oxydation, la réduction…

Chaque réaction est répertoriée par rapport au groupe à laquelle elle appartient et dans la plupart des cas au mécanisme électronique qui la permet. De plus très souvent une réaction en chimie organique porte le nom du chercheur qui l'a initiée.

II. L'ADDITION ET L'ÉLIMINATION

La réaction d'addition a schématiquement pour équation :

$$A + B \rightarrow C$$

où A est un composé organique, B un composé très souvent inorganique et C un composé organique dont la formule brute est la *somme* des deux premières.

Elle résulte du passage d'une liaison multiple d'ordre n vers une liaison multiple d'ordre n-1, soit d'une liaison triple carbone≡carbone vers une liaison double carbone=carbone, soit d'une liaison double carbone=carbone vers une liaison simple carbone-carbone, soit d'une liaison double carbone=oxygène vers une liaison simple carbone-oxygène, soit d'une liaison triple carbone≡azote vers une liaison double carbone=azote ou soit d'une liaison double carbone=azote vers une liaison simple carbone-azote… Prenons comme exemple n °1 l'hydrohalogénation, c'est-à-dire l'action sur un alcène d'un acide hydrohalogéné H-X :

$$R_1\text{-CH=CH-}R_2 + HX \rightarrow R_1CHX\text{-}CH_2R_2$$

pour obtenir un halogénoalcane. Il faut savoir que le résultat de cette réaction s'appuie sur la règle de Markovnikov (première version formulée en 1868) : *lors de l'addition d'un hydracide sur un alcène dissymétrique l'atome d'hydrogène se fixe sur l'atome de carbone le moins substitué.*

La réaction d'élimination a schématiquement a pour équation :

$$A \rightarrow B + C$$

où A est un composé organique, B un composé très souvent inorganique et C un composé organique dont la formule brute est la *différence* des deux premières. Elle résulte du passage d'une liaison multiple d'ordre n vers une liaison multiple d'ordre n+1. Prenons comme exemple n° 2 la déshydratation, c'est-à-dire l'action d'un acide comme l'acide sulfurique H_2SO_4 ou l'acide phosphorique H_3PO_4 sur un alcool secondaire pour obtenir un alcène et une molécule d'eau. Cette réaction s'appuie sur la règle de Zaytsev (1875) qui prévoit que : *l'atome de carbone en α qui a le plus de chance d'avoir une double liaison entre atomes de carbone est celui qui est le plus substitué ou le moins hydrogéné.*

Ces deux réactions (Figure IX.3) apparaissent comme complémentaires et se signalent par des modifications au niveau de la nature des liaisons entre atomes de carbone ou entre un atome de carbone et un autre atome comme l'oxygène ou l'azote.

Figure IX.3

Exemple n° 1 : réaction d'addition comme la synthèse du 2-chloro-2-méthylbutane.

Exemple n° 2 : réaction d'élimination comme la synthèse du cyclohexène.

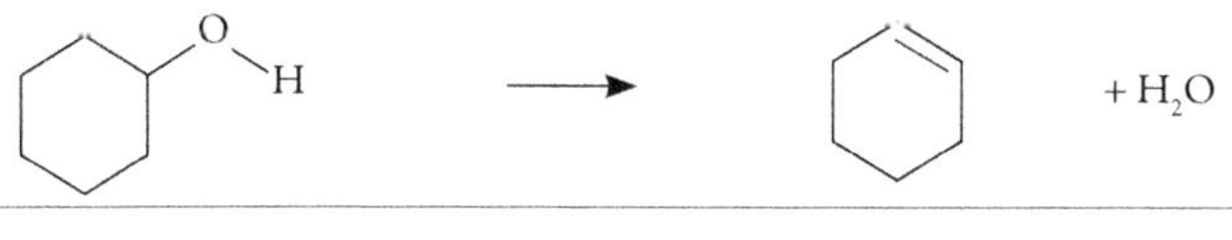

Le rôle des électrons non liants dans l'accroissement des températures de fusion ou d'ébullition est, ici, très net (Tableau IX.4).

Tableau IX.4

Exemple n° 1 : réaction d'addition	**2-méthylbut-2-ène**	**2-chloro-2-méthylbutane**
Bilan électronique	28 électrons sigma 2 électrons pi	32 électrons sigma 6 électrons non liants
Température de fusion	– 134 °C	– 73 °C
Température d'ébullition	+ 38 °C	+ 85 °C
Indice de réfraction	1.3850	1.4050
Spectre infrarouge (extraits) (en cm^{-1})	2 915/F/C-H valence 1 450/F/C=C valence disparition	2 965/F/C-H valence 800/F/C-Cl val. apparition
Spectre RMN ^1H (en ppm)	5.20/CH/multiplet disparition 1.70-1.55/CH_3/multiplet	1.75/CH_2/multiplet apparition 1.55-1.05/CH_3/multiplet blindage
Spectre UV (en nm)	195/10 000	néant
Exemple n° 2 : réaction d'élimination	**cyclohexanol**	**cyclohexène**
Bilan électronique	38 électrons sigma 4 électrons non liants	32 électrons sigma 2 électrons pi
Température de fusion	+ 23 °C	– 104 °C
Température d'ébullition	+ 161 °C	+ 83 °C
Indice de réfraction	1.4656	1.4465
Spectre infrarouge (extraits) (en cm^{-1})	3 370/F/O-H valence disparition 1 070/F/C-O valence disparition	1 650/m/C=C valence apparition
Spectre RMN ^1H (en ppm)	3.60/CH/singulet 2.85/OH/singulet disparition 1.90-1.15/CH_2/multiplet	5.65/CH/multiplet déblindage 2.00-1.60/CH_2/multiplet déblindage
Spectre UV (en nm)	néant	205/7 080 - 180/630 apparition

C'est donc principalement au niveau des méthodes spectroscopiques que la différence est notable. Cela se manifeste par la disparition ou l'apparition de bandes en infrarouge, par la disparition ou l'apparition de bandes d'absorption en ultraviolet, l'apparition ou la disparition de pics ou leur blindage/déblindage en RMN.

III. LA SUBSTITUTION

La réaction de substitution a schématiquement pour équation :

$$A\text{-}B + C\text{-}D \rightarrow A\text{-}C + D\text{-}B$$

Elle résulte du remplacement d'un atome ou d'un groupement d'atomes comme B par un atome ou un groupement d'atomes comme C, ce dernier étant apporté par un réactif organique ou inorganique. Prenons comme exemple n° 3 l'hydrolyse, c'est-à-dire l'action sur un halogénoalcane comme R_1R_2CHX (avec X : atome d'halogène comme Br. : le brome) de l'eau en milieu basique pour donner un alcool secondaire et comme exemple n° 4 la nitration, c'est-à-dire l'action d'un mélange acide nitrique–acide sulfurique sur un composé aromatique pour donner un dérivé aromatique nitro. Il faut savoir qu'une deuxième substitution sur un tel composé est possible mais s'avère régiosélective. Le résultat, c'est-à-dire la position du second substituant et l'efficacité de cette seconde substitution s'appuie sur les règles de Holleman (Document VI.14).

Figure IX.5

Exemple n° 3 : réaction de substitution comme la synthèse du propan-2-ol.

Exemple n° 4 : réaction de substitution comme la synthèse du 4-nitrotoluène.

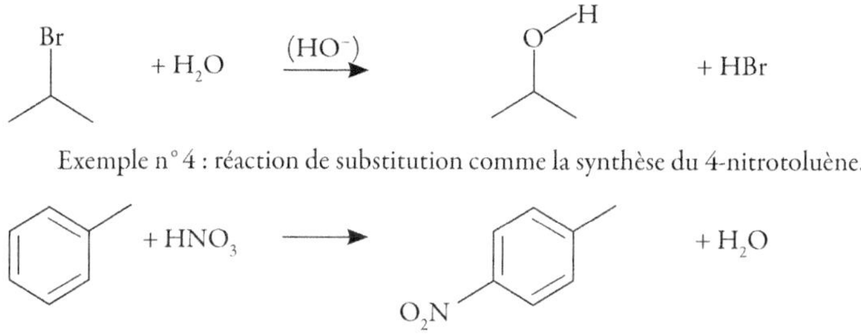

Ces deux réactions (Figure IX.5) ne modifient guère le nombre et la nature des liaisons du squelette carboné ou celles issues de ce dernier.

L'apparente contradiction des températures d'ébullition (Tableau IX.6) des composés organiques de l'exemple n° 3 où leur valeur évolue dans le sens opposé du nombre d'électrons non liants s'explique par l'écart des électronégativités des atomes présents dans les substituants. La disponibilité des électrons non liants est liée à une électronégativité croissante (électronégativités de l'atome d'oxygène et de la plupart des atomes d'halogène, sauf le fluor, respectivement de 3.44 et de 3.16 à 2.66) favorisant les liens intermoléculaires et augmentant les grandeurs physico-chimiques.

En infrarouge les bouleversements se concrétisent dans une gamme de nombre d'onde déjà très encombrée où il n'est pas évident de différencier une liaison C-O ou C-N d'une liaison C-C. Le changement peut venir de l'identité et de la nature du substituant partant et de l'entrant. De même dans ces derniers, en RMN du ^1H, seule la présence d'atomes d'hydrogène peut entraîner un changement d'allure du spectre.

Tableau IX.6

Exemple n° 3 : réaction de substitution	**2-bromopropane**	**propan-2-ol**
Bilan électronique	20 électrons sigma 6 électrons non liants	22 électrons sigma 4 électrons non liants
Température de fusion	– 89 °C	– 88 °C
Température d'ébullition	+ 60 °C	+ 82 °C
Indice de réfraction	1.4251	1.3772
Spectre infrarouge (extraits) (en cm^{-1})	2 990/F/C-H valence 1 150/F/C-C valence 540/F/C-Br valence disparition	3 330/F/O-H val. apparition 2 970/F/C-H valence 1 160/F/C-O val. apparition 1 130/m/C-C valence
Spectre RMN ^1H (en ppm)	3.80/CH/quadruplet 1.30/CH_3/doublet	4.00/CH/multiplet 2.20/OH/singulet apparition 1.20/CH_3/doublet
Spectre UV (en nm)	néant	néant
Exemple n° 4 : réaction de substitution	**toluène**	**4-nitrotoluène**
Bilan électronique	30 électrons sigma 6 électrons pi	34 électrons sigma 8 électrons pi 10 électrons non liants
Température de fusion	– 95 °C	+ 52 °C
Température d'ébullition	+ 111 °C	+ 238 °C
Indice de réfraction	1.4941	1.5382
Spectre infrarouge (extraits) (en cm^{-1})	1 495/F/C=C valence 730-695/F/C-H déf. disparition	1 600/F/NO valence apparition 1 510/F/C=C valence 840/m/C-H déf. apparition
Spectre RMN ^1H (en ppm)	7.40-7.00/C_6H_5/multiplet 2.35/CH_3/singulet	8.10-7.30/CH/multiplet déblindage 2.45/CH_3/singulet déblindage
Spectre UV (en nm)	260/250	270/10 000 - 340/200

IV. LA TRANSPOSITION

La réaction de transposition (ou réarrangement) a schématiquement pour équation :

$$A \rightarrow B$$

où A et B sont soient des isomères ou alors B provient de A après mouvement de molécule d'eau. Il y a une restructuration des liaisons et des atomes dans un but de gain de stabilité. Il y a la transposition intégrale où le composé de départ et celui obtenu sont des isomères, la transposition avec perte d'une molécule d'eau, principalement en milieu acide et la transposition avec gain d'une molécule d'eau, principalement en milieu basique.

Prenons comme exemple n° 5 la réaction de Fries (1908), c'est-à-dire le passage d'un ester dérivé du phénol vers une cétone. Le gain de stabilité est assuré par un accroissement de la conjugaison et comme exemple n° 6 la transposition pinacolique, c'est-à-dire le passage d'un diol vers une cétone. Le gain de stabilité est assuré par la formation d'un carbocation stabilisant tertiaire de type $C(CH_3)_3^+$ (Documents IX.7 et IX.25).

Document IX.7

Exemple n° 5 : réaction de transposition comme la synthèse de la 2'-hydroxyphényléthan-2-one.

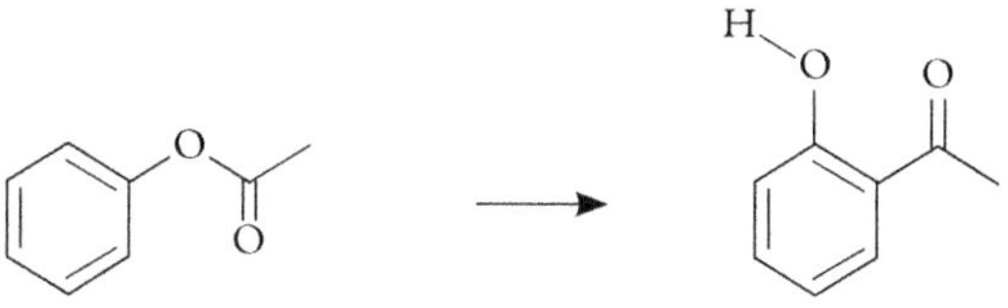

Exemple n° 6 : réaction de transposition comme la synthèse de la 3,3-diméthylbutan-2-one.

Tableau IX.8

Exemple n° 5 : réaction de transposition	**éthanoate de phényle**	**2'-hydroxyphényléthan-2-one**
Bilan électronique	36 électrons sigma 8 électrons pi 8 électrons non liants	28 électrons sigma 8 électrons pi 8 électrons non liants
Température de fusion	– 30 °C	+ 5 °C
Température d'ébullition	+ 195 °C	+ 218 °C
Indice de réfraction	1.5010	1.5590
Spectre infrarouge (extraits) (en cm^{-1})	1 760/F/C=O valence 1 195/F/C-O valence 750-690/F/C-H déf. disparition	3 060/F/O-H val. apparition 1 640/F/C=O valence 1 160/F/C-O valence 760/F/C-H déf. apparition
Spectre RMN ^1H (en ppm)	7.25-6.85/CH/multiplet 2.05/CH_3/singulet	12.25/OH/singulet apparition 7.70-6.90/CH/multiplet déblindage 2.60/CH_3/singulet
Spectre UV (en nm)	?	255/7 900 - 325/3 200

Suite du Tableau IX.8

Exemple n° 6 : réaction de transposition	2,3-diméthylbutan-1,2-diol	3,3-diméthylbutan-2-one
Bilan électronique	42 électrons sigma 8 électrons non liants	36 électrons sigma 2 électrons pi 4 électrons non liants
Température de fusion	+ 42 °C	– 50 °C
Température d'ébullition	+ 171 °C	+ 106 °C
Indice de réfraction	néant	1.3960
Spectre infrarouge (extraits) (en cm^{-1})	3410/F/O-H valence <u>disparition</u> 1170/F/C-O val. <u>disparition</u>	1710/F/C=O val. <u>apparition</u>
Spectre RMN ^1H (en ppm)	2.40/OH/singulet <u>disparition</u> 1.25/CH_3/singulet	2.15/CH_3/singulet 1.10/CH_3/singulet
Spectre UV (en nm)	néant	290/20

Les modifications du squelette carboné sont évidentes et entraînent aussi le déplacement d'autres atomes tel ici celui d'oxygène. Les données spectroscopiques en infrarouge comme en RMN (Tableau IX.8) sont les plus perturbées par la disparition et l'apparition de fonctions distinctes les unes des autres. Dans le premier cas c'est la fonction ester qui cède la place à une fonction cétone et une fonction alcool et dans le second cas (où les électrons non liants montrent leur influence sur les données thermiques) deux fonctions alcools par une fonction cétone.

V. L'OXYDATION ET LA RÉDUCTION

Globalement une réaction d'oxydation est l'apport d'atome(s) d'oxygène à une molécule mais ce n'est qu'une définition empirique. En effet la plupart des agents oxydants sont riches en cet atome comme le permanganate de potassium $KMnO_4$, le dichromate de potassium $K_2Cr_2O_7$. Elle découle soit d'une simple substitution, soit de l'enchaînement substitution-élimination.

Prenons comme exemple n° 7 l'oxydation de l'alcool benzylique en milieu basique pour donner l'acide benzoïque, après acidification avec un enchaînement substitution-élimination (Figure IX.9).

Figure IX.9

Exemple n° 7 : réaction d'oxydation comme la synthèse de l'acide benzoïque.

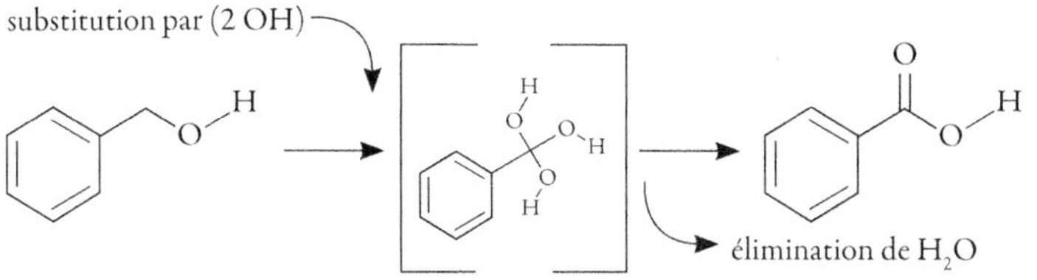

Il s'agit à partir de $–CH_2$-OH d'une double substitution pour donner un triol $–C(OH)_3$ sur le même atome de carbone suivie d'une élimination par déshydratation pour donner –C(=O)-OH. Le gain de stabilité est assuré par une conjugaison étendue, ce que confirme les températures de fusion comme d'ébullition, plus importantes pour le produit final (Tableau IX.10). En infrarouge le même groupement hydroxyle OH intervient dans deux fonctions différentes, alcool au départ et acide carboxylique à l'arrivée ce qui provoque un déplacement du nombre d'onde vers une valeur inférieure due à ce changement et au fait que la conjugaison affaiblit la liaison O-H. En RMN c'est un déblindage général qui est observé, plus ou moins prononcé selon la position des atomes d'hydrogène et expliquant la différence de comportement de ces deux composés face à des substitutions, à savoir sur les positions 2- et 4- les moins déblindées pour l'alcool benzylique et la position 3- la moins déblindée pour l'acide benzoïque (Document VI.14).

Tableau IX.10

Exemple n° 7 : réaction d'oxydation	alcool benzylique	acide benzoïque
Bilan électronique	32 électrons sigma 6 électrons pi 4 électrons non liants	30 électrons sigma 8 électrons pi 8 électrons non liants
Température de fusion	– 15 °C	+ 122 °C
Température d'ébullition	+ 205 °C	+ 250 °C
Indice de réfraction	1.5384	1.5397
Spectre infrarouge (extraits) (en cm^{-1})	3 325/F/O-H val. disparition 1 210/F/C-O valence	3 070/F/O-H val. apparition 1 700/F/C=O val. apparition 1 190/F/C-O valence
Spectre RMN ^1H (en ppm)	7.30-7.20/CH/multiplet 4.50/CH_2/multiplet 3.20/OH/singulet	12.10/OH/singulet déblindage 8.10-7.45/CH/multiplet déblindage
Spectre UV (en nm)	?	220/10 000 - 275/790

Globalement une réaction de réduction est l'apport d'atome(s) d'hydrogène à une molécule. Les agents réducteurs sont riches en cet atome comme le borohydrure de sodium $NaBH_4$. Elle résulte soit d'une simple addition, soit d'une simple substitution, soit de l'enchaînement addition-substitution.

Prenons comme exemple n° 8 la réduction partielle de l'anthraquinone en anthrone en présence d'étain (qui est oxydé en ion Sn^{4+}) consistant en une addition-substitution (Figure IX.11).

Figure IX.11

Exemple n° 8 : réaction de réduction comme la synthèse de l'anthrone.

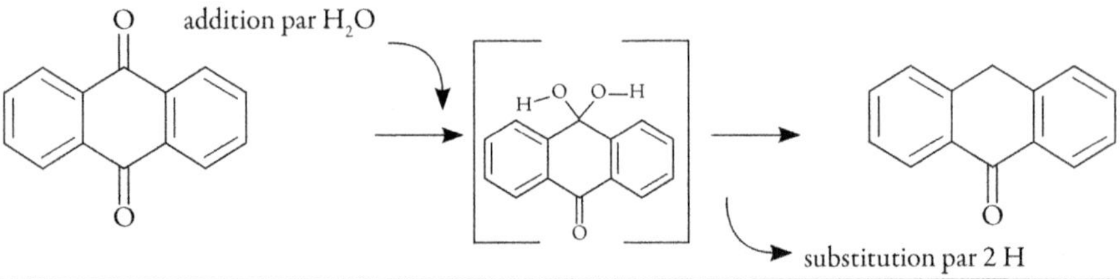

Ici la conjugaison est décroissante du fait qu'il y ait moins d'électrons Π et cela se constate sur la température de fusion qui subit la même variation (Tableau IX.12). La spectroscopie infrarouge ne révèle que peu de variation, quant à la RMN les groupes CH des cycles subissent un blindage à une exception près celui le plus proche du groupement carbonyle C=O qui conserve son déplacement chimique. Le fait d'observer en infrarouge une liaison C=O et en RMN un groupement CH_2 confirme la réduction d'une seule des deux liaisons C=O initiales. Quant au spectre UV par un effet anti-bathochrome ou hypsochrome (déplacement vers des longueurs d'onde inférieures) il atteste de la perte de conjugaison.

Tableau IX.12

Exemple n° 8 : réaction de réduction	anthraquinone	anthrone
Bilan électronique	52 électrons sigma 16 électrons pi 8 électrons non liants	54 électrons sigma 14 électrons pi 4 électrons non liants
Température de fusion	+ 286 °C	+ 155 °C
Température d'ébullition	+ 380 °C	+ 720 °C
Indice de réfraction	néant	néant
Spectre infrarouge (extraits) (en cm^{-1})	1 660/F/C=O valence 700/F/C-H déformation	1 660/F/C=O valence 715/F/C-H déformation
Spectre RMN ^1H (en ppm)	8.30-7.80/CH/multiplet	8.35-7.45/CH/multiplet blindage 4.30/CH_2/singulet apparitition
Spectre UV (en nm)	255/50 000 - 275/20 000 - 330/4 400	255/20 000 - 305/4 000

VI. APPLICATIONS AUX QUATRE FILS ROUGES (VIIIe PARTIE)

1. Composé organique simple A

C'est l'obtention du 2-méthylbut-2-ène par déshydratation du 2-méthylbutan-2-ol qui n'est autre qu'une réaction d'élimination (d'une molécule d'eau H_2O : Tableau IX.13).

Équation de la synthèse :

$$C_5H_{12}O \rightarrow C_5H_{10} + H_2O$$

Tableau IX.13

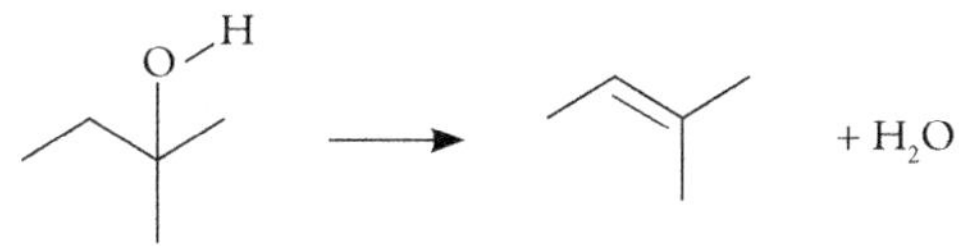

	2-méthylbutan-2-ol	2-méthylbut-2-ène
Bilan électronique	32 électrons sigma 4 électrons non liants	28 électrons sigma 2 électrons pi
Température de fusion	– 8 °C	– 134 °C
Température d'ébullition	+ 102 °C	+ 38 °C
Indice de réfraction	1.4052	1.3850
Spectre infrarouge (extraits) (en cm^{-1})	3 370/F/O-H val. disparition 1 170/F/C-O val. disparition	1 700/F/C=C val. apparition
Spectre RMN ^{1}H (en ppm)	1.55/OH/singulet disparition 1.50/CH_2/quadruplet disparition 1.20-0.90/ CH_3/multiplet	5.20/CH/multiplet apparition 1.70-1.55/CH_3/multiplet déblindage
Spectre UV (en nm)	néant	195/10000

La disparition des électrons non liants entraîne un fort abaissement des températures de référence ainsi que de l'indice de réfraction. À l'opposé ce sont les électrons Π qui expliquent le modeste déblindage des groupements méthyles non concernés par la réaction.

2. Composé organique polyfonctionnel B

C'est l'obtention du jaune soudan ou 2-hydroxynaphtalène-1-diazobenzène par diazotation et par copulation entre l'aniline et le napht-2-ol (Tableau IX.14).

Équation de la synthèse :

$$C_6H_7N + C_{10}H_8O + NaNO_2 + HCl \rightarrow C_{16}H_{12}N_2O + NaCl + 2\ H_2O$$

Tableau IX.14

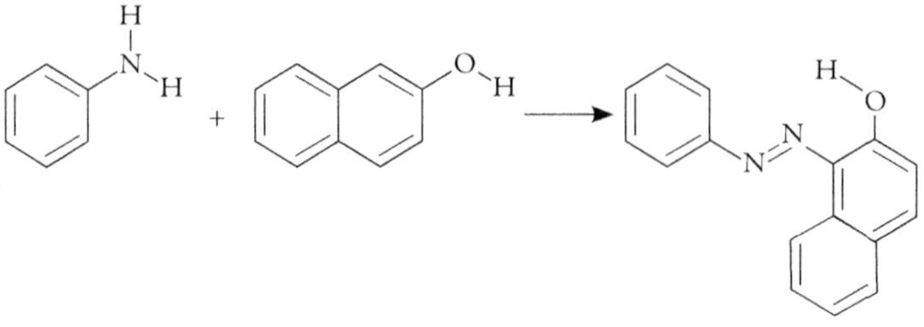

	aniline	napht-2-ol	« jaune soudan »
Bilan électronique	28 électrons liants 6 électrons pi 2 électrons non liants	40 électrons liants 10 électrons pi 4 électrons non liants	66 électrons liants 18 électrons pi 8 électrons non liants
Température de fusion	– 6 °C	+ 121 °C	+ 131 °C
Température d'ébullition	+ 184 °C	+ 286 °C	?
Indice de réfraction	1.5863	néant	néant
Spectre infrarouge (extraits) (en cm^{-1})	3 350/F/N-H val. disparition 1 600/F/C-N valence	3 210/F/O-H valence 1 170/m/C-O valence 740/m/C-H déf.	3 000/m/O-H valence 1 620/f/C-N valence 1 550/F/N=N val. apparition 1 210/m/C-O valence
Spectre RMN ^1H (en ppm)	7.10-6.65/CH/multiplet 3.55/ NH_2/singulet	7.75-7.10/CH/multiplet 5.20/OH/singulet	7.95-7.10/CH/multiplet 5.20/OH/singulet
Spectre UV (en nm)	220/10 000 - 340/2 000	260/3 500 - 275/4 500 285/3 500 - 315/1 580 330/1 780	405/8 900 - 490/15 800

Ce sont deux réactions de substitution : la première sur l'atome d'azote de l'aniline (N-substitution) et la seconde sur l'atome de carbone en 1- du napht-2-ol. La conjugaison croissante justifie la même évolution du point de fusion (ainsi que certainement le nombre plus important d'électrons non liants) et l'effet bathochrome du spectre ultraviolet. Le spectre infrarouge prouve bien que la réaction a eue lieu puisque la bande de vibration de la liaison N-H disparaît et apparaît celle de la liaison N=N. Quant au spectre RMN, un léger déblindage des groupements CH des cycles s'explique par l'accroissement du nombre d'électrons Π donc par la conjugaison renforcée (cette dernière étant déjà conséquente dans l'aniline, par l'action conjuguée des électrons Π et non liants, et dans le napht-2-ol).

3. Complexe C

C'est l'obtention de l'(EDTA, 2Na)Ni(II)) lors de la complexation entre le dérivé disodé de l'EDTA (ou EDTA, 2Na) et le chlorure de nickel (par substitution des atomes d'oxygène sur ceux de chlore fixés à l'atome central de nickel) (Tableau IX.15).

Équation de la synthèse :

$$Na_2C_{10}H_{14}O_8N_2 + NiCl_2 + NaCH_3CO_2$$
$$\rightarrow Na_2Ni(C_{10}H_{12}N_2O_8) + CH_3CO_2H + NaCl$$

Tableau IX.15

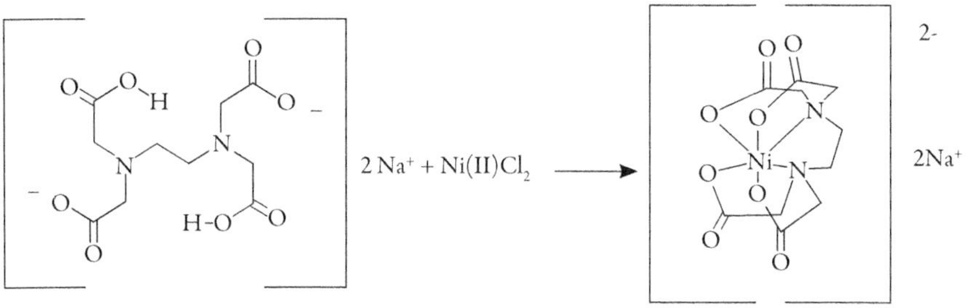

	EDTA, 2Na	chlorure de nickel(II)	(EDTA, 2Na)Ni(II)
Bilan électronique	64 électrons sigma 8 électrons pi 36 électrons non liants	0 électrons sigma 0 électrons pi 24 électrons non liants	74 électrons sigma 8 électrons pi 40 électrons non liants
Température de fusion	?	+ 1 001 °C	?
Spectre infrarouge (extraits) (en cm^{-1})	3 430/F/O-H valence disparition 1 640/F/C=O valence 1 610/F/CO_2^-/valence 1 150/m/C-O valence 1 095/F/C-N valence	530/m/NiCl valence	1 610-1 400/F/CO_2^- valence 1 110/f/C-N valence
Spectre RMN ^1H (en ppm)	3.50/OH/singulet disparition 3.45/CH_2(C=O)/multiplet 2.80/CH_2-N/multiplet	néant	3.45/CH_2(C=O)/multiplet 2.80/CH_2-N/multiplet
Spectre UV (en nm)	?	725/?	590/?

En RMN, la disparition du signal correspondant au groupement OH (ainsi qu'en infrarouge) confirme la complexation de tous les atomes d'oxygène des groupements hydroxyles avec l'atome central de nickel.

4. Composé organométallique D

C'est l'obtention du bis(cyclopentadiényl)fer(II) ou ferrocène par réaction du cyclopentadiène sur le chlorure de fer(II) (Tableau IX.16).

Équation de la synthèse :

$$2\ C_5H_6 + Fe(II)Cl_2 \rightarrow C_{10}H_{10}Fe + 2\ HCl$$

Tableau IX.16

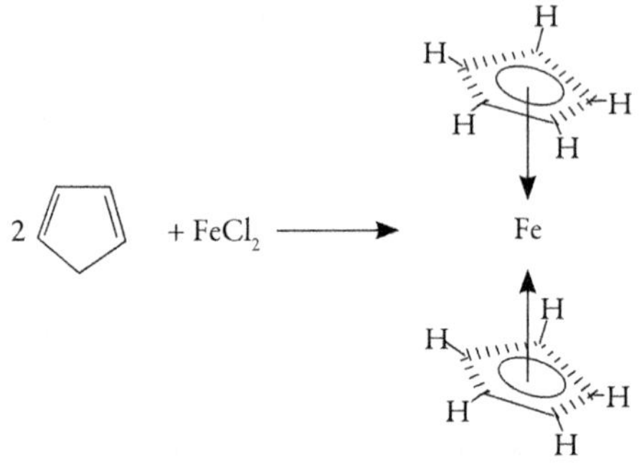

	cyclopentadiène	chlorure de fer(II)	ferrocène
Bilan électronique	22 électrons liants 4 électrons pi	4 électrons liants 18 électrons non liants	40 électrons liants 12 électrons pi 6 électrons non liants
Température de fusion	– 85 °C	+ 677 °C	+ 173 °C
Température d'ébullition	+ 42 °C	+ 1 026 °C	+ 249 °C
Spectre infrarouge (extraits) (en cm^{-1})	1 630/m/C=C valence	490/m/Fe-Cl valence	1 635-1 780/F/C=C val.
Spectre RMN ^{1}H (en ppm)	6.45-6.30/CH/multiplet 2.80/CH_2/multiplet	néant	4.15/CH/multiplet blindage
Spectre UV (en nm)	240/3 160	510/?	325/1 080 - 440/2 160

Il s'agit de substitutions de deux atomes d'hydrogène (un provenant de chaque groupement cyclopentadiényle) par l'atome central de fer. Le passage de la conjugaison limitée du cyclopentadiène à celle plus étendue du ferrocène explique l'accroissement des températures de référence ainsi que l'effet bathochrome du spectre ultraviolet. Le spectre RMN atteste de l'équivalence de tous les groupements CH par un seul signal alors que celui du groupement CH_2 a disparu.

VII. EXERCICES

1. Exercice

La réaction de Diels-Alder (1928) consiste à faire réagit entre l'éthène CH_2=CH_2 et le 1,3-butadiène CH_2=CH-CH=CH_2 pour obtenir le cyclohexène C_6H_{10}.

Classer cette réaction et justifier à partir des données expérimentales (Tableau IX.17).

Tableau IX.17

Équation de la réaction de Diels-Alder :

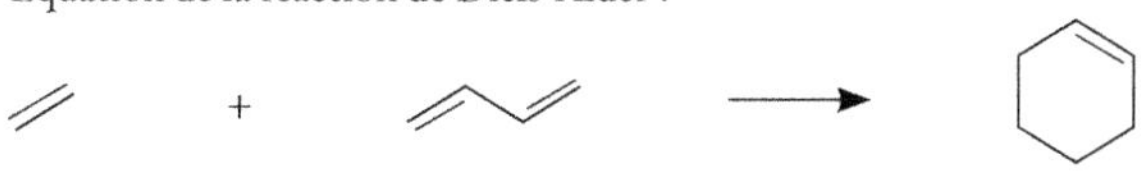

	éthène	1,3-butadiène	cyclohexène
Bilan électronique	10 électrons sigma 2 électrons pi 0 électrons non liants	18 électrons sigma 4 électrons pi 0 électrons non liants	32 électrons sigma 2 électrons pi 0 électrons non liants
Température de fusion	– 169 °C	– 109 °C	– 104 °C
Température d'ébullition	– 104 °C	– 4 °C	+ 83 °C
Indice de réfraction	néant	1.4292	1.4465
Spectre infrarouge (extraits) (en cm^{-1})	?	1 595/m/C=C valence	1 650/m/C=C valence
Spectre RMN ^1H (en ppm)	?	6.30/CH/multiplet 5.10/CH_2/multiplet	5.65/CH/singulet blindage 2.00-1.60/CH_2/multiplet blindage
Spectre UV (en nm)	160/14 000 -175/3 100	290/31 600	180/7 900 - 210/500

1.1 Réponse

C'est une réaction dite de cycloaddition. Le terme d'addition est justifié à partir des formules brutes :

$$C_2H_4 \text{ (éthène)} + C_4H_6 \text{ (1,3-butadiène)} \rightarrow C_6H_{10} \text{ (cyclohexène)}$$

En infrarouge le nombre d'onde des deux doubles liaisons conjuguées du 1,3-butadiène est inférieur à celui de la double liaison du cyclohexène du fait de la conjugaison. En RMN la perte de conjugaison s'accompagne d'un blindage du déplacement chimique des groupements CH et sur le spectre ultraviolet d'un effet hypsochrome par rapport au diène.

2. Exercice

La crotonisation se fait en milieu basique à partir d'un aldol comme le 3-hydroxypropanal pour donner le prop-2-ènal. Classer cette réaction et justifier à partir des données expérimentales (Tableau IX.18).

Tableau IX.18

Équation de la réaction de crotonisation :

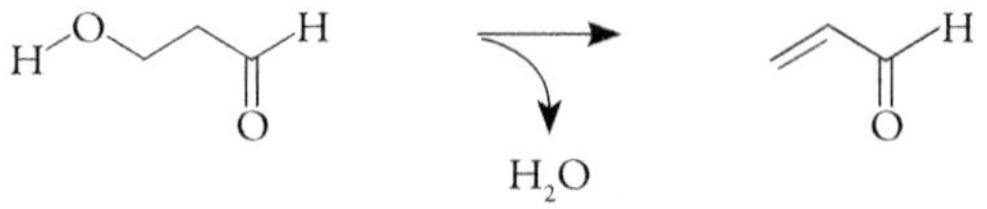

	3-hydroxypropanal	prop-2-ènal
Bilan électronique	20 électrons sigma 2 électrons pi 8 électrons non liants	14 électrons sigma 4 électrons pi 4 électrons non liants
Température de fusion	– 37 °C	– 88 °C
Température d'ébullition	+ 168 °C	+ 53 °C
Indice de réfraction	1.4000	1.4017
Spectre infrarouge (extraits) (en cm^{-1})	3400/F/O-H val. disparition 2820/F/C(O)-H valence 1730/F/C=O valence 1035/F/C-O valence	2800/F/C(O)-H valence 1700/F/C=O valence 1620/F/C=C val. apparition
Spectre RMN ^1H (en ppm)	9.80/C(=O)H/singulet 6.45/CH_2(OH)/multiplet 3.60/OH/singulet disparition 2.45/CH_2/multiplet disparition	9.60/C(=O)H/singulet 6.45/CH_2/multiplet 6.35/CH/multiplet apparitition
Spectre UV (en nm)	?	205/10000 - 340/20

2.1 Réponse

C'est une déshydratation, par conséquent une réaction d'élimination puisqu'au niveau des formules brutes cela donne :

$$C_3H_6O_2 \text{ (3-hydroxypropanal)} \rightarrow C_3H_4O \text{ (prop-2-ènal)} + H_2O$$

Cette réaction respecte la règle de Zaïtsev, afin d'optimiser la conjugaison. D'ailleurs en infrarouge le nombre d'onde de la liaison C=O décroit. En RMN les disparitions des signaux associés à OH et CH_2 confirme qu'il s'agit bien d'une réaction d'élimination.

3. Exercice

L'éthérification ou réaction de Williamson (1850) est l'action sur un alcool : le méthanol (ou plutôt sur l'ion méthanolate, par action du sodium sur l'alcool) d'un halogénoalcane comme le 1-chloropropane pour obtenir un éther. Classer cette réaction et justifier à partir des données expérimentales (Tableau IX.19).

Tableau IX.19

Équation de la réaction d'éthérification :

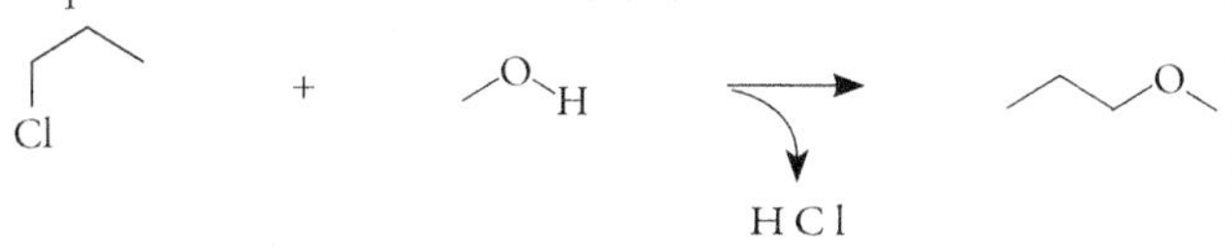

	1-chloropropane	méthanol	méthylpropyléther
Bilan électronique	20 électrons sigma 6 électrons non liants	10 électrons sigma 4 électrons non liants	28 électrons sigma 4 électrons non liants
Température de fusion	– 123 °C	– 98 °C	– 116 °C
Température d'ébullition	+ 46 °C	+ 65 °C	+ 39 °C
Indice de réfraction	1.3880	1.3265	1.3570
Spectre infrarouge (extraits) (en cm^{-1})	730/F/C-Cl disparition	3 335/F/O-H valence disparition 1 030/F/C-O valence	1 105/F/C-O valence
Spectre RMN ^1H (en ppm)	3.30/CH_2Cl/triplet 1.60/CH_2/multiplet 0.85/CH_3/triplet	3.65/OH/multiplet disparition 3.45/CH_3/multiplet	3.35/CH_3-O/singulet 3.30/CH_2-O/multiplet* 1.60/CH_2/multiplet* 0.95/CH_3/triplet* * : ^3J = 6.8 Hz

3.1 Réponse

Les spectres infrarouges des deux réactifs révèlent la disparition des liaisons C-Cl et C-OH. Les spectres RMN ne présentent pas de grand bouleversement entre eux, cependant celui du produit final montre la présence d'une chaîne carbonée CH_3-CH_2-CH_2, avec une constante de couplage interne ^3J de 6.8 Hz, et d'un groupement méthyle distinct CH_3. Cette réaction est une substitution où l'atome d'hydrogène du groupement hydroxyle OH du méthanol est substitué par le groupement propyle CH_3-CH_2-CH_2 provenant du 1-chloropropane.

4. Exercice

La réaction de Wagner-Meerwein (1899-1914) est l'action sur le benzène d'un halogénoalcane de type primaire comme le 1-chloropropane CH_3-CH_2-CH_2-Cl pour donner un arène de type secondaire, comme ici le 2-propylbenzène ou cumène C_6H_5-$CH(CH_3)_2$. Classer cette réaction et justifier à partir des données expérimentales (Tableau IX.20).

4.1 Réponse

C'est une réaction de substitution suivie d'une transposition. En effet la logique permet de prévoir la formation du propylbenzène : C_6H_5-CH_2-CH_2-CH_3. Mais en réalité il se forme le substituant le plus stable possible de type tertiaire (Document IX.25).

Tableau IX.20

Équation de la réaction de Wagner-Meerwein :

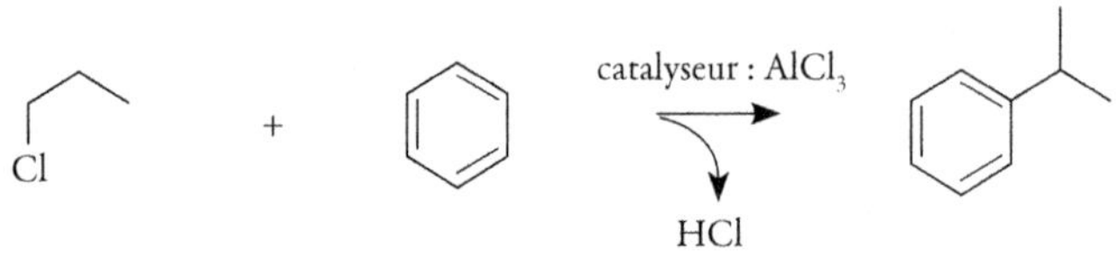

	1-chloropropane	benzène	2-propylbenzène
Bilan électronique	20 électrons sigma 6 électrons non liants	24 électrons sigma 6 électrons pi	40 électrons sigma 6 électrons pi
Température de fusion	− 123 °C	+ 6 °C	− 96 °C
Température d'ébullition	+ 46 °C	+ 80 °C	+ 152 °C
Indice de réfraction	1.3880	1.5011	1.4889
Spectre infrarouge (extraits) (en cm^{-1})	730/F/C-Cl disparition	1 480/F/CH val. déf 1 310/f/CH valence	1 495/F/CH val. déformation 1 325/f/CH valence
Spectre RMN ^{1}H (en ppm)	3.30/CH_2Cl/triplet 1.60/CH_2/multiplet 0.85/CH_3/triplet	7.35/CH/multiplet	7.30-7.15/CH/multiplet 2.90/CH/multiplet apparition 1.25/CH_3/doublet
Spectre UV (en nm)	néant	185/63 100 205/1 585 - 255/200	260/180

C'est le spectre RMN qui confirme ce résultat par la présence du groupement 2-propyle avec un signal pour les deux groupements CH_3 et un autre pour le groupement CH avec un rapport d'intégration de 6 pour 1.

5. Exercice

L'oxosynthèse de Reppe (1928) est l'action sur l'éthyne (un alcyne) du monoxyde de carbone CO et d'eau, à haute pression et en présence de nickel-carbonyle $Ni(CO)_4$ comme catalyseur pour obtenir un acide carboxylique, ayant une double liaison en α. Classer cette réaction et justifier à partir des données expérimentales (Tableau IX.21).

Tableau IX.21

Équation de l'oxosynthèse de Reppe :

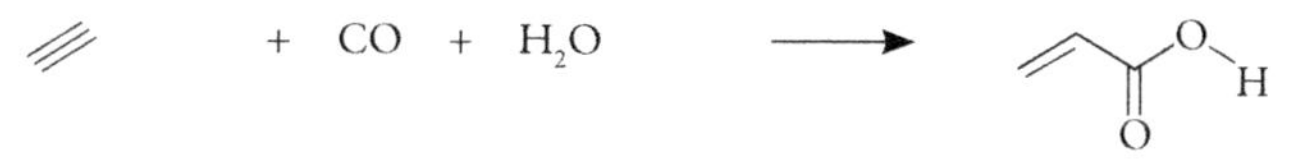

	éthyne ou acétylène	acide prop-2-ènoïque
Bilan électronique	6 électrons sigma 4 électrons pi	16 électrons sigma 4 électrons pi 8 électrons non liants
Température de fusion	− 81 °C	+ 14 °C
Température d'ébullition	− 85 °C	+ 141 °C
Spectre infrarouge (extraits) (en cm^{-1})	3295/F/C-H val. <u>disparition</u> 2055/f/C≡C <u>disparition</u>	3070/F/O-H val. <u>apparition</u> 2930/F/C-H val. <u>apparition</u> 1700/F/C=O val. <u>apparition</u> 1635/F/C=C valence
Spectre RMN ^1H (en ppm)	2.70/CH/singulet	12.0/OH/singulet 6.50-5.95/CH_2/multiplet 6.15/CH/multiplet <u>déblindage</u>

5.1 Réponse

C'est une addition de par la disparition en infrarouge de la vibration de la triple liaison C≡C et l'apparition de celle de la double liaison C=C. Le spectre RMN confirme la fixation du monoxyde de carbone CO pour donner la fonction acide carboxylique. Notons que la conjugaison présente dans l'acide prop-2-ènoïque justifie une augmentation de la température de fusion (pour comparaison le point de fusion est égal à – 21 °C pour l'acide propanoïque CH_3-CH_2-C(=O)-OH où il n'y a pas de conjugaison).

6. Exercice

La déshydrohalogénation selon Hofmann (vers 1850) est un chauffage d'un halogénure d'ammonium $C_nH_{2n+4}N^+ X^-$ (obtenu à partir d'une amine primaire : la 2-(2-méthylbutyl)amine) en présence d'une base forte pour donner un alcène : le 2-méthylbutène et une amine tertiaire : la triméthylamine. Classer cette réaction et justifier à partir des données expérimentales (Tableau IX.22).

Tableau IX.22

Équation de la déshydrohalogénation d'Hofmann :

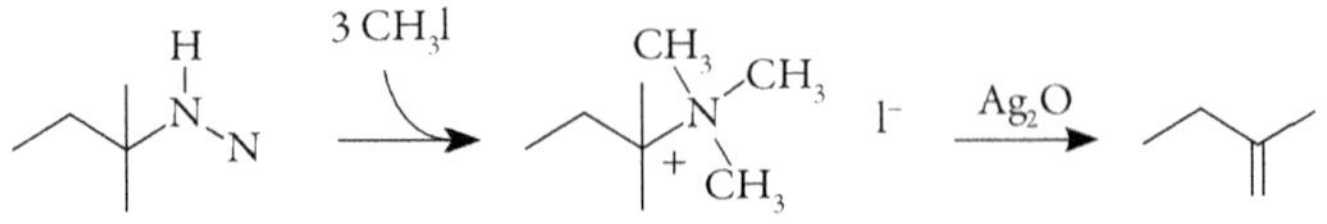

	2-(2-méthylbutyl)amine	2-méthylbutène
Bilan électronique	36 électrons sigma 2 électrons non liants	28 électrons sigma 2 électrons pi
Température de fusion	– 105 °C	– 137 °C
Température d'ébullition	+ 77 °C	+ 31 °C
Indice de réfraction	1.3995	1.3780
Spectre infrarouge (extraits) (en cm^{-1})	3 360-3 280/F/N-H val. disparition 1 600/F/C-N val. disparition	1 650/F/C=C val. apparition
Spectre RMN ^{1}H (en ppm)	1.40/CH_2/quadruplet 1.25/NH_2/singulet 1.10/ CH_3N/singulet 0.90/CH_3/triplet	4.70/CH_2/singulet déblindage 2.00/CH_2/quadruplet déblindage 1.73/CH_3/singulet 1.00/CH_3/triplet
Spectre UV (en nm)	néant	185/10 000

6.1 Réponse

Cette réaction est une élimination selon la règle anti-Zaytsev (voir paragraphe IX.II). Le spectre infrarouge révèle l'apparition d'une double liaison carbone=carbone, suggérée aussi par le fort déblindage de certains déplacements chimiques en RMN et surtout par la mise en évidence d'une bande d'absorption sur le spectre ultraviolet. La disparition des électrons non liants entraîne l'abaissement des caractéristiques physico-chimiques.

7. Exercice

La réaction de Friedel et Crafts (1877) est l'action d'un halogénoalcane : le chlorométhane sur un composé aromatique comme le benzène ou un dérivé substitué comme le phénol (en présence d'un catalyseur : le chlorure d'aluminium $AlCl_3$) pour donner soit du méthylphénol soit du méthylphényléther. Classer cette réaction et justifier à partir des données expérimentales (Tableau IX.23).

Tableau IX.23

Équation de la réaction de Friedel et Crafts :

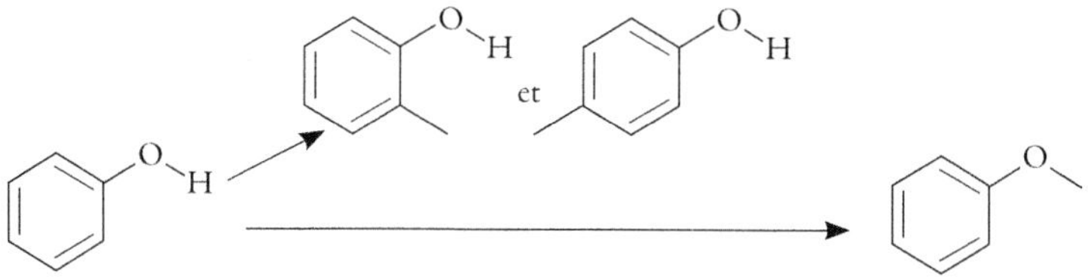

	phénol	2-méthylphénol	4-méthylphénol	méthylphényléther
Bilan électronique	26 électrons sigma 6 électrons pi 4 électrons non liants	32 électrons sigma 6 électrons pi 4 électrons non liants	32 électrons sigma 6 électrons pi 4 électrons non liants	32 électrons sigma 6 électrons pi 4 électrons non liants
Température de fusion	+ 43 °C	+ 30 °C	+ 36 °C	- 37 °C
Température d'ébullition	+ 182 °C	+ 191 °C	+ 202 °C	+ 154 °C
Indice de réfraction	1.5427	1.5460	?	1.5143
Spectre infrarouge (extraits) (en cm^{-1})	3300/F/O-H 1235/F/C-O 690-750/F/C-H	3410/F/O-H 1240/F/C-O 750/F/C-H	3320/F/O-H 1235/F/C-O 815/F/C-H	1250/F/C-O 690-760/F/C-H
Spectre RMN ^1H (en ppm)	7.25-6.85/CH 5.35/OH	7.15-6.75/CH 4.80/OH 2.25/CH_3	7.05-6.75/CH 5.10/OH 2.25/CH_3	7.25-6.90/CH 3.75/CH_3
Spectre UV (en nm)	275/2000	280/1580	280/1580	?

7.1 Réponse

C'est une substitution de type alkylation qui peut donner selon les conditions expérimentales (solvant protique comme l'eau dans le premier cas ou aprotique comme le diméthylformamide dans le second cas) soit par C-substitution un mélange de deux isomères : le 2-méthylphénol et le 4-méthylphénol ou soit par O-substitution nucléophile un alkylphényléther C_6H_5-O-R. C'est au niveau du spectre infrarouge par la présence d'une seule bande vers 750-815 cm^{-1} que la seconde substitution apparaît évidente, alors qu'il y en avait deux à 690 et 750 cm^{-1} pour une seule substitution comme le produit de départ ou le méthylphényléther (où la vibration de la liaison O-H a disparu). Cette dernière constatation se retrouve dans les spectres RMN. Le fait que les trois premiers composés chimiques aient des structures électroniques proches explique la constance des températures caractéristiques et de l'indice de réfraction.

8. Exercice

La réaction de Liebig (1838) est l'obtention de l'acide benzilique ou acide 2,2-diphényl-2-hydroxyéthanoïque à partir de la 1,2-diphényléthan-1,2-dione, en milieu basique. Classer cette réaction et justifier à partir des données expérimentales (Tableau IX.24).

Tableau IX.24

Équation de la réaction de Liebig :

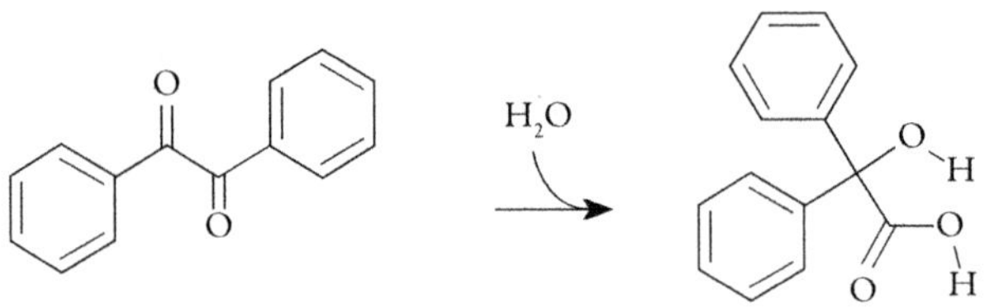

	1,2-diphényléthan-1,2-dione	acide 2,2-diphényl-2-hydroxyéthanoïque
Bilan électronique	54 électrons sigma 16 électrons pi 8 électrons non liants	60 électrons sigma 14 électrons pi 12 électrons non liants
Température de fusion	+ 94 °C	+ 150 °C
Température d'ébullition	+ 347 °C	+ 180 °C
Spectre infrarouge (extraits) (en cm^{-1})	1 660/F/C=O valence 645-710/F/C-H déformation	3 400/F/O-H alcool apparition 2 600/F/O-H acide carboxylique apparition 1 720/F/C=O 1 250/F/C-O 700-775/F/C-H déformation
Spectre RMN ^1H (en ppm)	7.80-7.45/CH/multiplet	13.30/OH acide carboxylique/singulet apparition 7.40-7.30/CH/multiplet blindage 6.40/O-H alcool/singulet apparition
Spectre UV (en nm)	260/19950 - 410/125	?

8.1 Réponse

En milieu basique, un composé de type α-dicétone se transforme après hydratation en α-hydroxyacide carboxylique par transformation de la chaîne carbonée initialement linéaire en ramifiée afin d'acquérir une structure plus stable par la présence d'un carbocation tertiaire (Document IX.25). Ce changement montre qu'en stabilité un carbocation tertiaire l'emporte sur la conjugaison du composé initiale. C'est donc une transposition, surtout mise en évidence par l'apparition de groupement hydroxyle OH sur les spectres infrarouge et RMN.

Document IX.25

Le carbocation est un cation dont la charge + est portée par un atome de carbone comme un groupement R alkyl tel CH_3^+, CH_2=CH-C$^+$H-CH_3... et est d'autant plus stable qu'il est substitué par des groupements R à effet inductif donneur (+I).

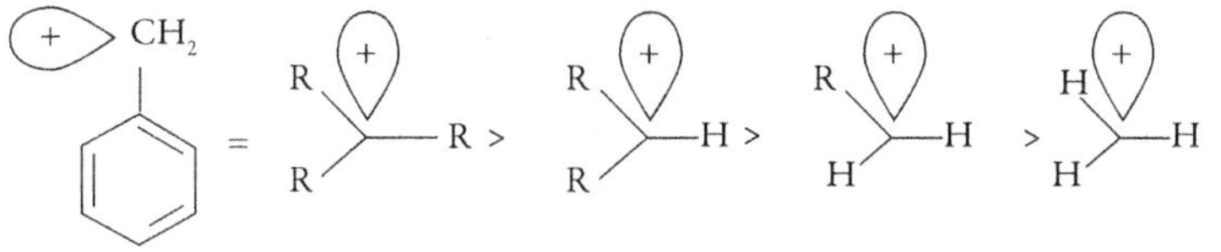

9. Exercice

L'action sur le 4-nitrotoluène de l'étain en présence d'acide chlorhydrique concentré mène au 4-aminotoluène ou paratoluidine, composé chimique extrêmement toxique. Classer cette réaction et justifier à partir des données expérimentales (Tableau IX.26).

Tableau IX.26

Équation de la synthèse du 4-aminotoluène :

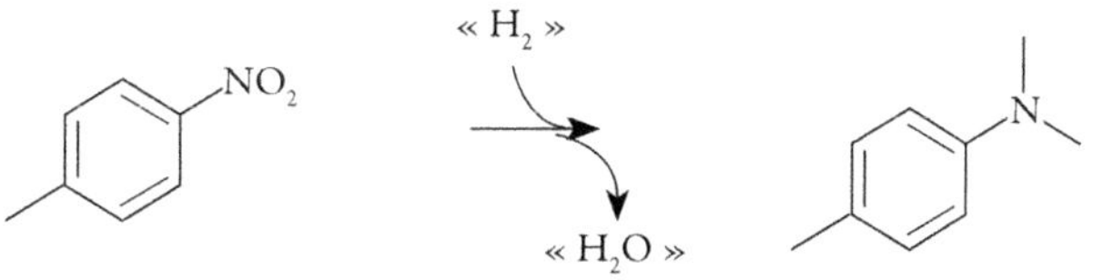

	4-nitrotoluène	4-aminotoluène ou 4-méthylaniline
Bilan électronique	34 électrons sigma 8 électrons pi 10 électrons non liants	34 électrons sigma 6 électrons pi 2 électrons non liants
Température de fusion	+ 52 °C	+ 43 °C
Température d'ébullition	+ 238 °C	+ 200 °C
Indice de réfraction	1.5382	1.5534
Spectre infrarouge (extraits) (en cm^{-1})	1 660/F/NO valence <u>disparation</u> 1 510/F/C=C valence 840/m/C-H <u>déformation</u>	3 340-3 420/F/N-H <u>apparition</u> 1 625/F/C-N valence 810/F/C-H <u>déformation</u>
Spectre RMN ^{1}H (en ppm)	8.10-7.30/CH/multiplet 2.45/CH_3/singulet	6.95-6.60/CH/multiplet <u>blindage</u> 3.50/NH_2/singulet 2.20/CH_3/singulet
Spectre UV (en nm)	270/10 000 340/200	235/7 900 - 290/1 580

9.1 Réponse

Il y a formation d'un groupement amine NH_2 à partir du groupement nitro NO_2 mise en évidence par les spectres infrarouge et RMN. Pour les premiers c'est par la disparition de la vibration de valence de la liaison NO et l'apparition des deux bandes caractéristiques de la vibration de valence de la liaison N-H et pour les seconds c'est l'existence d'un nouveau pic à 3.50 ppm attribué au groupement NH_2. Il s'agit ici d'une réaction de N-réduction (sur l'atome d'azote par apport d'atome[s] d'hydrogène) et résultant globalement d'une simple substitution.

X

Le mécanisme et les méthodes spectroscopiques

I. HISTORIQUE : L'ÉVOLUTION DU COMMENT!

1903... Il faut remonter à cette année-là pour la considérer comme l'année de naissance de la chimie des mécanismes dite chimie mécanistique.

Ce fut l'année de la première étude de mécanisme par Lapworth (Figure X.1) avec la patience, l'observation et le temps comme moyens mis à sa disposition.

Figure X.1

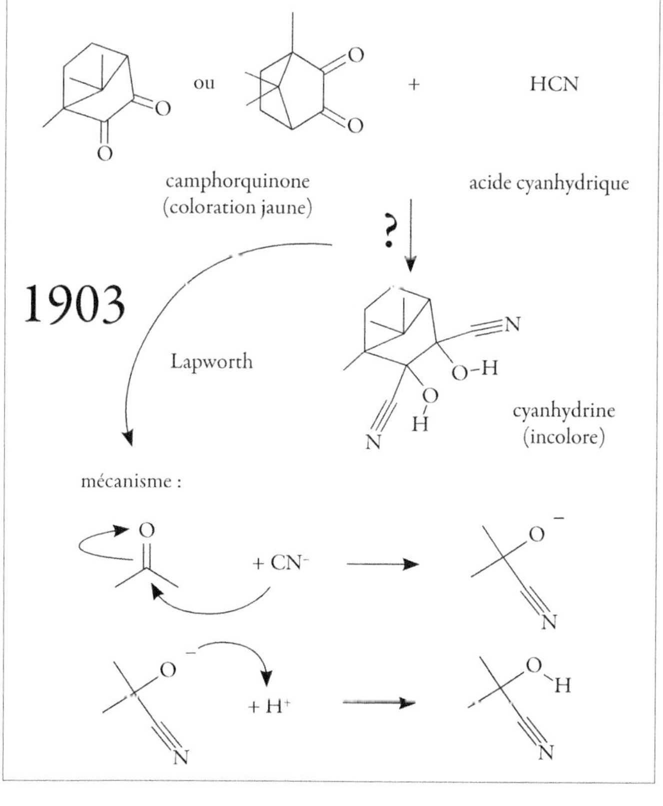

La patience par de multiples essais, l'observation par de subtil changement de couleurs et le temps par des expériences pouvant durer jusqu'à 10 heures.

Sans compter la rigueur par de nombreuses modifications des conditions opératoires aboutissant à une inertie en milieu acide ou à une réactivité variable en milieu basique mais décisive.

II. DÉROULEMENT : LES FACTEURS INFLUENÇANT

1. Définition

Le mécanisme est la description du fonctionnement d'une réaction chimique en insistant particulièrement sur l'ordre des ruptures et de formations de liaisons, sur l'identité et la nature des intermédiaires réactionnels, sur la cinétique des éventuelles différentes étapes et plus globalement sur le rôle et la nature des électrons dans ces transformations.

Prenons comme exemple n° 1 l'hydrolyse (ici H-Y ou Y = HO), en milieu acide, d'un halogénoalcane tertiaire R-X (où X = Cl ou Br) pour accéder à un alcool tertiaire R-OH. C'est une réaction de substitution, où le groupement hydroxyle OH prend la place de l'atome d'halogène X (Figure X.2).

Bilan :

- Il y a rupture des liaisons covalentes R-X et H-Y et formation de la liaison covalente R-OH.
- Il y a deux intermédiaires réactionnels notés R^+ (un cation sur une chaîne carbonée) et Y^- (un anion considéré comme étant le réactif).
- Il y a deux étapes, la première cinétiquement déterminante (donc la plus lente) où tout l'essentiel, évoqué ci-dessus, se détermine.
- Il y a déplacement d'électrons σ (ou sigma) et d'électrons non liants puisqu'ici il n'y a que ces deux types d'électrons.

Figure X.2

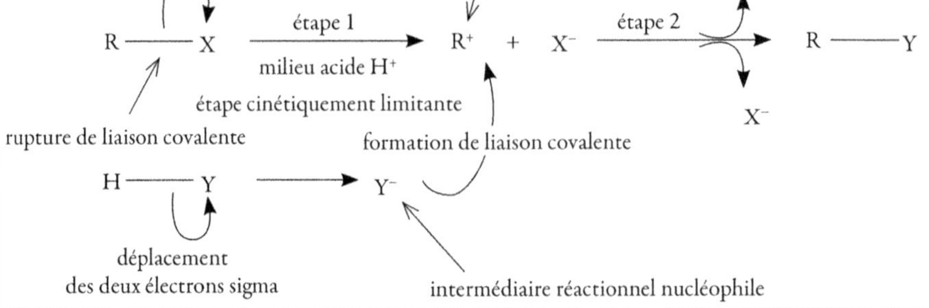

2. Hétérolytique ou homolytique

C'est le premier mot clé dont il est question : la rupture. Ces deux qualificatifs témoignent de la manière dont s'effectue la rupture de la liaison covalente.

Elle peut être :

- Soit hétérolytique, le mécanisme faisant intervenir la polarisation significative de la liaison covalente impliquant une différence d'électronégativités entre les deux atomes. La rupture de celle-ci est ionique et les deux électrons de la liaison restent sur l'un des atomes. Le doublet d'électrons se retrouve du coté de l'atome le plus électronégatif.
- Soit homolytique ou radicalaire, le mécanisme concernant une liaison covalente peu polarisée. La rupture de celle-ci est symétrique et chaque atome conserve un électron. Cela donne un radical symbolisé $R^{\bullet}$.

Dans l'exemple n° 1 (Figure X.2), la rupture de la liaison R-X et la formation de la liaison R-OH sont hétérolytiques. Il y a déplacement d'électrons σ d'une part vers l'atome d'halogène (plus électronégatif que l'atome de carbone) pour la rupture de la liaison covalente R-X et migration d'électrons non liants d'autre part du réactif nucléophile Y^- (ici HO^- issu de l'eau).

3. Intermédiaire réactionnel

Il faut s'intéresser aux entités issues des ruptures de liaisons covalentes, chercher à tout savoir sur l'identité et la nature des intermédiaires réactionnels. Pour éviter les confusions il y a les intermédiaires organiques : les carbanions ou les carbocations et les intermédiaires de type réactifs : les électrophiles ou les nucléophiles.

3.1 Carbanion ou carbocation

Ce sont des intermédiaires organiques de durée de vie très courte apparaissant temporairement dans une réaction chimique suite à des ruptures de liaisons covalentes.

Le carbanion est un anion dont la charge - est portée par un atome de carbone comme CH_3^-, CH_3-C≡C^-... Ce qui revient à dire que l'atome de carbone possède un doublet non liant et satisfait la règle de l'octet.

Le carbocation est un cation dont la charge + est portée par un atome de carbone comme un groupement alkyl tel CH_3^+, CH_2=CH-C^+H-CH_3... Par conséquent deux électrons sont manquants et la stabilité s'avère médiocre.

Lorsque que la substitution fait intervenir un cycle benzénique, le carbocation intermédiaire dit de Wheland (1942) est cependant stabilisé par conjugaison.

Il en ressort que l'atome de carbone dans une chaîne carbonée a plus facilement tendance à devenir un carbocation. Et qu'à l'opposé, la tendance à devenir un carbanion est beaucoup moins favorisée.

Dans l'exemple n° 1 (Figure X.2), l'un des intermédiaires réactionnels est de type carbocation R^+ tertiaire si possible pour un gain de stabilité, avec réarrangement dans un cas contraire (voir paragraphe IX.IV et Document IX.25).

3.2 Nucléophile ou électrophile

La nucléophilie et l'électrophilie expriment la tendance à la formation de liaisons covalentes par échange de doublet d'électrons, parfois non liants.

La nucléophilie est l'aptitude d'un réactif attiré par les sites appauvris en électrons. Il est donc lui-même riche en électrons. Ce sont parfois des anions (groupement hydroxyle HO^-) ou alors des molécules possédant des doublets non liants (ammoniac NH_3). L'électrophilie est l'aptitude d'un réactif attiré par un site riche en électrons. Il est donc lui-même pauvre en électrons. Ce réactif se transforme parfois en composé intermédiaire carbocationique (comme le cation CH_3^+) ou en ion comme NO_2^+ ou $N^+(=O)_2$.

Dans l'exemple n° 1 (Figure X.2), l'autre intermédiaire réactionnel est de type nucléophile : l'ion Y^- qui est considéré comme étant le réactif. C'est de ce point de vue qu'il est question de substitution nucléophile vers le carbocation R^+.

4. Rôle du solvant

Ce n'est pas à proprement dit un intermédiaire réactionnel mais il contribue au bon déroulement de la réaction chimique sous deux angles de vision.

- Le premier est le rôle physique d'obtenir un milieu réactionnel homogène afin de permettre une plus grande proximité entre les réactifs.
- Le second est d'intervenir de manière chimique. En effet selon sa nature il peut créer deux sortes d'interactions soit de type liaison hydrogène (comme les solvants polaires protiques : l'eau, les alcools...) ou soit de type nucléophile, par l'intermédiaire de doublets non liants (comme les solvants polaires aprotiques comme l'acétonitrile CH_3-C≡N) (Tableau X.3).

Tableau X.3

	Constante diélectrique (en Debye) > 12 : solvant polaire < 12 : solvant non polaire	
solvant protique	à 25 °C	solvant aprotique
H_2O	81	
$HC(=O)OH$ acide méthanoïque	59	
	45	$(CH_3)_2S=O$ DMSO*
	38	$CH_3C \equiv N$ acétonitrile
	37	$HC(=O)N(CH_3)_2$ DMF*
CH_3OH méthanol	33	
C_2H_5OH éthanol	24	
	23	$(CH_3)_2C=O$ propanone
$(CH_3)_2CHOH$ propan-2-ol	18	
$(CH_3)_3COH$ 2-méthylpropan-2-ol	11	
	7	 THF*
$CH_3C(=O)OH$ acide éthanoïque	6	
	4	$(C_2H_5)_2O$ diéthyléther
	2	C_6H_6 benzène

DMSO : diméthylsulfoxyde
DMF : diméthylformamide
THF : tétrahydrofurane

Petit rappel :

- Protique car susceptible de faire intervenir un atome d'hydrogène isolé comme dans un groupement hydroxyle OH.
- Polaire car différentiel dans l'espace des charges électriques partielles positive et négative.

D'une manière générale, les solvants polaires protiques fixent par liaison hydrogène les groupements à charge électrique partielle δ^- et favorisent la formation de carbocations. Les solvants polaires aprotiques à l'opposé activent les carbanions ou les groupements anioniques. Quant aux solvants non polaires, sous certaines conditions, ils permettent la formation de radicaux.

III. CARACTÉRISATION DE LA RÉACTION CHIMIQUE : RUPTURE ET ALLURE !

Allure pour le déroulement global : addition, élimination, substitution, transposition. Quatre groupes qui permettent d'y intégrer chaque réaction chimique.

Rupture pour la qualification précise par rapport au comportement des liaisons covalentes donc son mécanisme électronique qui la permet (et de plus très souvent une réaction en chimie organique porte le nom et du chercheur qui l'a initiée et de sa particularité chimique). Il faut savoir que le qualificatif électrophile, nucléophile ou radicalaire se détermine par rapport à la nature du réactif et non pas à celle de la chaîne carbonée.

En voici quelques exemples :
- l'hydrohalogénation (voir paragraphe IX.II) : addition électrophile ;
- l'aldolisation : addition nucléophile ;
- l'hydrohalogénation : addition radicalaire ;
- la crotonisation : élimination ;
- la diazotation (voir paragraphe IX.VI.2) : substitution électrophile ;
- l'éthérification : substitution nucléophile ;
- l'halogénation : substitution radicalaire...

IV. INTÉRÊT DES MÉTHODES SPECTROSCOPIQUES

Leur intervention lors du déroulement d'une synthèse ou alors à l'issue de celle-ci permet de mieux comprendre la manière dont s'est déroulée celle-ci et d'identifier les facteurs influençant. Mais leur utilisation est trop sélective car dépendante de la nature de la synthèse choisie. C'est rarement le cas où elles sont applicables simultanément ; trop de conditions structurelles initiales ou finales interviennent.

1. La spectrométrie de masse : l'examen des morceaux

L'étude du spectre de masse permet de présumer de la probabilité d'existence d'un intermédiaire réactionnel justifiable par sa présence dans le produit final et un au moins des réactifs. Ce qui laisse prévoir une fragmentation favorisée.

Ainsi prenons l'exemple n° 2 la réaction de Fischer (1895) ou estérification. Le mécanisme de l'obtention d'un ester à partir d'un acide carboxylique R-C(=O)-OH et d'un alcool R'-OH en milieu acide, s'explique par la formation d'un carbocation R-C(=O)⁺ et d'un nucléophile R-OH par ses doublets non liants (Figure X.4). C'est globalement une substitution nucléophile.

Figure X.4

Synthèse de l'éthanoate d'éthyle à partir de l'acide éthanoïque et de l'éthanol :

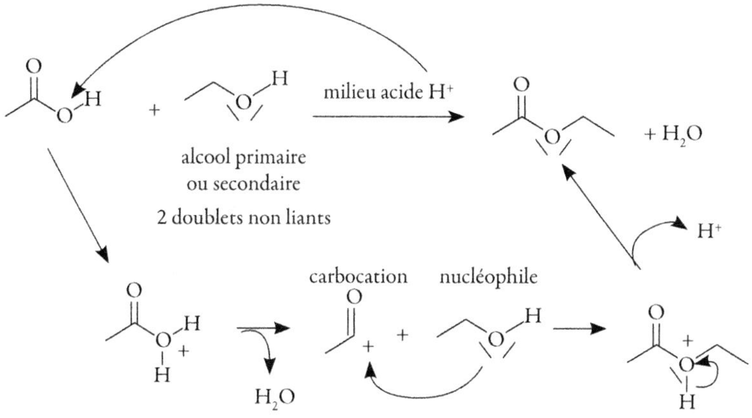

L'examen des spectres de masse de l'acide carboxylique initial et de l'ester montre l'existence commune du fragment R-C(=O)⁺ (intensité relative de 100 %).

2. La spectrométrie infrarouge : la vibration fantôme

Toutes les vibrations des liaisons de groupements fonctionnels ont des nombres d'onde caractéristiques.

> L'examen de spectres infrarouges obtenus à partir de prélèvements lors d'une synthèse peut révéler l'existence d'un intermédiaire par l'apparition et la disparition d'une vibration qui lui est propre.

Comme exemple n° 3, dans la réaction de Wolff (1912), le mécanisme de l'obtention par irradiation ultraviolette d'un acide carboxylique à partir d'un composé α-diazocétone s'explique par la formation d'un cétène =C=O (Figure X.5). Il y a donc un réarrangement des atomes de carbone.

En infrarouge, la vibration de valence d'un cétène se situe vers 2 100 cm^{-1}, or une bande apparaît vers 2 120 cm^{-1} et disparaît ensuite au fur et à mesure de la progression de cette synthèse. Ce qui prouve bien qu'un intermédiaire réactionnel de type cétène se forme.

Figure X.5

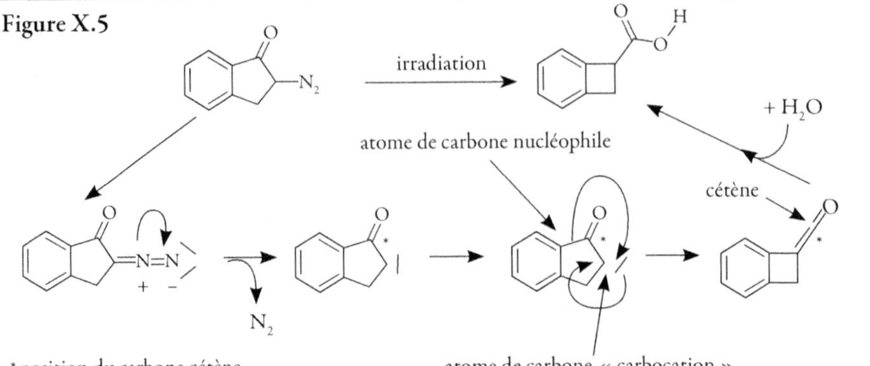

* position du carbone cétène

3. La spectrométrie ultraviolette : la migration inespérée

Prenons comme exemple n° 4, le mécanisme de la réaction, en milieu basique (à – 80 °C) et en présence de potassium, entre un halogénobenzène et une cétone (par l'intermédiaire de son ion ènolate). Il a été expliqué par la formation d'un aryne, cycle benzénique possédant une triple liaison carbone-carbone (Rossi : 1912). Cette synthèse revient à une substitution (Figure X.6).

En ultraviolet, les bandes d'absorption des dérivés du benzène se situent vers 185, 205 et 255 nm. Or ici, sachant que la réaction se fait à très basses températures, ce qui ralentit sa cinétique et allonge la durée de vie des intermédiaires, une bande apparaît vers 380 nm et disparaît au fur et à mesure qu'évolue la synthèse. L'effet bathochrome s'explique par une conjugaison accentuée attribuée à un intermédiaire de type aryne, souvent signalé lors de substitution.

Figure X.6

Synthèse de la phénylpropanone à partir du chlorobenzène et de la propanone :

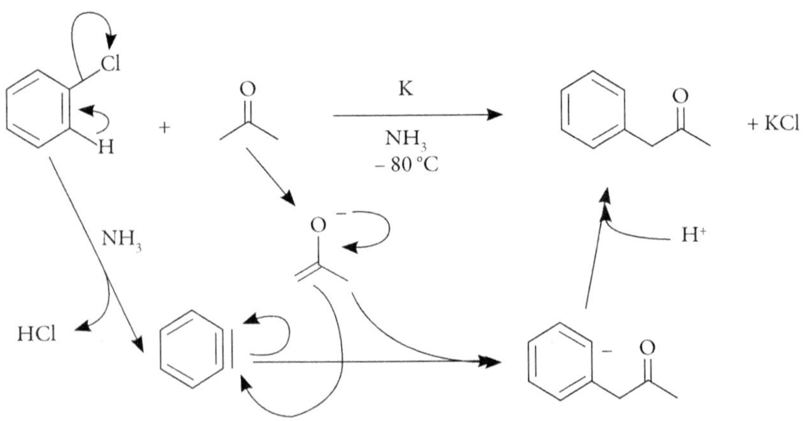

4. La résonance magnétique nucléaire : le signal fugace

Comme exemple n° 5, la résolution du mécanisme E1 (Document X.7) de la réaction d'élimination a été conclue par la mise en évidence par RMN de carbocations à longue durée de vie (car stables : Document IX.25) à – 60 °C (Olah : 1962).

Document X.7

L'élimination E1 est une élimination monomoléculaire, en milieu basique, où le composé organique se dissocie spontanément tout d'abord en carbocation. C'est l'étape cinétiquement déterminante Puis il y a une réaction acide-base entre le carbocation et la base présente. Ce mécanisme est favorisé avec les carbocations tertiaires comme $(CH_3)_3C^+$ qui sont plus stables que les carbocations secondaires comme $(CH_3)_2HC^+$, eux-mêmes plus stables que les carbocations primaires comme $(CH_3)H_2C^+$.

La réaction de déshydrohalogénation d'un halogénoalcane en présence d'une base forte donne un intermédiaire cationique par départ spontanée d'un ion halogénure pour obtenir un alcène (Figure X.8).

Figure X.8

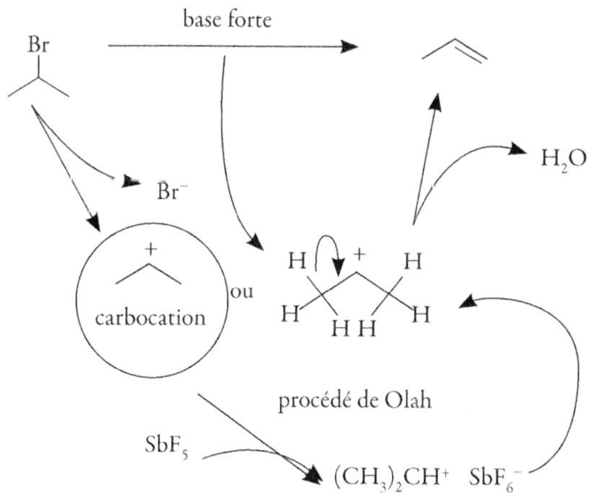

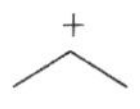	RMN [1]H 13.50/CH/quadruplet et 4.50/CH_3/doublet RMN [13]C 335.0/CH_3/singulet et 320.6/CH/singulet
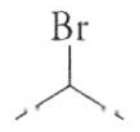	RMN [1]H 3.80/CH/quadruplet et 1.30/CH_3/doublet RMN [13]C 45.3/CH/singulet et 28.5/CH_3/singulet
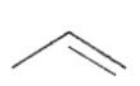	RMN [1]H 5.30/CH/multiplet et 1.70/CH_3/doublet RMN [13]C 143.0/CH/singulet, 111.0/ CH_2/singulet et 13.5/CH_3/singulet

En RMN les pics observés pour le carbocation sont extrêmement déblindés par rapport à ceux observés pour les composés présents dans l'équation. De même pour le couplage ^3J qui passe de 6.6 Hz dans le composé initial à 10.0 Hz dans le carbocation. L'explication provient du fait qu'outre la présence d'un intermédiaire donneur-accepteur (par la migration interne d'un doublet d'électrons) est accentué, que l'atome de carbone central a changé d'hybridation : sp^3 d'ordinaire et fugacement sp^2.

Il faut signaler que l'étude des carbocations en spectroscopie infrarouge révèle un abaissement des nombres d'onde mais l'écart n'est pas aussi probant qu'en RMN. Ces signaux de RMN (comme ceux d'infrarouge) disparaissent au fur et à mesure qu'évolue la synthèse.

V. APPLICATIONS AUX QUATRE FILS ROUGES (IXe PARTIE)

1. Composé organique simple A

Il y a passage par un carbocation tertiaire stable puis restitution de l'ion H^+ présent sur l'atome de carbone le plus substitué d'où l'obtention du 2-méthylbut-2-ène au lieu de 2-méthylbutène (Figure X.9). Le spectre de ce carbocation nomme éthyldiméthylcarbènium montre trois signaux fortement déblindés à 4.30, 4.00 et 2.0 ppm attribués respectivement aux groupements CH_2, $(CH_3)_2C$ et CH_3 terminal. Pour comparaison ils sont à 1.50, 1.20 et 0.90 ppm dans le composé de départ le 2-méthylbutan-2-ol.

Figure X.9

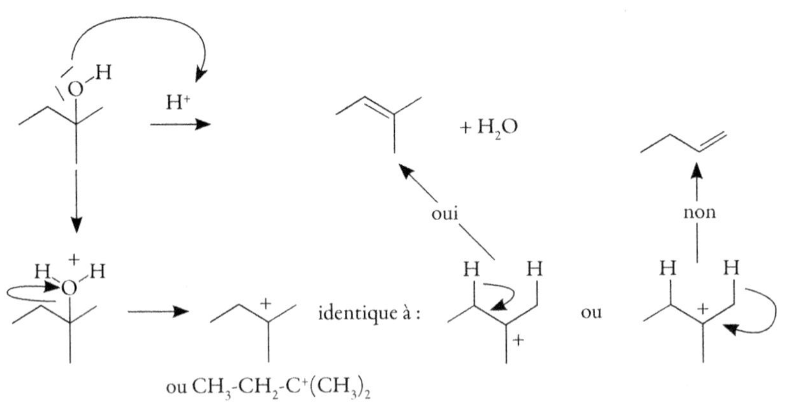

2. Composé organique polyfonctionnel B

C'est un enchaînement de deux réactions de substitution : la première sur l'atome d'azote de l'aniline (N-substitution) et la seconde sur l'atome de carbone en 1- du napht-2-ol. La première est une diazotation (Griess : 1858) classée comme une N-substitution électrophile. Le nitrite de sodium $NaNO_2$ dissous dans l'eau réagit à basse température (de l'ordre de 0 à 5 °C) avec une solution aqueuse d'aniline en milieu acide (tel l'acide chlorhydrique) pour donner un sel de diazonium, stabilisé par conjugaison : le chlorure de phényldiazonium C_6H_5-N=N$^+$ Cl$^-$. La seconde est une copulation. Le sel de diazonium précédent réagit, selon une substitution électrophile avec le napht-2-ol pour donner un dérivé fortement conjugué et stabilisé par configuration E (Document V.7) par rapport à la double liaison azote=azote N=N : le jaune soudan (Figure X.10).

L'étude du spectre ultraviolet de l'intermédiaire de synthèse avec une bande d'absorption à 260 nm confirme l'existence de l'ion phényldiazonium avec un effet hypsochrome (comme d'ailleurs pour l'ion anilinium : tous deux cations) par rapport aux valeurs notées pour les réactifs.

Figure X.10

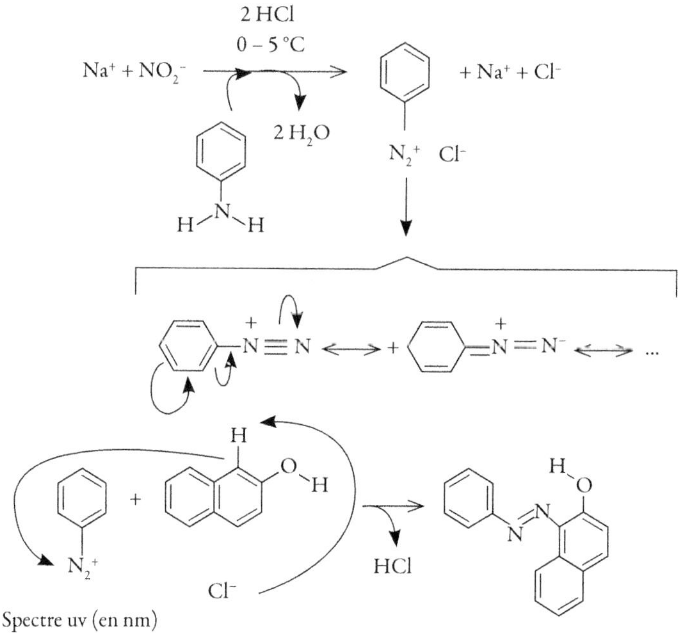

Spectre uv (en nm)

aniline	ion anilinium	ion phényldiazonium
232-285	204-254	260
solvant : méthanol		solvant : 1,2-dichloroéthane

3. Complexe C

Il s'agit d'une substitution entre deux hétéroatomes comme les atomes d'oxygène (nucléophile) et deux atomes d'halogènes (ici le chlore) par rapport à un atome central métallique de nickel. Les quatre autres atomes d'oxygène se répartissent spatialement de manière à avoir la géométrie la plus stable, à savoir octaédrique.

L'examen du spectre ultraviolet confirme cette particularité pour un ligand aussi volumineux. Plus la longueur d'onde absorbée est importante, plus la couleur tend vers le violet et plus la géométrie est stable car favorisée en limitant les interactions (Figure X.11).

Figure X.11

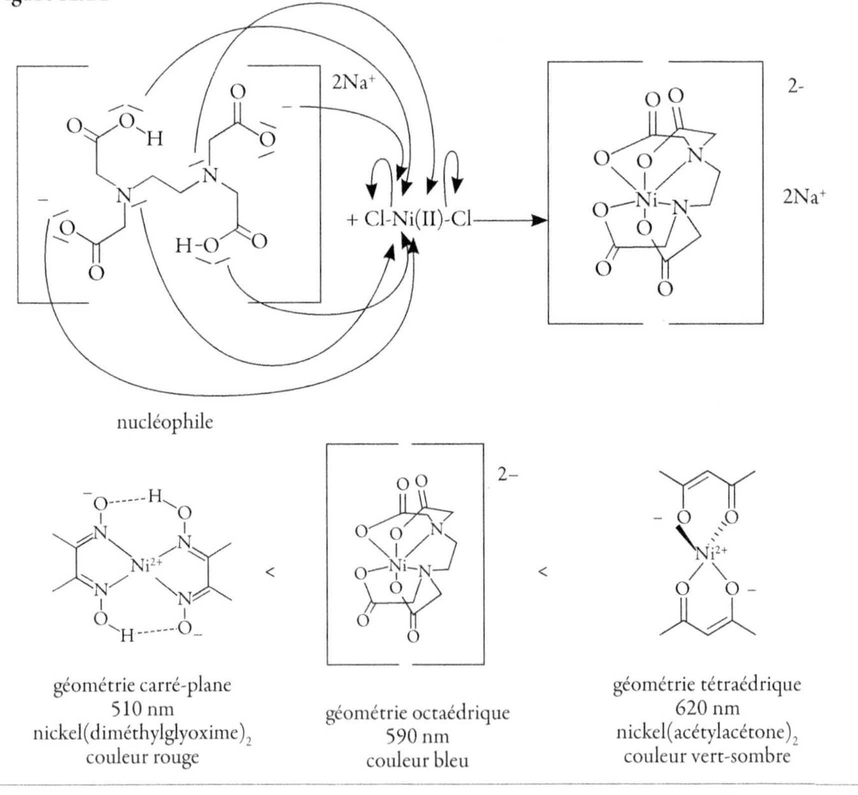

C'est le cas de la structure tétraédrique (angles proches de 110° et longueur d'onde moyenne 690 nm). À l'opposé, la géométrie carré-plane (car dans un plan avec des angles de 90°) plus contrainte est associée à une longueur d'onde absorbée plus faible (longueur d'onde moyenne : 525 nm). Quant à la structure octaédrique (angles de 90° ou 180°), selon les cas, la longueur d'onde moyenne se situe vers 610 nm.

4. Composé organométallique D

Le cyclopentadiène, lors de cette réaction, acquiert le caractère aromatique (Document VI.32) avec 6 électrons délocalisés sur le cycle pentagonal (au lieu de 4 électrons) sous la forme de l'ion cyclopentadiényle.

Figure X.12

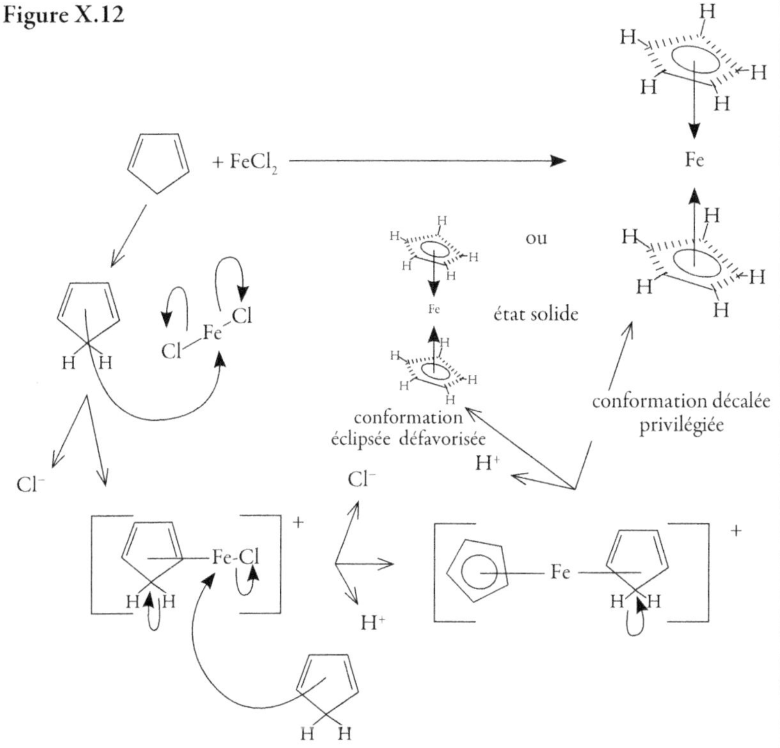

Il s'agit d'une substitution électrophile par rapport à l'atome de carbone de ce cycle de la part de l'atome central de fer (Figure X.12) proche de la même réaction sur un cycle benzénique (donc aromatique) avec un intermédiaire cationique de Wheland de type $C_6H_6A^+$, A étant le substituant. Ici cet intermédiaire $((C_5H_5)Fe)^+$ apparaît d'ailleurs dans le spectre de masse avec un pic à 121 $g.mol^{-1}$ alors qu'il n'y a aucun pic pour le groupement C_5H_5 seul (voir paragraphe V.VII.4).

Épilogue

Suite aux travaux de notre étudiant-chercheur de 1995, celui-ci rédige une note qu'il souhaite faire paraître dans une revue universitaire d'histoire de la chimie. Sa finalité est de pointer du doigt le lien entre l'erreur et la connaissance ou entre le hasard et la découverte.

En voici quelques extraits, montrant jusqu'à quel niveau d'approfondissement l'investigation expérimentale analytique peut aller. Quoique ! Notre étudiant-chercheur est-il arrivé au bout du chemin ?

Étude historique et comparative entre l'acétanilide et le paracétamol ou Comment le hasard ou l'erreur aboutisse au progrès

I. INTRODUCTION CATASTROPHIQUE MAIS CHANCEUSE

Strasbourg – 1886

Deux médecins Arnold Cahn et Paul Hepp du laboratoire universitaire du professeur Adolf Kussmaul se rendent chez le pharmacien le plus proche de l'Université pour prendre une commande de 50 grammes de naphtalène. Le pharmacien leur remet leur commande. Il craint d'avoir commis une inversion d'étiquette avec une autre commande contenant de l'acétanilide. Après avoir fait réaliser quelques études comparatives de ces deux produits il prend connaissance du compte rendu et se rend compte de l'erreur. Abattu, il prévient les deux médecins mais ceux-ci, ignorant la méprise, avaient commencé des traitements sur des malades. Après de longues séries de tests, ils avaient remarqué les propriétés analgésiques et antipyrétiques de l'acétanilide mais aussi les effets indésirables. Le remplacement par le paracétamol fut alors envisagé.

II. PRÉSENTATION COMPARATIVE MAIS INTIME

L'acétanilide a pour formule brute C_8H_9NO et le paracétamol $C_8H_9NO_2$. Peu de différence! Après avoir utilisé dans l'ordre la spectrométrie de masse, la spectrophotométrie infrarouge, la résonance magnétique nucléaire ^1H et ^{13}C, la spectrophotométrie ultraviolette et les techniques usuelles de mesure de constantes physiques, les formules topologiques et ces résultats analytiques ainsi que leurs interprétations partielles mais essentielles sont résumé(e)s dans le tableau suivant. Il en ressort un certain nombre de constatations :

1. Le spectre de masse laisse apparaître une disponibilité du groupement éthanoyle CH_3-C(=O) ou alors vu sous un autre aspect une plus grande vulnérabilité de la liaison entre l'atome d'azote et l'atome de carbone du groupement carbonyle C=O.
2. Le spectre infrarouge du paracétamol révèle les vibrations de valence à 3325 cm^{-1} et de déformation à 1445 cm^{-1} du groupement hydroxyle O-H. La première valeur est le témoignage de l'existence de liaisons hydrogène intermoléculaires (inexistantes chez l'acétanilide) cohabitant avec des liaisons intramoléculaires du côté de la fonction amide NH-C(=O) justifiées par les valeurs plus faibles qu'usuellement des nombres d'ondes des liaisons N-H et C=O.
3. En résonance magnétique nucléaire, la différence se fait sur les spectres ^1H, en particulier sur le fort déblindage du groupement NH explicable par l'extension de la conjugaison dans le paracétamol.
4. Cette dernière remarque explique l'effet bathochrome noté sur le spectre ultraviolet du paracétamol dont l'allure est très éloigné de celui du benzène, structure de base, à 185, 205 et 255 nm.
5. L'augmentation du nombre d'électrons non liants provoque celle des températures caractéristiques et vu le nombre important de ces électrons les valeurs mesurées apparaissent élevées.
6. La différence de pKa interpelle! L'acétanilide n'existe que sous sa forme basique quelque soit le pH donc sous sa forme moléculaire, peu soluble (1 gramme par litre). Quant au paracétamol c'est sous forme ionique acide que son efficacité thérapeutique est au maximum puisque le pH corporel est inférieur à 7. La présence d'un plus grand nombre de doublets non liants justifie sa meilleure solubilité (14 grammes par litre).

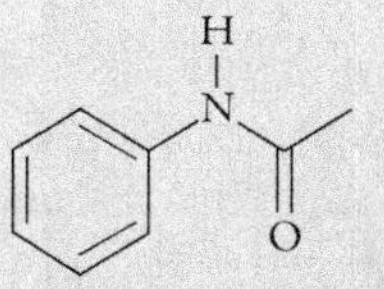

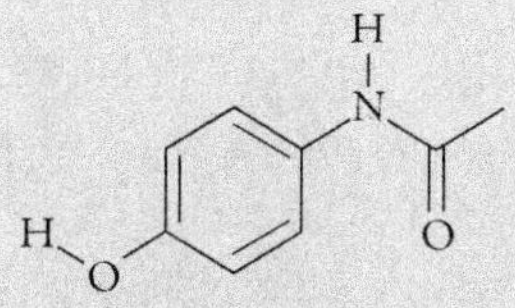

	Acétanilide	**Paracétamol**
Spectre de masse (en $g.mol^{-1}$) interprétation	15 – 43 – 59 – 77 – 135 CH_3/CH_3CO/?/C_6H_5/M	43 – 80 – 109 – 151 CH_3CO/?/?/M
Spectre infrarouge (extraits) nombre d'onde (en cm^{-1}) intensité interprétation	3 300(F) N-H 1 665(F) C=O 1 600(F) 1 560(F) 1 490(m) $C\text{-}C_{arène}$ 1 325(F) 755(F) $C\text{-}H_{arène}$	3 325(F) O-H – 3 165(F) N-H 1 670(F) C=O 1 610(F) 1 565(F) 1 500(F) $C\text{-}C_{arène}$ 1 445(F) O-H 1 225(F) – 840(m) $C\text{-}H_{arène}$
Spectre de résonance magnétique nucléaire ^1H (en ppm/intégration) interprétation	7.80(1) – NH 7.35(5) – C_6H_5 2.15(3) – CH_3	9.65(1) – NH 9.15(1) – OH 7.00(4) – C_6H_4 2.00(3) – CH_3
Spectre de résonance magnétique nucléaire ^{13}C (en ppm) interprétation	169.5 – CO 129.0 – C_6H_5 24.0 – CH_3	167.5 – CO 133.5 – C_6H_4 23.5 – CH_3
Spectre ultraviolet (en nm/epsilon)	205/31 600 245/15 850 285/630	250/12 600 290/2 000
Bilan électronique	20 électrons sigma 8 électrons pi 6 électrons non liants	24 électrons sigma 8 électrons pi 10 électrons non liants
Température de fusion	114 °C	168 °C
Température d'ébullition	300 °C décomposition	> 500 °C décomposition
pK_a	0.5	9.5

III. PRÉPARATION AISÉE MAIS DANGEREUSE

Ce sont deux réactions de substitution relativement délicates au niveau sécurité puisque la première nécessite de l'aniline, réactif cancérigène et nuisible à l'environnement, et la seconde du paraminophénol, réactif nocif et sensible à la lumière. De plus dans chaque cas l'autre réactif est l'anhydride éthanoïque, nocif et corrosif.

Substitution de plus nucléophile puisqu'il s'agit du doublet non liant de l'azote soit de l'aniline ou soit du paraminophénol qui réagit avec le carbocation $CH_3\text{-}C(=O)^+$, site électrophile, issu de l'anhydride éthanoïque.

Le document suivant met en évidence le mécanisme de substitution nucléophile avec remplacement du groupement CH_3-C(=O)O^- par soit C_6H_5-NH_2 ou soit HO-C_6H_4-NH_2 sur le carbocation éthanoylium CH_3-C(=O)$^+$. Le groupement expulsé réapparait sous forme CH_3-C(=O)-OH par récupération d'un ion H^+ provenant de la fonction amine -NH_2.

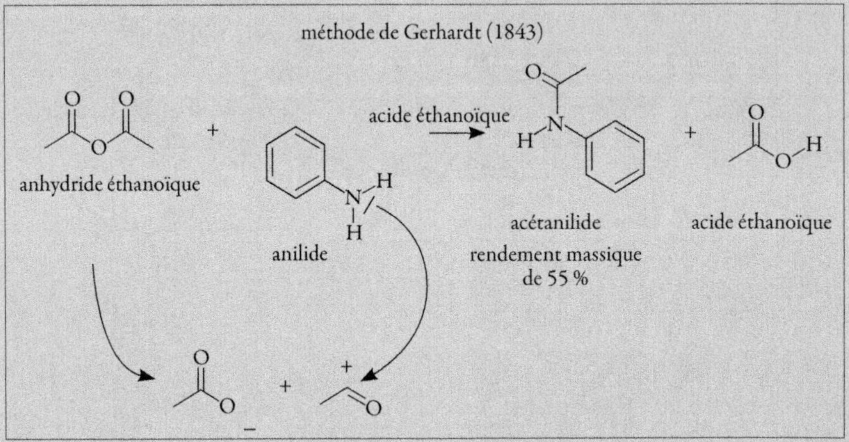

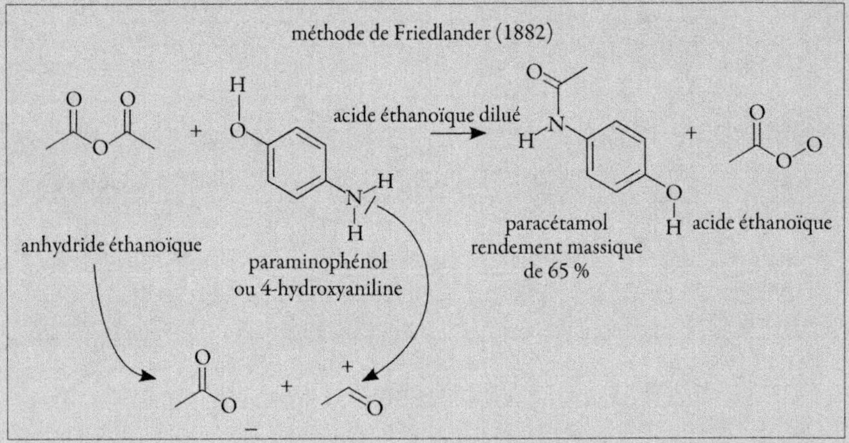

La preuve est apportée par le spectre RMN ^{13}C à très basse température – 60 °C, cette dernière est nécessaire afin d'augmenter la durée de vie de cet intermédiaire cationique et de le rendre détectable. Deux signaux montrent un blindage de 15 ppm pour le groupement carbonyle C=O et de 15 à 25 ppm pour le groupement méthyle CH_3. Le fait que la charge positive soit porté par l'atome du groupement carbonyle limite le blindage du fait de l'électronégativité importante de l'atome d'oxygène qui compense cette influence. Par contre le groupement méthyle CH_3 moins électronégatif subit un plus fort blindage.

	Acétanilide		Paracétamol
Spectre de résonance magnétique nucléaire ^{1}H extraits (en ppm/intégration)	... 2.15(3)		... 2.00(3)
Spectre de résonance magnétique nucléaire ^{13}C extraits (en ppm)	169.5 ... 24.0	ion éthanoylium CH_3-C^+(=O) 154 7.5	167.5 ... 23.5

IV. CONCLUSION INCOMPLÈTE MAIS CONCISE

Pratiquement l'acétanilide apparait plus laborieux à utiliser que le paracétamol. Ce dernier, par ses propriétés électroniques étendues, montre une réelle adaptation soit à la dissolution soit au pH.
Aussi l'erreur initiale de 1886 manifeste un côté positif le fait d'avoir déplacé les investigations pharmaceutiques vers une nouvelle famille de composés chimiques tels les phénylamides avec pour noyau de base l'acétanilide. Le côté négatif est peut-être d'avoir fait la mauvaise erreur, le paracétamol encore à ses débuts n'étant pas encore complètement exploré.

Voilà il est grand temps de laisser nos *aventuriers* de Strasbourg, quelle que soit l'époque. Et ce n'est pas là une *aventure* unique. La *Chimie organique analytique* est arrivée à son point ultime d'investigations, à savoir que l'essentiel est à notre disposition et que demain n'est affaire que de simplicité par l'élaboration de protocoles moins contraignants, d'efficacité par la précision du résultat attendu, de puissance par l'accès à des informations encore de nos jours inconnues ou inaccessibles, de rapidité par la disponibilité quasi-instantanée du support et de ses annexes, de multiplicité par la combinaison des investigations souhaitées. Mais à tout cela quelle importance ! Le but à atteindre n'est-il pas le plus important.

Citons, pour conclure deux poètes qui expriment bien l'esprit dans toute son abstraction d'une telle démarche scientifique. De par la modestie ou l'opulence des moyens mis en œuvre c'est *selon que vous serez puissant ou misérable* d'après Jean de La Fontaine dans sa fable, éditée en 1678, *Les animaux malades de la peste*. Et bien que ce soit de modestie ou d'opulence, *qu'importe le flacon pourvu qu'on ait l'ivresse*, comme Alfred de Musset en 1830 dans *La coupe et les lèvres*, c'est le sentiment de l'œuvre accomplie qui à toute *aventure* apporte un point final.

Index

S

T

V

W

Z

Imprimé en France par
LIGHTNING SOURCE
www.lightningsource.fr

IMPRIM'VERT
Votre imprimeur agit pour l'environnement

Printed in Dunstable, United Kingdom

91224065R00152